大贱年

1943年卫河流域
战争灾难口述史

王　选◎主编　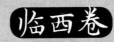

中国文史出版社

图书在版编目（CIP）数据

大贱年：1943年卫河流域战争灾难口述史．临西卷／
王选主编．—北京：中国文史出版社，2015.12
ISBN 978-7-5034-7207-7

Ⅰ.①大… Ⅱ.①王… Ⅲ.①灾害－史料－临西县－1943
Ⅳ.①X4-092

中国版本图书馆CIP数据核字（2015）第297976号

丛书策划编辑：王文运
本卷责任编辑：赵姣娇
装 帧 设 计：王 琳 瀚海传媒

出版发行：中国文史出版社
社 址：北京市西城区太平桥大街23号 邮编：100811
电 话：010-66173572 66168268 66192736（发行部）
传 真：010-66192703
印 装：北京中科印刷有限公司
经 销：全国新华书店
开 本：787mm×1092mm 1/16
印 张：20.5
字 数：292千字
版 次：2017年9月北京第1版
印 次：2017年9月第1次印刷
定 价：860.00元（全12册）

《大贱年——1943年卫河流域战争灾难口述史》
编 委 会

主　　编：王　选

副 主 编：李诚辉　徐　畅

执行副主编：常晓龙　张　琪

特 邀 编 委：郭岭梅　崔维志　井　扬

编　　委：（按姓氏笔画排序）

| 目　录 |

大刘庄乡

大黄庄

采访时间： 2008 年 8 月 31 日
采访地点： 临西县大刘庄乡大黄庄
采访人： 王瑞　韩硕　陈庆庆
被采访人： 肖凤岐（男　71 岁　属虎）

肖凤岐

　　我上过几天学，上的初小，民国 32 年灾荒年我小嘞，那年没收，那年谁都要的没吃的，他们不知是谁，反正都要。咋没下雨？下得不大，什么时候弄不清。那时没洪水，1956 年才有。那年死的人不少，都逃荒了，都饿死了。得病的不知道，都饿死了，家里饿死的不少。不知道得霍乱，上学的时候听人说叫霍乱转筋，当时也不少人得，不知道症状，也没听说过什么症状。

　　（逃荒的人有）逃到南徐州、东北、南唐夏津的。蚂蚱咋不知道？早些年就有，就赶沟里，没长翅的，都赶沟里埋了。我十七八岁，用鞋底赶，是灾荒年后的事了。见过（日军），那会儿我还小，他们也就穿着军衣，穿绿色到村里来要粮食，坏事不知。那时小，不给粮他们打大人不打小孩。没听说过给小孩吃东西。西台庄有（日本人），俺村没有。西台庄

1

有区政府。有八路军，在南付庄、江庄住，我哥就是八路。当时，反正向白庄送粮食，给皇协军，皇协军没住村里，去交粮，是中国人，穿黄色的衣服。这以后才有国民党。

采访时间： 2008 年 8 月 31 日
采访地点： 临西县大刘庄乡大黄庄
采访人： 王 瑞 韩 硕 陈庆庆
被采访人： 肖金海（男 80 岁 属蛇）

肖金海

我没上过学，从小穷，念不起学，我弟兄两个，一个老娘，民国 32 年去关外，给人当亡国奴了，给人服务。我姥姥家养育我娘。我哥哥死在河北了，有烈属证，上面也没给补贴，给了 100 块钱。我娘跌倒了，政府也不照顾。当时没吃的，用草籽换玉米面也没有，我娘靠（遭罪）死了。村里干部把我的五保户粮食贪污了，没户口本，人家领 600 元，我摸不着。

灾荒年要饭逃荒，有皇协，老杂，没法过。地里不收，又要，没吃的没喝的，百姓地也少，地主地多，让他们收着了，他们过好日子。日本人来抢砸。灾荒年那年旱，下雨倒不清楚。要说大雨还有，下大雨下得沟满地平，外面一片海洋，是 1963 年来的。灾荒年不大。洪水把我们这里开了好几次口，我 9 岁的时候，还有接着一年开口了，房子都倒了。就是运河，运粮河开口，在我们大营开的口子大，还有江庄，离这里八里路，也开口子了。倒说不准是哪一年了。那会儿还没分地，还是自己单干，下大雨的时候还没有解放。

死的人多去了，老人多了。光我们后面五六口子人。饿得吃树叶、草籽、棉被。老人吃得饿得发慌。粮食都被要去了，老协要，老杂要，杂牌军也要，有汪精卫、二皮脸，杂牌多了。我给日本人建过路，当时16（岁），在承德关外，修铁路，待了一年回来了，家里有老娘。

日本人来过村子。共产党收的棉花，他们来挖东西，东西都被他们挖走了。当时当八路军犯法，家里要整顿。日本人来中国还不是很孬，就是皇协军坏，日本人不抢砸，就是皇协军抢砸，给人当狗腿子，坏的就是那些中国人，八路军也管。皇协军明着，两派。八路军当时晚上开会，白天不露面。

灾荒年死了几十口子，当时是饿的，水肿病，饿得肿，没得吃，还不饿死？霍乱转筋怎么没有？霍乱转筋过了灾荒年，时间记不清了。得霍乱，吐，拉肚子说不准，得这病，不是拉就是抽筋，都是揪筋。看病哪有好医生啊，那时医生扎针不中用。扎针用中药，扎的穴道，扎手扎肚子，我见过，但记不住有谁了。

蚂蚱那东西遮地，飞满天，小蚂蚱过河抱成一个球滚过去，过去都吃了（庄稼），有好几回。在灾荒年以前，那蚂蚱可厉害了，砸蚂蚱、掘蚂蚱沟。那年穷吃蚂蚱。俺这都到南徐州去逃荒，都饿死了，俺后面有个闺女，小黄庄不要，被卖到南徐州去了，老婆孩子不要，给人家，这年老多了，都向南徐州了。那时，不让进村，在村外喝沟水，老人都死了，年轻的回来的不多。得霍乱死得快，没得治。那时下雨七天七夜，房子都漏，就是民国32年七月份下的雨。盖的房子都漏了，都饿得在屋里被水泡了，收的粮食被水泡了，发芽了。那时候下的雨，庄稼都泡坏了，下的净水，尽是下雨下的，不是河水。就是高粱散收，谷子什么也没收。人是没下雨死的，霍乱转筋是灾荒年以前了，哪一年记不清了，得霍乱干哕，拉肚子不知道，就是干哕。

大刘庄村

采访时间： 2008 年 8 月 31 日

采访地点： 临西县大刘庄乡大刘庄村

采 访 人： 高海涛　王　青　靳　鑫

被采访人： 周振龙（男　76 岁　属鸡）

周振龙

　　我叫周振龙，76（岁）了，属鸡的。民国 32 年那年叫大贱年，挨饿，也多少收点。那会儿日本（人）进中国，净杂牌军，要的人逃荒了，上蚌埠要饭去了，我在家念书咪那会儿。先旱，那年旱是旱，收点东西都叫杂牌军要走了。人挨饿，得霍乱转筋，人肚里没东西，得扎病，肚子疼，今得病明就死，净是那病。那会儿没医院没医生，揍活那针，逮住，身上忽忽别一会儿，出点黑血就过去了，别不好就死了，那会儿死好几口子。咱家没有得那病的，下堡寺西南死得多，那边厉害，咱这边收成好点。都跑了，都要饭去了，这一个街上就剩个三家两家的。那年没上水。

　　日本人没来多长时间，日本（人）后来过来了，这边是炮楼，有日本（人），有个炮楼，也就三两个日本（人），皇协（军）仗凭日本人（使坏），见过日本人，吃过他们的饭。

　　没听说掘河口，蝗灾后来有，民国 32 年没有。灾荒不是很严重，也不轻，那年没下雨，光旱，没上水。

　　没见过穿白大褂的，日本娘们在后边扎腰，（看的）鼓鼓着，西边高村、黄耩庄、洪官营都有日本（人）。

大 营

采访时间： 2008 年 8 月 31 日

采访地点： 临西县大刘庄乡大营

采访人： 王 瑞 韩 硕 陈庆庆

被采访人： 倪好智（男 84 岁 属牛）

倪好智

　　我念过书，念过私塾，念到《百家姓》《三字经》。

　　灾荒年是民国 32 年，1943 年，不得收东西，收的东西少，不够吃的，人都逃荒，家里没吃的。那会儿不下雨，不兴浇，没下雨，不收。没有雨，光旱，收的少。麦子收的搂搂拉倒，那会儿不兴浇，那一年反正是灾荒年不下雨。灾荒年没有下过大雨。1963 年发过大水都淹了。那会儿也是发大水，反正地里都淹了，外面没事。灾荒年没有发过大水。

　　逃荒的人一般是不够吃的都出去了，人吃得孬反正是。哪年景好向哪逃，向南的，向北的，哪都有。我没有出去逃荒，一直在家里。死人没大有，人都逃出去了，没有饿死的人。得病的也有，医院也少，农村都中医。那年得大病，有霍乱转筋。那年在尖冢镇乔屯，西张堤有人得，不少人死。一家有死三四口的，死了不少人。离这里十六七里地。张堤那里得霍乱转筋的多。西乡的那边多。（注：指西边地区）俺这里没有，我没见。都听说张堤那边，有个媳妇从娘家回来说的那个病一得死好几个人。有小孩得的，有老人得的，都有。那个病传人，也不叫出门，传人病不让出门。没听说过会拉肚子。西村有个媳妇家死的只剩下她闺女了。没有认识的得这个病的人，乔屯少一点，就张堤多。

　　民国 26 年，开口子，大营开口子。民国 28 年六月初四开口子。灾荒年旱得不收物，没吃的，又得霍乱病这个传染病。

那年还是民国 28 年，八路军拿鞋底在棍子上打蚂蚱，挖沟埋蚂蚱。蚂蚱把谷子吃光杆了。民国 32 年没蚂蚱。打还好点，不打就把谷子吃光杆了，都是小蚂蚱。

日本人见过。就是孬。我家光拉粮食就拉了八车。临清有皇协（军）和日本人。俺家的粮食都是用滑轮车拉临清去了。都是本县的特务，给人伺候人家。来村里要粮食，临清那边进村里了，有日本（人有）皇协（军）。他们来村里要粮食，要枪，后来让八路军都消灭了。

采访时间： 2008 年 8 月 31 日
采访地点： 临西县大刘庄乡大营
采访人： 王 瑞 韩 硕 陈庆庆
被采访人： 王永兴（男 73 岁 属鼠）

王永兴

我没上过学，念过私塾，《百家姓》《三字经》什么的。

灾荒是民国 32 年，当时我小。那年上截旱，下截淹。下了七天七夜的雨，阴历七月份下的，那年都下，"八月二十五，老天阴了脸"。死人俺村不多，有先生，一扎就好。有得霍乱的，我不大，没看见过，一针就扎好了。有治好的，发觉早了就治好了，发觉晚了或先生赶不到就毁了。那病快，比脑溢血还快。

那年挨饿，我们村没怎么有事，河南都毁了，很多人都饿死了，那时政府腐败。村里有饿死的人，那年我地少，人多又收的少，还是穷人不行。俺村没有几个饿死了，很少，有几户还行。村子里得病的很少。扎针扎到哪里就不知道了，在膝盖四周扎针。我那年生的时候七月二十的时候开的口子，淹到北京，是运粮河。1956 年又发大水，灾荒年就是下雨下的，沟里河平了，河没开口子。

民国 32 年闹蚂蚱，庄稼都吃平了。小谷子长一米高了都吃了。蚂蚱滚成蛋，直径有 30 厘米，过河了。蚂蚱黄的多，有的黑，也有发白的。把庄稼吃平了。

村里有逃荒的，往东北的，李小、王宏内、刘永军谁的都上东北了，年景一好又都圈回来了。

我见过日本人。听不懂他们说什么，也穿黄衣服，带头的穿黄皮靴，戴礼帽，戴眼镜。王连贤是皇协军的头儿，后来被八路军枪毙了。赵指挥官是国民党军官，当时有三个指挥，是国民党管。有国民党和皇协军指挥，红派和白派，皇协军是红派，日本人来村里，打砸抢，日本人孬啊，来中国抢啊，把中国人杀了。在大营里面祸害人，强奸啊。河南凡南火烧，在村里上火。

有病在下雨之前得的，浑身刺挠，抓烂了，那是长疥，不死人。霍乱转筋不知传人不传人。

采访时间：2008 年 8 月 31 日

采访地点：临西县大刘庄乡大营

采访人：王 瑞　韩 硕　陈庆庆

被采访人：周绍曾（男　77 岁　属猴）

周绍曾

我上过一年多学，那会儿念不成。

灾荒年民国 32 年，那会儿吃么的也有。连旱，又着蚂蚱荒，能收多少？那时不能浇，光全靠雨。不记得那年下不下雨，哩哩啦啦的，下过几天。民国 32 年没发过大水，灾荒年倒是没死什么人。村里有得霍乱转筋的。我爷爷是个老先生，学针灸，霍乱转筋一扎就好了，他一出门就带着俺姑，我爷爷叫周兴仁，他没有教我。

大张庄

高金明

采访时间：2008 年 8 月 31 日

采访地点：临西县大刘庄乡大张庄

采 访 人：陈东辉　石赛玉　胡　月

被采访人：高金明（男　87 岁　属狗）

　　记不太清日本人进村时间，大概 16 岁，民国 32 年大贱年，那时人人挨饿，天旱庄稼也收点，旱后下了七天七夜的雨，紧一阵慢一阵，家家户户房子漏，有塌的有倒的。咱这的河下雨后没开口，这也没霍乱病，在西边多，死人是在下雨后，听说那边一个村每天都得死几口。在邱县地区人病几天就死了，不知道怎么死的，死得快。这儿医生很少。西乡死人，码头是个边，邱县那块有逃荒的、要饭的，有逃到黄河以南的，大部分在这边河南，我也出去过，干旱那年没出去，那年吃野菜。有人上东乡河南逃荒，有去东北的，不知道去没去成，有当年回来的，也有第二年回来的，我当年去临清以东。

　　闹过蝗虫，在解放前六七月里，那会儿也有八路军和日本人。干旱年不知道日本人和皇协军来没来。

　　当时喝井水，不管水凉不凉的，但干旱时村里七八眼井都没水，在砖井烧水喝。

采访时间：2008 年 8 月 31 日

采访地点：临西县大刘庄乡大张庄

采 访 人：陈东辉　石赛玉　胡　月

被采访人： 许庆梅（女　75 岁　属狗）

我是逃荒逃到这里的，那时我 8 岁，俺姥爷来了 20 天就死了，我父亲过了两年饿死了，我逃错了，人家都到黄河南去，来到这里也是没收，我娘家那边是冠县，都是盐碱地，家家都沥盐。

许庆梅

这个村有 200 多户，过来的时候还没解放临清。民国 32 年，日本人、皇协军、国民党都过来，解放军当时还没出来。几里地一个炮楼，日本人在跑楼上睡。

民国 32 年以后，下了两回七天七夜雨，不记得前一次，后一次大概有 50 多年了，我大女儿都五六（岁）了。有人得霍乱转筋，那是饿的，霍乱转筋都是灾荒那一年，咱这少，南边我记得很多，那年河水开口子了，开了好几回，七几年开过，1962 年开过，民国 32 年没有开口，（开口子）那是在黄河那，都往南淌，这个河往北淌，有深井，没缺水喝，这边都是沙，也不收麦子，蚂蚱我也经历过，在民国 32 年以后好几年，特别厉害，庄稼都没了，旱情有时旱有时不旱，咱这逃荒的很多，和娘家一样过贱年，这边稍微好一点，这里的人逃到哪的都有，不知道去哪了。

采访时间： 2008 年 8 月 31 日
采访地点： 临西县大刘庄乡大张庄
采访人： 陈东辉　石赛玉　胡　月
被采访人： 张九阳（男　83 岁　属虎）

庄稼熟了，阴雨了几天，下了七天七夜雨，庄稼倒没受损失。得霍乱转筋的都在民国 32 年那个阶段，（那年）没有被淹，都顺河沟往东北走，这水淹不了，也不缺水。那个时候正在用砖井，使扁担打水吃，那时还不兴机井。河水没断过，1956 年开过口子，从那以后再没事了，国家开始治理了。民国 26 年大营开过口子，1956 年是江庄开口子。霍乱这不多，就前面一个妇道人家得过，下雨后得的。症状咱说不上，只是听说得霍乱转筋能治好。那时村里有医生，不是这会儿这个医生，那会儿都是老中医，谁知道是叫扎针还是吃药治好的。当时都喝井水，天气干的时

张九阳

候井水也干不了，那会儿没说缺水。也说不上是喝热水还是喝凉水，有喝凉水的有喝热水的。

俺村有皇协军，都陪着日本人，皇协军来得多，日本人来的少。东边台庄有碉堡，西边闹过洪灾。蚂蚱把烟叶吃了，那是它不长翅膀的时候，那会儿掘一溜沟往里一撵就埋了，在七天七夜雨以后发生了蝗灾。

在新中国成立前有逃荒的，有在外边逃荒饿死的，有去河南的，（有去）城东那地方的。有收秋的时候回来的，逃荒的全村困难户大概有十家八家，那会儿村里有 1600 多户人，当时逃了百八十，我没出去，地头多总是好过点，全家都没去。我不是党员，念过两年私塾，当过兵，14 岁当过八路，16 岁退伍，和日本人对过几次敌，这儿打那儿打，在孙庄打过一回。

采访时间： 2006 年 7 月 12 日

采访地点： 临西县河西镇瓜厂

采 访 人： 刘京军　赵新燕

被采访人： 张庆兰（女　75 岁　属猴）

瓜厂村人，以前叫邱家庄，娘家大张庄，民国32年在娘家。

那年先旱，庄稼都快旱死了，后来又招蚂蚱，七月里又下雨。净破房子，都漏了。吃瓜叶，树叶，麻糁，棉花籽，轧轧，蒸蒸，整点饼，刚（很）难吃啦。雨下得七天七夜，水深倒不深，光连着阴。开口子，刘口开口子。

有死人的，该不多啊，挨饿饿的，都没劲，饿的。有霍乱抽筋，少，饿的。下完雨，没种么，都逃荒，去东乡、河南，哪里好，要饭。

待了一年，民国34年回来种上地，那种好了。（逃荒）全家都走了。（回来）还住家，没人占。没逃走的饿死的不少。

见过日本人，说高不高，戴着帽子，不算很胖。上大张庄来，什么也要。（这儿）不是八路军根据地。八路军不明里去（要），等天黑了去要，要粮食。村长跟俺要，敛。皇协军也要粮食。日本人抢东西，什么也要，吃生的，吃鸡蛋。皇协军下去村里，什么也要。

后闫村

采访时间： 2008年8月31日

采访地点： 临西县大刘庄乡后闫村

采访人： 高海涛 王 青 靳 鑫

被采访人： 郭天友（男 85岁 属鼠）

郭天友

我叫郭天友，今年85（岁）了，属鼠的。民国32年下东北了，过灾荒，这边厉害。那年旱，下东北了。咱这下七天七夜，六月多下的雨，是民国32年，下雨后没上水，下不大，人死了，西边死人多，这边还好，有生病的，什么病闹不清，不知道叫什么病。霍乱转筋有，再早，民国 32 年再前。民国 32 年有没有不知道，咱下东北了。一个得病人见先生去了，得病的这个没死，先生倒死了，这病传染。我见过得霍乱转筋的，得扎病，扎扎，扎准就没事了，扎不准还死。啥症状闹不清。我民国 32 年出去的，在东北、在广东，九年后才回家。我当过兵，打过鬼子，日本来时我还没当兵，鬼子来时杀不杀人，咱闹不清。那年有蚂蚱，可厉害。民国 32 年头里有蚂蚱，民国 32 年（开年）就旱，到后来下雨了。下七天七夜，不光下，光下还了得，一下下，一下不下。那时候日本鬼子来了，下雨时也来了，没有见穿白大褂的日本人。日本鬼子哪年来的？忘了是哪年了，民国 32 年以前日本鬼子来的。八路军和日本鬼子在老寨西头，老庄东头打过一仗，在老寨东头街里打过一仗，没来咱这儿打过仗。

采访时间：2008 年 8 月 31 日

采访地点：临西县大刘庄乡后闫村

采 访 人：高海涛　王　青　靳　鑫

被采访人：袁玉岭（男　85 岁　属鼠）

袁玉岭

我叫袁玉岭，今年 85（岁）了，属鼠的。日本鬼子来俺 20 多岁了。记得灾荒，旱，不下雨，天旱没收，没人浇，人饿死了，雨没下一点，也没浇的，都饿死人。夏天咱这一点没下雨，一过灾荒就有病，有瘟疫，一会儿就死，叫霍乱转筋，是民国 32 年，临西这块死得少，马头乡死得多，一黑死好几十口子，马头在西边下堡寺，咱这边少，也有，我见过。咱这儿得病的少，下堡寺那边死了没人埋，当街就叫狗吃了。一会这个拉过去，回来那个就死，都传染。下堡寺那边都挤一堆睡，你回来又死了，就这么快，咱村这块没有，我没见过这病，听人说的。下堡寺跟这村大的死没人了。

民国 32 年没上水，旱得不行，一点东西也没收，没有蝗灾、蚂蚱。日本人民国 32 年那会儿来过了，八路军偷偷摸摸不敢公开，偷偷摸摸打。那年粮食没大收，日本人都孬，见中国人就杀。

我出去逃荒，上东北，民国 32 年以后出去的，民国 32 年在这。俺没有在家过日子，皇协（军）、日本（人）那边村村有炮楼，白庄、老寨、马店净炮楼，白天给日本人安的，晚上给八路军安的，八路军关路，不让他（日本人）过了。没有睡觉的空。人都困难，不给他（日本人）干活还打人。日本人他调查画路线图怎么走，他从哪边走，他穿大褂，装成中国人。

花牛张庄

采访时间： 2008 年 8 月 31 日
采访地点： 临西县大刘庄乡花牛张庄
采访人： 高海涛　王　青　靳　鑫
被采访人： 张玉坤（男　81 岁　属龙）

张玉坤

我叫张玉坤，今年 81（岁）了，属龙。民国 32 年大贱年，灾荒。民国 32 年人都挨饿，过贱年，死那些人，地里粮食没收了，贱年。那两派，那边日本鬼子这边八路，有点粮食也都要走了，收吧也没收那些。下七八天雨，连阴再下七天七夜，那会儿地里没收庄稼，收点庄稼也都捂烂了，人没粮食吃饿死的。到以后得霍乱转筋，人死的不少。

民国 32 年有旱灾，下雨以前那时候旱，旱得到以后收点粮食又下开雨了，秋天下的，七八月了。霍乱转筋传染病，城里那边死得快，有病的时候都说跟大脑炎样，治不过来就拉倒了，不能鼓拥了，报丧的一个人都不敢去，得两个人去，要死一个呢？怕那样。

那会我才十一二（岁），有逃荒的，咱这地方倒少，到西边净逃荒，村里都逃，民国 32 年，上哪去的都有，有上东去，有上西去的，河南的，要饭，哪去的都有，霍乱转筋是下雨后得的。民国 32 年咱这住的是日本鬼子，这有炮楼，没见穿白大褂的，日本鬼子没有得病的，日本鬼子皇协（军）管中国人。咱村有得霍乱的，得霍乱得扎针，扎旱针，那会儿没医院时，叫他扎，这会儿也死了。日本鬼子头先一过来不是太坏，无非是抓鸡烧鸡吃，也不是多孬，以后不行了，以后就孬了。一出来八路打他，他也不认识哪个是八路军，八路军穿便衣，他跟庄邻不敢亲近了。日本鬼子生活高，军队来吃饭时，枪一扎就上那吃饭，不管这个，到以后，八路军倒他的枪，他就不敢亲近了。原先来吃饭时小孩们都围着他看，大米饭、罐头都给小孩吃，手捧着吃。民国 32 年没上水，就下大雨，下七天七夜大雨，那边那会儿河堤河坝矮，日本鬼子也堵大坝，人也没什么吃的，谁有劲？

俺家没得霍乱的，白大娘他那死好几口子。张玉榜白大娘他家大叔、老婆婆、老公公死好几口，也饿加霍乱转筋。

采访时间： 2008 年 8 月 31 日
采访地点： 临西县大刘庄乡花牛张庄
采 访 人： 高海涛 王 青 靳 鑫
被采访人： 张玉瑞（男 88 岁 属鸡）

张玉瑞

我叫张玉瑞，今年 88（岁）了，属鸡的。民国 32 年在家里，灾荒年，卖老婆、孩子，头里旱，后来淹，庄稼生芽了在地里，长谷子那么高都生芽了，那也长起来了，庄稼旱了，后来又淹。下雨连阴天，庄稼快熟了，生芽了，谷子生芽。民国 32 年真可怜，那时候编歌，不记得那歌了。死人可是死多，饿死的，生活不好，靠来靠去瘦了，体格瘦了，鼓拥不动了。咱这边好点，到南边要饭的都饿死的。

民国 8 年霍乱转筋我听老人说的。民国 32 年饿死，咱这轻，西北都饿死一片一片的。那时候皇协（军）来了，日本到后来，我也没文化，就在临清当皇协（军），带老婆孩子吃窝窝，你得给他（皇协军）送粮食。逃荒都逃不起，都是灾荒，朝哪去？没地方了，都要饭，谁可怜要饭的？都饿死了。民国 32 年没上水，麦子都旱死了，没上水，水不大，不是民国 32 年，民国 27 年。

民国 32 年蝗灾打蚂蚱，掘蚂蚱壕，地里净蚂蚱。我没参加军队，在家过日子。派人抓阄，年龄在这，该谁去，谁抓到谁去。

黎博寨

采访时间：2008 年 8 月 31 日
采访地点：临西县大刘庄乡小营
采访人：王 瑞 韩 硕 陈庆庆
被采访人：周桂兰（女 77 岁 属猴）

周桂兰

我上过学，那会儿上不起。民国 32 年那会儿没吃的，没井，庄稼都沥干了。人们都卖衣服，屋上有瓦也卖了，换点棉籽、麸子吃。我当时在娘家黎博寨，没吃没喝的就叫灾荒年。庄稼死了，老天不下雨，从麦后就不下雨，那会儿大雨小雨没下过。七天七夜大雨那是那年都收庄稼了，下了雨，就把庄稼淹死了，那时听人家说，这是灾荒年，卖东西换棉籽吃。

死人怎么不多？饿死的，没吃的就饿死了。没听说过得什么病。没听说过霍乱转筋，只是记得没吃的。

蚂蚱有一年，前面挖沟，用袋子呼呼的攥，是灾荒年以后的事情了。

一年呼呼的，没听说过逃荒的，我一直在家嗦。蚂蚱一飞盖天，有黄的，也有绿的，大部分是黄色的。

日本鬼子怎么没见过？穿着黄衣服，戴着铁帽子，皇协（军）只穿黄衣服，都见过皇协（军）。来村子里要东西，你有两身衣服都拿走，拿东西。抓年轻的，人都吓跑了。没杀过人，伤人，用枪把子顿。

蔺庄村

采访时间： 2008 年 8 月 31 日

采访地点： 临西县大刘庄乡蔺庄村

采访人： 张 萌 张利然 吕元军

被采访人： 蔺 奇（男 75 岁 属狗）

蔺玉章（男 82 岁 属兔）

蔺玉章：民国 32 年，饿得没人了，没吃的，旱，淹，先旱后淹。春天就旱，那一年没闹蝗虫。人那时候有霍乱转筋，干霍乱。死了 30 来口。黍子将黄尖，就现在这个时间（八月份）。整年下点雨，一点半点不管用。八九月下过雨，下得忒大了又，七天七夜，下得忒晚了。淹是雨水淹的。河里水没有漫出来，没涨水。淹得不严重，水没多水。这个病就是干霍乱，发烧，烧迷糊，饿的。抽筋、哆嗦，有这种情况。没有那个劲（上吐下泻），肚里没饭。老百姓都说这个（名）。没有扎旱针，不管事，得那个

蔺玉章（左）、蔺 奇

病死了多少人啊！死得快得很，传不传（传染）不知道。一死就死好几口子。年轻的都逃出去了，河东、河南。有死在外边的。村里都没人了，哪里好逃到哪里去。

蔺奇：我逃临清了。春天没种上地，没收小麦，都逃出去了。民国32年到了第二年都回来了，都种点地。鬼子可不来村？日本在马店修了炮楼，皇协（军）是本地人。这村没杀过人。得霍乱的时候没上村里来的，（那会儿）还没修炮楼。

蔺玉章：我那几年在东洼（音）待了，忘了（什么时候出去的）。

蔺奇：我家没有得这个病的。

蔺玉章：我家这病死了三四口子，我娘、爹、姥娘，死了之后（我）又逃走的。都饿的，饿死的。没有上吐下泻，没有抽筋。

蔺奇：八月底下了七天七夜的雨，地里有水。（民国32年以后）那时候日本（人）管着，共产党不敢露头。皇协（军）带着日本兵到村里抓鸡、抢东西。

采访时间： 2008 年 8 月 31 日
采访地点： 临西县大刘庄乡蔺庄村
采访人： 张　萌　张利然　吕元军
被采访人： 魏翠花（女　80 岁　属蛇）

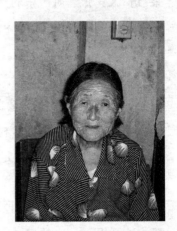

魏翠花

灾荒年是民国 32 年。

蚂蚱没闹过，旱，天旱，后来下点雨，收了点高粱，六七月份下的雨，下的雨不大，还下晚了，庄稼没收成。

也没发过水，河里没发水，也没决口子。死的人不少，都是饿死的。三天肚里没东西，啥也没吃，硬饿死的，饿得病。

七月份我从家里到这村，还没下雨呢。在娘家时收了一点点高粱，没吃的。逃到这村也没收什么东西。这村也没人，就几口人了。

十月份我就逃出去了，到南边一百里地儿的地方，在那儿待了一年才回来。

我待了就两个月，就出去了。也没听说得这个病有啥症状，也没见过。在这村也没见到。

人家都说是霍乱转筋，都这样说的，也不知道为啥是霍乱转筋。

我逃到这村时这里没见过日本兵，见过皇协军，马店的皇协军又来了抢东西，抓鸡。

马店村

采访时间：2008 年 8 月 31 日
采访地点：临西县大刘庄乡马店村
采访人：张　萌　张利然　吕元军
被采访人：徐登田（男　81 岁　属龙）

灾荒年是民国 32 年，少吃无喝的。地里收的不够吃的。上面要的多。（日本）鬼子、皇协（军）占领本村。（日本）鬼子 10 多个，皇协（军）不足 200 人，住在炮楼里。

徐登田

三年两年淹。民国 32 年水少，小河口子。南边来的水，卫河来的。河水冲开堤子，决的口子。六七月份里，水淹，河水淹，日子难过。

下雨六七月份，没地儿住，当时没好房子。民国 32 年上半年旱，五六月里旱。民国 32 年记不准有没有蚂蚱。上半年旱，下半年淹。都逃出去了。

这里饿死的人不多。徐州多。邱县一个村杨二寨1300多人剩了300多人。

都得病死的，得霍乱转筋，当时没人看（病）。浑身上下都打哆嗦。村里死了四五十人。得这个病的死得很急。

有得上吐下泻、肚子疼这种病的，死得快，叫霍乱转筋。揪得手都动不了了。（我）亲眼见过得这种病的。饿得发慌，动不了了。吐的是些黄绿沫子，有吐黑水的。

庄稼都旱死了，后来又淹了，没收的。下雨前得的这个毛病，下雨后这个毛病又少了。当时都喝河水，卫河，从冀南下来的，山口，从岳城水库放来的。没河水吃井水，河水来了喝河水。

当时日本人在，要吃要喝的，还让你干活。得病时，谁也没人管，活活饿死。埋不及，抬都抬不动了，没人了。

有钱的逃出去，没钱的逃不出去。我弟兄四个，三个都出去了，就剩我和我母亲俩了。逃到关外，到哪里的都有，哪有吃的去哪儿。

1943年，民国32年当的兵，八九月份当的兵；共当了五年兵。

南曹村

采访时间：2008年8月31日
采访地点：临西县大刘庄乡南曹村
采 访 人：陈东辉　石赛玉　胡　月
被采访人：丰　英（男　83岁　属狗）

丰 英

记不得民国32年的情况，那会儿距今60多年了，那会儿有人得霍乱转筋，和下雨不是同一年，那时得病的人少。我8岁那年父亲得霍乱转筋死了，没什么症状，那会儿扎针好了，医生叫他不要喝凉水，他不听喝凉水就死了。平常人喝山苦井的水，村里有旱井，跟现在的砖井一样，逃荒跟霍乱不是一年，记不清谁先谁后，民国 32 年过灾荒，跟霍乱不是一年，挨饿饿死不少，一个村里死了 80%，咱村死的少，收成好一些，蝗灾和决堤的事情记不准。

采访时间： 2008 年 8 月 31 日

采访地点： 临西县大刘庄乡南曹村

采 访 人： 陈东辉　石赛玉　胡　月

被采访人： 王得胜（男　77 岁　属猴）

王得胜

　　民国 32 年旱天不下雨，一整年不收，然后天下雨了，春天下得不大，能浇地，有下过七天七夜的雨，不挂瓦的房子都漏了，八角楼也漏。我 9 岁上庙去（家里水堵了），满街都是水，那时汲河，大河开口子，大营和江庄三天两头开口。民国 32 年没开口，然后日本人来这了。民国 32 年大旱，吃棉花籽、榆叶、野菜，吃不饱有饿死的，逃荒的不少，有上南徐州的，黄河南的，东北的。都在民国 32 年得霍乱，肚子里没东西就得了病，民国 32 年以后上外边要饭吃，饿得心乱，肚子不闹事，一下子就过去了。没见过得霍乱的，西村有老头得了死了。民国 32 年后有蝗灾，地里被吃光了，南边大御河开口了，俺村和那些小屯都淹到了。大营开口我 7 岁，江庄开口我 9 岁，地里庄稼都淹了。咱这村没几个得病的，别的村有得的，都死了，我没去逃荒，我年龄小，咱村逃荒的人不多，那会儿村里还凑合。

前闫村

采访时间： 2008 年 8 月 31 日

采访地点： 临西县大刘庄乡前闫村

采访人： 高海涛　王　青　靳　鑫

被采访人： 蔡秀琴（女　86 岁　属猪）

蔡秀琴

我叫蔡秀琴，今年 86（岁）了，我属猪。上过学，村里成立上东校，也不识个字。民国 32 年灾荒真可怜，七月发大水刚过去，八月来了日本兵。七月发大水，开口子，河开口子，八月来日本兵，日本兵来中国了，都民国 32 年，我记得，小滩龙王庙发的水，南边来的水，好大的水，七月发大水，就河开口子了。我那才 10 来岁，在河南住着。民国 32 年在咱村，我在闫庄混 70 年了，民国 32 年在这里，来大水那年我还没娶，发大水那年还在早，不是民国 32 年。割了谷子没卸车，在车上搁着都生芽了，接接连连下了七八天，七月发大水，庄里死得少。人人得霍乱，编歌了。

掘大壕，逮蚂蚱去，一壕蚂蚱，是民国 32 年，蚂蚱夏天来，春天没有，割了麦，俺都掘壕，人人打蚂蚱当晚餐吃，没吃的。霍乱是病，下大雨昼夜不停，人人受潮湿得霍乱，咱村没死多少人，都说得霍乱，没死多少人，家家户户没吃的没喝的，可受罪了。

第二年八路军过来了，白天支应皇协军，晚上支应八路军，一说道上过鬼子了，快跑，上高粱地里跑，那都种高粱，俺可受惊怕了，俺小孩他爷爷，黑天支应八路军，白天支应皇协可了不得了，可遭难了。

我都上南边蚌埠逃荒去了，民国 32 年以后去的，没吃的，那到了什么年记不清，光知道逃荒去了，在那待好几个月回来了。在娘家住，跟娘家俺兄弟去的。

我倒在这没见过鬼子，光说过鬼子吓得跑。我那年在济南见鬼子了。在济南扎刺刀。在马路上走，鬼子净小矮个，穿着皮鞋。

民国 32 年头先不下雨，到后来连阴下了七天。七月下雨，接接连连下七八天得病下雨那全破房子漏，水里受潮湿。头人得霍乱。

土匪有。没见过。皇协军见了。那鬼子来了，皇协（军）来了，俺奶奶快点让俺妹妹藏树叶簇里。一进门说把树叶簇子给点着，一吹都哨，他走了，随着命令走。不走近烧死了。

鬼子在南边小张庄搭炮楼。我在村黑天还睡觉？听马叫唤，同志们交枪吧。八路军打日本，炮楼是日本鬼子，隔庄是炮楼，白庄是炮楼，张庄是炮楼，马庄是炮楼。俺这没有炮楼，那会儿该不是皇协（军）统治，皇协（军）白天来，八路军晚上来，咱这是敌占区。

霍乱都说传染，有也是年头不好，少吃无喝老了死了，咱村没大有，也当不死两个人。得病了没吃没喝也死几个人。

采访时间：2008 年 8 月 31 日
采访地点：临西县大刘庄乡前闫村
采访人：高海涛　王　青　靳　鑫
被采访人：李金峰（男　79 岁　属马）

李金峰

我叫李金峰，79（岁）了，属马的。民国 32 年是灾荒年，俺这边还轻点，西边厉害。山东那边好，茌博平，俺这逃荒都到那去，越上东越好。威县以南这窝厉害，饿死人，荒地都在这里，山东茌博平，都上那逃荒，一窝一窝的，逃荒的都在这边。咱这边轻点。人家不一样，过得细点扛住了，家里大吃大喝扛不住都逃荒。那年先旱，麦子没收，打不成个，可不沾闲了。

麦子没收，又招蚂蚱、蝗虫，什么都吃，吃的不少，吃一会儿过去了，没收多少。八月又连阴天，都糟烂了、生芽了，不是唱歌吗？八月二十八日老天也阴了天，接接连连昼夜不停下了七八十来天，下雨后潮湿人得霍乱。叫得扎病，都传染，霍乱传染，连饿又肚里没东西再传染就扛不住了。霍乱扎旱针，得扎病，有治不过来，有治过来的。得病啥症状？我又不是先生我不知道，先生扎针的知道。俺这边还轻点，威县以南邱县厉害，人说那会儿死人烧纸，这个死了那个又去了那会儿，上庙烧纸，死人那厉害，过去之后地都荒了，都没人种了，逃荒的逃荒，走的走，死的死，也没那些人了，俺这边还轻点，那边一个村连逃荒再死的，都走没人了，那是个灾荒底，数那窝厉害。俺这里多少收点，西边水又来了，在俺这挡住了，都是民国32年，先旱灾又蝗灾，又水灾，还两边要，共产党也要皇协也要，要得庄稼人都没吃的，都逃荒走了。山东那边没事，那边好，都俺这，朝西这边厉害。谁道？岳城水库哪来的水，那边过来水打住了。

我那时10来岁，给八路军送粮食，担着去的。民国32年这是敌占区，两边要，人都逃荒去了，逃荒的逃荒，走的走。我没有逃荒，我都吃树叶子，饿的。过日子细的，路长一会儿，省着点过灾荒能扛住，吃什么不在乎，拉着个老婆孩子，再出点毛病就扛不住了，逃荒的逃荒，走的走。人家跟人家不一样，有能扛住的，有扛不住的。好比人家又勤俭又细，节省着点人家就能顶住，浪费吃吃喝喝，没点底，一过贱年就扛不住了。那年先旱，旱得又招蝗虫，又连阴天，人吃不好，有得扎病的，死的。咱这边扎病没大有，逃荒的不少，逃荒到山东蚌埠那里。河决好几回口子，日本人来那年河开口子，咱自己扒的，那会儿我才六七岁，日本来城里了，不叫他下乡，挡住他，水下去才让他过，水到西边挡住了，我那才几岁，我也不记得哪年，我那六七岁，民国二十五六年的时候。

小营村

采访时间： 2008 年 8 月 31 日

采访地点： 临西县大刘庄乡小营村

采访人： 王 瑞 韩 硕 陈庆庆

被采访人： 刘天祥（男 72 岁 属牛）

刘天祥

　　那会儿对日本人印象不太好，那时日本人大扫荡，抓住谁就让谁带路，还来过我家要东西。骑着大红马老高，都叫它野马。那时我十几岁，都去看马。日本人不是很高，穿什么衣服记不清了。那时没解放，单屯乡江村是共产党的乡。日本人来村里要吃的，来村里要鸡，不给就发坏，给他点东西就走了，刚记事。那会儿就乱，八路军还没解放临清呢。不是皇协军得区部，也就是八路军打他就跑。皇协（军）尽是中国人，那时见过，反正我十三四，他们在村里要东西，穿着黄衣服，皇协（军）队长领着要东西，来家里问"给点东西吧"，要点东西就走了。

　　我们当时归属山东，以后划河北了，一直到夏堡寺都归山东管。后来以运河为界就划进河北了，当时有土匪，要这要那，后来来了八路军就没了，有老缺（土匪）。

　　那会儿都是一个六月不下雨，一打三个月不下雨，四个月不下雨，就到处逃荒。国民党早就旱，败事就败事，哪收成好就去哪，去南徐州逃荒去了，不落雨就没吃的。死的人断不了，也不是成片成片的。饿得走不了，免不了（死人）。不知道有霍乱转筋。我们村一位老人喝糊糊粥，太饿了，咕咕喝了一公斤，喝死了。

　　1966 年开口子，运河水开口子了。建国以前也开过口子，那我记不清了。就是开口子，水呜呜地往东南流，这是建国以前的事了。那年闹蚂蚱，遍地，说没也没了，是黑花的，黑不溜秋，有飞的，也有爬的。

采访时间： 2008 年 8 月 31 日
采访地点： 临西县大刘庄乡小营村
采访人： 王 瑞 韩 硕 陈庆庆
被采访人： 刘廷文（男 75 岁 属狗）

刘廷文

我小时候上过两天学，上的私塾，《三字经》《百家姓》什么的。

灾荒年民国 32 年，可苦了。那年不收，种的棉花没人要了。一包山叶换三包棉花。毛主席在延安，蒋介石在南京。

日本人收棉花在各县都有，都是从百姓手里收的。白天是皇协（军），叫他们弄的，皇协军就是中国的土杂，哪个村都有皇协军。年成不好，谁有钱就跟谁干。那年也有雨，民国 31 年的，一年光下。那会儿雨下的水一直往北淌。我们这块收粮食可好了，一包山叶（地瓜叶）换三包棉花。日本人失败了，不收棉花了。还是中国人孬，中国人的走狗孬。灾荒年没发过大水，河里有水，没决口。地里有水，是从河里洇过来的，是运河。

死的人可是多了去了，我们这一家就死了三口，就是我叔伯家，叫刘延江，没吃的，连病带饿的就死了。有得霍乱转筋的，我当时在村里，有七八岁，不少人得，有村里老先生会扎针，一扎就好。老先生说的叫霍乱，有七八个人会扎针。可不少人得霍乱转筋的。我见过，我很小。不熟悉什么样。那是老先生说叫霍乱，都治好了。我们村有个会扎针的。刘本唐得过，那会儿有 40 多岁。俺这一块不缺雨，下雨之后得了。

得霍乱转筋的都好了，刘典群，40 多岁了，都那几天得的，下雨那阵，是民国 31 年底，民国 32 年头。在家得的，走不远。传染不传染不知道，传言不让看。都扎针治，扎头上七针，心口这，手指，扎针的叫刘典臣、国仪、井权友、李贵勤、李耀文，数俺村先生多，都治好了。

那时闹蚂蚱，第一年下仔，民国 32 年就有小蚂蚱了，盖严地。有棕的、黄的、绿的，从南边往北来。

当时村里逃荒的人可多了。去南徐州，北边不行，北边乱。有几十口人逃荒，当时有 400 多口人这村，死了多少人不知道。有五家在家死了三家的。

民国 26 年，日本人进中原。我见过日本人，当时隔日本人不远，在城里。当时我爷爷在城里，我也在城里住。

小张庄

采访时间：2008 年 8 月 31 日
采访地点：临西县大刘庄乡小张庄
采 访 人：陈东辉　石赛玉　胡　月
被采访人：张东城（男　83 岁　属虎）

张东城

民国 32 年是贱年。为什么是大贱年？日本鬼子不断扫荡，大家东走西颠，没井又不下雨。1942 年那一年收得也少，日本鬼子要粮食，一亩地三十斤，有没有挨饿，你反正得拿啊。到了 1943 年没什么大事，日本鬼子来扫荡，日本鬼子今儿来扫荡，明儿也来扫荡，混抢乱夺。

下过七天七夜雨，民国 33 年、34 年下的，到了秋天快冷的时候下的。一连下了七天七夜，有下的时候，也有不下的时候。地里有水了，霍乱转筋也有了。牛得霍乱转筋不会走路了。人得的少，牲口得的多。雨少了以后得的，人和牛都不得离。咱村里也就 4% 的人得。那时候人稀松，就有 200 来口人在村里。那时也有治好的，也有没治好的，咳咳，过去的事都不太记得了，治好的多。扎针，本地医生，往腿上扎，我没见过扎针。听说流血好治，不流血的治不好。死的人和救活的人的名字咱都记不清了，都不知道了。牛得了病和人得了都差不多症状。牛得了三天五天就死了，那会儿没这会儿好，这会儿技术高，那会儿光靠（受苦），得了病五六天就死了。那会儿人受罪受大了，请先生也没地儿去请，这会儿多好。

村子里有一眼井，真深，天旱时有水，浑。民国32年也喝大坑的水，河水也有，在南边。卫河在南边，去卫河拉水喝。喝井水，开口子淹了就喝河水，由六月开好几道口子哩。河水民国26年开口，三年两头开，牲口有时也喝，喝热水。逃荒的人有，近的紧挨，远的上东北了，不多也不少，大概有一半，都去关外，东北三省那边多，再往南是河南、城东。后来也有回来的，回来的也得有一半多。我没去逃荒，因为我小，家里也没有。

闹过蝗灾，水灾。民国26年水灾，连口子，连灾带旱，蚂蚱六月吃谷子。开口子之后（民国26年）日本一过来那就有共产党了，咱都有抗日政府，日本鬼子一过来咱就有抗日政府喽。民国32年我去西边根据地区学习了。抗日那会儿，日本人不断来扫荡，扫荡那会儿俺待在马鞍寨里，就是那一年县政府要一个连防去学习。

采访时间： 2008 年 8 月 31 日
采访地点： 临西县大刘庄乡小张庄
采 访 人： 陈东辉　石赛玉　胡　月
被采访人： 张东桥（男　81 岁　属龙）

民国32年我都十好几（岁）了，我记得地里什么都不长，天气旱，地来收点，芋头收点，山药收点，谷子收点，还死了人。过贱年俺这儿还下几阵雨嘞，没死过多少

张东桥

人。日本过来那年，民国32年旱了，大灾荒不旱也不行，皇协（军）要东西，庄稼收不好，咱这儿还好点儿，西边更厉害，死的人更多。

姜庄和大营开口，民国26年那年开口子，下雨特别大。民国32年那年旱，七天七夜雨也是大旱年。就记得那年棒子旱死了，下了雨，家家户户都在搭棚子，家家漏房子。雨黑白都下，特别大，天天蹚水。下雨后民国32年没开口子。高粱旱死了，不鼓粒了。那年有霍乱转筋，受潮湿，这个村死的少，咱这个没记清，往西死的多。当时全村就100多人，没见我们村的人得，西边得了病就死，听说不会走路，揪筋。那时没法治，也不好治。牛也得过，就是那一年，在人后得的。

有蝗虫啊，有蚂蚱，那时有皇协（军），老百姓打蚂蚱，可能过了民国32年之后有蝗灾。就民国32年大贱年，也就是四二九，四二九知道，见了鬼子一圈，黑天，在赵庄我哥张东城被日本鬼子包围了，和日本鬼子打起来了。打不了了，日本鬼子围住了那个村子，他跑到赵庄。

咋没逃荒，逃荒的人不少，那会儿逃荒的都吃山（红薯）叶子，都在关外，也没去别的地方，有唐一（山东的一个县）的来咱村逃荒。

民国32年共产党已经来到了，我那年都十四五（岁）了。我记得10岁共产党就已经来了，俺在村里住，就听说过朱德总司令、毛泽东主席。

当时这里的人喝井水，有井，这井不深，天干水倒不缺。那时黑天都不做饭。咱这儿也是经常喝热水，有时也喝凉水。

东枣园乡

八里圈

采访时间：2006 年 7 月

采访地点：临西县东枣园乡八里圈

采 访 人：邵贞先　王宏蕾

被采访人：王春普（男　72 岁　属猪）

上过学，4 年级，没毕业，上的初小。儿童团队长，那时儿童团的劲足着呢，那时的村小团员少，（团员）女孩少男孩多。

八路军有时候来宣传，有时候跑。（儿童团）和上课的一样，下午就唱个歌，练练操，那时不上学，都发红缨枪，一人一个，最后（我）没参加八路军，那时候年龄小，我 15（岁）日本鬼子就投降了，（儿童团）干了两三年，没打鬼子，咱这边没有。解放干了几年书记，解放后干的。

（那时）日本人稀松，皇协（军）多，在南边焦庄（离临清 50 里）那边改（隔）一天扫荡一回。

开口子把花园那边给冲了，（齐店？那边南边二里地的地方）现在没了，1944 年开口子在下大雨之前。连开口子带雨水都老高。村里人都逃走了，水大堤小，下雨就给冲开了，河水冲开的。

日本人在这路过，百十个人，上北讨伐去。日本飞机来炸临清，有一架，咱这没伤人，飞得挺高，看不清来机枪扫射。日本人在这抢东西，牵牛，皇协军抢，日本人光抓鸡。日本人在路上设卡抓车，抓车运东西，用树枝挡住，俺还跑过。

这块也没炮楼，陈庄有炮楼，李园也有个，隋五庄也有。净是皇协军，没日本人，日本人少，净是皇协军。一个炮楼十来个人，（皇协军）二流子一样的不好好劳动，都是本地的，在炮楼里又吃又喝，又玩又乐的。土匪又杀又抢，土匪一阵一阵的，皇协军也抓人要钱。八路军黑家（黑天，方言）来。村里也就一俩的八路军来。在按墙那边有单间，晚上来了就在那。

儿童团白天放哨晚上也放哨（到傍晚就拉倒），就跟小兵张嘎那一样。八路军跟老百姓不太接触，一般不住，也不要粮食，来了往村干部那家吃点饭，吃点窝窝头有点咸菜就行。老百姓也挺待见八路，八路纪律够严的，也给老百姓个票，不给百姓要东西。

皇协（军）他们给他饼子，窝窝，他不吃，他吃好的。

民国32年，地里也没收（什）么。倒没听说得过病，在七月里下的大雨，哩哩啦啦地下，当时七八岁，记不得得病的。当时闹饥荒，吃豆饼，吃野菜，卖东西换粮食，到秋季里收一点就缓过来了。当时就一口井，也吃河水，大多数吃河水，喝河水，洗刷用井水，南边河宽，把水挑来，沉沉，等水清了再喝，民国32年，也没觉出水有啥区别，都喝煮的水，喝开水。开始挺旱，多少收了一点，（什）么也吃，到后来秋季里就收了谷子、玉米。到七月份就不旱了，旱的时候还闹过蚂蚱，地里不少，在地里南头挖坑，用棍子弄土坑里，埋就埋了，天西时，太阳都看不见，不咬人，也有吃蚂蚱的，都过油炸，天津就有卖蚂蚱的，炸蚂蚱。

采访时间：2006年7月
采访地点：临西县东枣园乡八里圈
采 访 人：邵贞先　王宏蕾
被采访人：王庆玺（男　85岁　属狗）

先在家里念的书，然后去德州、北京念的书，1939 年去的北京。念的是回文的《可兰经》。民国 32 年，我在北京，哥哥死在这个村里，当时知道是瘟疫。（民国 32 年）当时家里四口人，母亲，哥哥，嫂子，我。那会儿没医生，没去北京之前也不知道有这病。去北京为念回教书。

在临清南开的口子，（在刘口，1937 年，民国 26 年）河口涨了，河堤小不大，光下雨，前街全是水，在临清见过日本人，跟讨伐的一样，在范八里杀了人，在我们村没杀，在范八里村长都让他杀了，范八里有局子，地方组织，有几回动乱，俺村都没受灾。

当时临清也没飞机，就济南有飞机，在飞机上日本人的枪往下打，人一跑就打，看见飞机上有红月亮。日本人主要向东走，没在这待住，日本人抓人问有八路吗，日本人抓苦力，去叫干活去。也记不住叫啥，在临清大桥那，人过去就得鞠躬，不干就打你两下子。

（日本人）在北三里杀的人，死了一个人，让日本人打的。在范八里有死的。日本人来讨伐（扫荡）。白天八路军不来，都是黑家来，当时都是地下工作人员，白天他们都躲在户家，不出来，根据地在西南那弯（块儿，方言）。离临清近，最少 40 里地，在童村、白地、贺庄那一带有八路。

那时候，有土匪，别村有俺村没有，俺这村有国民党，没部队，一个人是国民党。没解放时八路军就宣传"不能当亡国奴"，"伪军敌军快回头，过去罪恶不追究"（王宪州八路军的通讯员）。到处是标语口号，先抓儿童团，组织起来跑步、唱歌、站岗、作宣传。共产党一些人就在本村村头上，看你是好人孬人。

民国 9 年这边有霍乱，那年厉害，这村里也有人得，听说有得病的。（那个村东正村）有个姓杜的，让俺村（沙金章教长也是阿訇）给他扎过针，（患者）上吐下泻，我没见过这人，光听说过。数（就）那个阿訇文化高，有清真寺就有教长。

北三里

采访时间： 2006 年 7 月 14 日

采访地点： 临西县东枣园乡北三里

采 访 人： 杨兆乐　姜亚芹　张村清

被采访人： 陈世全（男　72 岁　属猪）

　　　　　　赵镇港（男　74 岁　属鸡）

天气也不大好。前截旱，后截淹。八月二十八阴的天。昼夜不停七八天。春天旱，招蚂蚱，男女老少都打蚂蚱回家当饭餐。蚂蚱连庄稼叶都吃了，逮一斤蚂蚱交八路军，换一斤麦子。也不光是民国 32 年，民国 33 年。

1956 年开口子，民国 32 年没开口子。刘口开的。民国 32 年以前。才七月几，花园开过，记不清哪年了。

从前 700 来口，再早有霍乱病，那一年没有，灾荒年，过不好，有病。差不多民国 28 年那一年有过。那病叫扎病，上吐下泻，扎针也能治好的。日本人扒开口，还没解放。日本人过大堤，怕冲坏他们的桥，都放河西边来了。

日本人来过村里。1945 年上半年来扫荡。上半年跟头一年不断地来。汪书元领着来了。不正干，短道儿的。叫日本逮了。

皇协军经常来扫荡。我（赵镇港）哥哥是村长。八路军的一个区长是我哥哥的同学。日本人多不了，净皇协（军）。五中队（八路军）黑下活动，白天不敢露面。敌强我弱。一到黑了，都到北乡高粱地里睡觉去。

吴佩英是伪县长。张寿臣是区长。

日本（人）来过，抓共产党员，抓了放警备司里，叫花钱赎去。也有抓日本去的。有跳火车叫人家开枪打死了。

皇协军来要粮食，叫本村人领着叫门。那时候张锋光是伪村长，俺哥哥是八路军的村长。

日本人经常来扫荡。南边的村有炮楼，陈窑东北有炮楼，李元南有炮楼。

土匪还再早。牵牛架户的，那个比日本（人）还要早。

采访时间： 2006 年 7 月 14 日

采访地点： 临西县东枣园乡北三里

采 访 人： 杨兆乐　姜亚芹　张村清

被采访人： 郭凤祥（男　76 岁　属羊）

　　　　　　杨　春（男　70 岁　属牛）

天先旱，然后淹。河水淹了，都这运河，皇协军扒的淹八路。临清城边上，淹到这里了。开口子的地方花园，水大了，一扒开，不都冲大了？一个小口都冲开了。

下雨下的。六月份开始下的。连着下了六七天。

收成不行。逃荒要饭去。有得病的，闹肚子，吐，拉。霍乱还早，灾荒年以前。民国 32 年那不叫霍乱，那一年没有。记不清霍乱抽筋是哪一年，比民国 32 年早。

都花园开了。皇协，日本不一气呀？有人见他们扒了，就在这儿七月里。棉花刚见花桃，还没开花哩。下完雨以后，那时候河弯弯曲曲，不太顺。

日本人来过，离城这么近，十二里是个据点。抓过庄稼人，抓到临清去，挨揍，又抓去当劳力的，下煤窑的。邻村有一个叫汪书元。

有八路军，俺村还多哩。这边是敌占区。

那会儿有皇协（军），待家过灾荒没吃的了，抢鸡、牛、羊啦。土匪也早，民国 32 年没有土匪。

见过日本飞机，飞机下边都蹭着坟头了，挂着日本的国旗。

皇协（军）扒开的，汪洋大海一片。都乘船往地里去，一直上北，一会儿到北京。目的都是淹八路军。

得到种麦子以后个把月，水才退下去，越往北越严重，北边洼。都待北京县城过来的。饿得人逃难去。

水下去的时候才去逃荒，有水的时候走不出去。那会儿这村有 800 多口人，念头转过来都回来了。

这村没有炮楼，李元有，十二里有，炮楼住着日本人。

有淹死的，没听说有得病死的。

采访时间： 2008 年 9 月 2 日

采访地点： 临西县河西镇岗楼村

采 访 人： 高海涛　王　青　靳　鑫

被采访人： 李家芳（女　84 岁　属牛）

李家芳

民国 32 年，怎么不记得，那会在家没过过那个日子，没过那个灾难的日子，反知道那个年头。八月二十七开口子，民国 32 年，南边的地方。旱，那会儿，咱那会儿小，才 19（岁），没过过灾难日子，那会儿还没娶呢，在娘家，在北三里。咱那会儿才 19（岁），咱记不清了，光知道过贱年，光知道人饿得没劲。俺那会儿咱在家不知道，那会儿年轻，不出门，小孩，还算。

谁知道是旱还是么，记不清哩，反正地里没收好，要收好还过贱年吗？遭病都说那个歌，谁知道遭没遭啊，说民国 32 年，人人得霍乱，反是这么话，那会儿不知道都。

俺过来的时候，在娘家没过过那种日子，在家过得不孬，还行。说过，旱，忘了，好忘混，晕，经过事更好忘。河开口子，一回回开口子，记得，记不得哪一年了，光记得八月二十七开口子，那会儿开大口子了，在南边，那条大河，涨河水，开口子。

不知道有没有人逃荒，记不住了，好忘。现在的事我还记得，从前的事忘了，不记得。

日本人，知道，忘了民国32年怎么来的日本人。

娘家在北三里，在北边，离这儿十来里，民国32年，什么病不知道，我知道饿得没劲，俺没见过，没经过那个病人，饿死人俺也没经过，光听说。

采访时间： 2008 年 9 月 2 日
采访地点： 临西县东枣园乡北三里
采访人： 张 伟 陈媛媛 王晶晶
被采访人： 张金元（男 81 岁 属龙）

张金元

我叫张金元，今年81岁，属大龙，一直住这个村，以前也叫北三里，光说三里庄，没"北"字，解放后改的。

灾荒年日本人在这。长得跟中国人一样，成天在这街上过，西南有炮楼，叫隋五里，陈窑也有炮楼，住着日本人，来回的过，穿黄色的衣裳，和电视里的一样。

民国32年，可难过了，挨饿，没吃的，都逃荒去了，我逃荒去了，逃博平去了，那会儿就五六口，父亲母亲兄弟姐姐都去逃荒了，剩谁在家都没吃的。那年，遭蝗虫粮食都咬烂了。村里出去逃荒的人也不少，有去沙沟。逃荒去的时候，谷子（庄稼）都快熟了，庄稼都让蝗虫吃了。还有水灾，七八月里。

民国32年，先旱后淹，蝗虫一吃，在家不能过了，就逃荒去了，详细事记不清了，河里的水决口，在南边决的口，临清那块，水大装不下开的。村里没水，都在村外边，有一米五来深，庄稼都淹了。

逃荒是在水淹以后，顶了半年回来的，日本修什么，给他卖力气，给日本人出工，修炮楼。

死的不多，都想法找活命去，没有传染病那会儿，霍乱转筋没有，也没听说，那会儿病少，有病也不知道叫什么名。

那会儿咱村顶千数口。饿死没饿死，要饭也不饿死。蝗灾也在那年，先淹，决口了，再有蝗虫。那会儿没八路军。到以后，有土匪，杂牌军。日本人来了就有皇协军了，给日本人效劳。徐胡子枪毙了，解放后枪毙死的，他给日本人效劳，带着干活，特别孬，叫徐同普（音），在临清，解放后八路军枪毙了。在日本人那边响。日本人挖沟，建城墙，他带着干，干慢了就揍。

水可大了，跟堤一样平。

上过学，念四书，《三字经》《百家姓》，在学校里念，老百姓找的老师，也没上长。

大十二里

采访时间： 2008年9月2日

采访地点： 临西县河西镇方庄

采访人： 王 瑞 韩 硕 陈庆庆

被采访人： 陈淑梅（女 76岁 属鸡）

陈淑梅

我小时候念过一年书吧，不识字。

那年旱，又水淹，后来都逃荒，那年我11（岁）。那会儿水淹了，家里没吃的没喝的。淹时谷子都熟了，有七八月了吧。那时天旱，不下雨。把庄稼都旱死了，后来又淹了。我经了四次水淹了，我7岁淹了一回，11（岁）淹了，12（岁）那年淹了两次，我娘家在大十二里。我17（岁）结的婚，灾荒年在娘家。

那会儿死的人倒不多，都逃出去了。民国32年淹水把庄稼都淹死了。逃荒是坐船出去的。没听说过得什么病的，霍乱转筋记不清了。逃荒都逃到南边，河南去了，我也出去了，去南边百十里。

有蚂蚱，是灾荒年以后的事，我都嫁过来了。灾荒年不下雨，一年没下雨，庄稼都熟了，河水都淹了。那会儿没大死人，都出去逃荒讨饭了，饿死一两个人。

日本人我小没怎么见过。穿绿衣服，以后就没见过，干过什么事没见。那会儿不懂得。灾荒年鬼子没在村里来过。

东常村

采访时间： 2008 年 9 月 3 日
采访地点： 临西县东枣园乡东常村
采 访 人： 王 瑞 韩 硕 陈庆庆
被采访人： 徐四祖（男 79 岁 属马）

徐四祖

我小时候当时没念书，念今年白费。

民国32年灾荒可厉害，河水淹，天旱又不收东西。先旱，后来又淹，七月几里旱，在三月里都旱，耩庄稼都耩不上。河里又开口子，什么不好，东边运河开了口子，花园这开一口，过贱年这一回。

日本进中国那一年开口子，人都进城里，日本人管饭，管高粱，喝糊糊，喝了没来。

我那时15岁放乱。在花园街那里开口的，离花园不远，日本人开的，咱村里是八路，县城里是皇协（军）。我们去堵口子，日本人不让，问他们为什么也不知道。后来淌没了也没管，也堵不住。淌了十七八天才不淌了。那会儿打堤，开了口子的时候，庄稼不咋地，高粱没秀穗，都淹了。四五月份就淹了。当时淹得厉害，淹得什么都不见了，都是一人多深的水，家里都进水了。

刘口开口子还早，花园尖冢开口子我都去打堤了，有20多（岁）了。

刘口开口子我也十五六岁，江庄开口子我二十五六岁。刘口、江庄开口子都挨着，那是1965年的事。开口子房倒屋塌，孩子都送给别人。

花园开口子我十五六（岁）了，我去打堤了。我们这里三年两淹，开口子就下雨，不是雨水淹，就是河水淹。日本人在花园开口子，那会儿也有雨，开口子就下雨，哗哗下，下雨那会儿都六月儿了，开口子下，不开口子也下，哗哗地下。水都是隔三里的河，南边。从黄河来的，黄河那边有闸，那里是浑水，一进来就是沙，是浑水。

死外面的人多了，孩子两三岁都给人家了，两口子都散了。都是饿死的，去枣庄逃难的。逃荒都是枣庄去了，那里没淹。那年有蚂蚱，花园开口子那会儿有蚂蚱。开口子以前有人都聚在壕里打，蚂蚱飞，说飞就飞得的干干净净。说来了，种的谷子吃得溜光那个叶。蚂蚱黄的、黑的、绿的、花的都有。霍乱转筋没听说过。

日本人给罐头，给糕给小孩吃。日本人经常来村里，后来经常扫荡八路军。徐登朝23岁时说没见共产党，日本人说他说谎把他杀死了。说日本人来了，男女都跑了。家里没人，村里没有皇协（军），只有日本人。他们有炮楼，五六里地一个，大十二里有，云冯（是水波乡）、汪江、陈庄都有。大十二里有四个炮楼住着日本人。一个炮楼里边也就四五十日本人和皇协（军）。俺们区长是杨区长，是五区区长，河东四区区长埋的没数了。到河东去就说你是八路军，就埋了。雇了条子100多里地，让八路军打到济南去了，带着二三十个人。

东郑庄

采访时间： 2008 年 9 月 2 日

采访地点： 临西县东枣园乡东郑庄

采访人： 陈东辉　石赛玉　胡　月

被采访人： 范宝山（男　87 岁　属狗）

范宝山

　　旱，这里没井，都说咱这儿有井多好，旱了两三年，御河有水，上不来。那开口子是在六月，年年开，没有不开的，要不河北要过去了。他说你这边山东啊，俺这个河不中意，打官司，断的是一人一半，河东归山东，这边归河北。三年两年的开，日本人来的时候又开了一次。

　　民国 32 年后来是过几年不挨饿，下雨也不缓解旱，后来打井，井水上来才好咧。日本鬼子来时，那还不行咧。蚂蚱？有。在天上遮住太阳，记不清时间，高粱什么的蚂蚱都在上面吃，那一年收成也可以。我们吃窝窝，吃树叶子，到后来都捋干净了，吃枣核，吐枣核，咽下去柳叶榆叶。逃荒上了河东，上枣庄，有去东北的。小于庄，十二里地，正西，那块有个村，那儿走的多，俺这儿走的少。咱村有饿死的，民国 32 年吧，饿死的，夏天，人饿得都吃枣核。

　　得病的霍乱没几个，贺庄有，我听老人说，她奶奶得霍乱死的。另外有瘟疫，听说人吃不饱，抵抗力小，一感冒就死，是瘟疫，不拉不吐，手凉，脊梁骨凉，发冷。

　　日本人见过，给日本人干活，多大忘了，下雨给他盖汽车，在天津。民国 32 年在家，小，你算算吧，不大。日本人穿小袍子，呢子衣裳，洋刀挂着，戴铁帽子，靴子好长，衣服是绿的，抢，杀，刮。炮楼在东边河堤，十二庄，十二里地也有，东边八里地也有，炮楼多了，正西十二里地也有好几个，咱村只有一个。

不了解开口子是否是日本人干的，不远，七八里地，那村都没了，叫花园，日本人在那修一个大桥，在那开口子的地方修的。不是民国32年，没听说民国32年开过。七天七夜雨有，也记不清时间，不是干旱那一年，房倒屋塌的。

采访时间： 2008年9月2日

采访地点： 临西县东枣园乡东郑庄

采访人： 陈东辉　石赛玉　胡　月

被采访人： 赵金星（男　84岁　属牛）

赵金星

民国32年天气旱，旱得厉害，那一年没收东西，不是庄稼人的都收点，剩下的都没怎么收，正经干活的没收，没正经干活的收了点，苗附近的地方留的地方大，旱死了苗。民国33年下半年不旱了，民国33年能收东西，下雨了记不清多长时间，不是那年，下过七天七夜，记不清哪一年。

河水有淹过这个村，是1956年，民国32年有淹过，开口子都在新大桥那，这不才修的那个，原来没大桥，老大桥那日本鬼子在时有那个桥，老桥挨着有一里多地，开口子以后没事才修的新桥。

那会儿民国32年是不收的，那会儿都说不是庄稼人，留那么多土……旱死一些……剩了几根，收了点，又吃糠咽菜的，再不就是上外，都上茌博平那里逃，上南边寿张，去哪的都有。怪病没听说，咱这没得过那玩意儿。民国32年初去逃荒过，我出去了待了几天就回来了，冬天冷下雪，反正那时候日本鬼子在这里哩，我那时18岁，回来就参军了。

日本人来过，见也见过，1938年、1939年那会儿，民国32年也来过，修那个炮楼，来了也抢东西，没有发东西吃，日本鬼子和皇协（军）给小孩发东西也很少，日本人和中国人长得一样，就是个矮，西边 12 里（有炮楼）早没了，从村东面陈窑有，南边也有。

那会儿两面来要东西，日本皇协（军）都来，皇协（军）来得多，1943 年、1944 年那会儿，有蝗灾，也不轻，蝗虫吃了一部分，反正也收了一部分，咱这没什么霍乱的，反正是开口子，都说在城里，新大桥北开过记不清是哪年。

咱这民国 32 年没怎么淹，从这上北去地里都有水，村里这有时也有水，贺庄西面的村有水，咱这村地势稍微高点，这里那会儿都是深沟（所以有水）。

范八里

采访时间：2008 年 9 月 2 日
采访地点：临西县东枣园乡范八里
采 访 人：陈东辉　石赛玉　胡　月
被采访人：范春台（男　81 岁　属龙）

范春台

民国 32 年，我是 1928 年生，我那年 10 来岁，大灾特别困难，我也逃荒去了，就是那一年，上往博平逃荒，那一年日本人在这儿，跟我的舅舅，他推着小红车我拉着，上面带着用的柜箱，还有铡，铡草的铡，还有家里的东西，上山东省茌平博平，那里还比较好点，都是那个灾荒年，逃荒是上那买东西再回来，不是常住在那里。

可能是先旱后淹，没有收成，后来有雨水，下的大，七天七夜，那是灾荒年，扎病的多，还没扎完就死了的，地里庄稼耩不成，没结籽没收，天旱不收。旱得没收成，人饿得那是，比我大两岁的男孩，脸虚了，走路走不动，地里长的野瓜秧，上面长的那小花瓣，揪下来就吃，是东西就吃。

旱是大家的，逃荒两三百里不行，得大规模地逃荒，去东北去枣庄，到东北担矿挖煤给日本（人）。

民国 32 年那些年，我小时候，那河叫卫河，现在的御河从这通过，卫河常开口决堤，不是民国 32 年开的口子，河东汲淹，1963 年淹了，开口子决口，就这河，上河西淹，开了好几次，铁窗户，临清大桥开过，咱村淹死了人，开口子时离水越近淹得越多。我说的这些都是日本人来时。日本人扒开临清大桥淹的共产党，那是 1941 年，那个桥早没了。日本人修的那个桥，不是现在这个，后来修一桥又完了，挖了以后苏联又来帮着修这个桥，以后这不是又修的大铁桥嘛，这不是，苏联桥在这个河西镇和临清市通着的那个桥。

有一年最厉害的蝗虫遍地都是，院子里屋里都是，开口子以后淹了地，才出的蚂蚱，不科学的说法鱼籽出蚂蚱，因为无知吧，是猜测。水灾后，蚂蚱后，还有开口子，那一段……多少年河开了三次口子。

村中有得霍乱的，就是民国 32 年，饿得人抵抗不住，记不清于七天七夜先后，得病死的可不少，最严重的一家，他叫龚玉志，他爹他娘死了埋去了，家里的活人埋了，回来又死了，就那么严重，肚子痛，头晕，发抖得厉害，不敢瞧，怕传染，买不及棺材，又草排子，一扇门，把死人搁上去，赶快埋，死了几十口子，记不清多少人，没有看好的，扎针白费，我没有听说有治好的。

日本人民国 32 年没来过，来时我在师范，日本人那还不是在这过，打枪过去了。这些村从前头到后头是个地主家，住着义勇军，民团组织起来名义上抗日，实际上是各村要给养，往各村要鸡羊粉条，各村都有民局子，民局子是维持各村治安的，一个局子有几条大枪，地主富农家也有，头目把枪组织起来，成立所谓的抗日队伍，日本人来时我 10 来岁，民国 32 年是日本统治的，1941 年上师范日本人成立的学校。1942、1943、

1944 年我上了三年师范，1943 年日本人已呈败势，1943 年离开的学校，回家了。

采访时间: 2008 年 9 月 2 日
采访地点: 临西县东枣园乡范八里
采 访 人: 陈东辉　石赛玉　胡　月
被采访人: 李凤岐（男　76 岁　属鸡）

李凤岐

光卖干柴，卖花生（从南方过来），徐配任医生专扎针，临清师范教书，后代在临清。

民国 32 年天气反正是贱年，天旱，该不是，要不怎么是贱年，庄稼收还是收不好，光下那小雨，若是那么点小雨，霍乱病是民国 32 年后上的。干旱以后七天七夜雨，一亩庄稼好的收一百多斤，不好收几十斤，都有半年吃不到，南边逃荒去了。

十二里地乌庄有炮楼，这一路都有炮楼，皇军走路在沟里看不见他们。那会儿不记得有没有日本人，民国 32 年以后有日本人，没解放以前，日本人跟中国人差不多，就是矮点，穿的军装是黄的。也有哇（蝗虫），街里都有，都上墙蹿，拿大棍子赶，赶着蝗虫往沟里跑，往土里埋，共产党领导打一斤蝗虫给粮食。民国 32 年以后旱得多，七天七夜的运河说开口子就开口子，高粱齐膝高的时候旱得多，也下雨。开过口子，皇协军开的淹共产党，那是干旱以后几年的事。

1963 年时西边水库来的水。

贺 庄

采访时间： 2008 年 9 月 2 日

采访地点： 临西县东枣园乡贺庄

采访人： 陈东辉　石赛玉　胡　月

被采访人： 王长江（男　74 岁　属猪）

王长江

民国 32 年大旱年旱得厉害，旱了一年。没井，那会儿哪儿有河水浇地。我记不住何时下的雨，春天下的吧。民国 32 年没河水，一九五几六几年有河水，一九五几年河水大。

都逃荒去了，我院子里还收点，没去逃，上枣庄，东南，也有去东北的。那年没蝗虫，蚂蚱是以后，一九五几六几年，解放以后挖沟，蝗虫都赶到沟里去，那真多。

日本人来时我们上马庄跑，临清还没解放呢，他来抢东西，那是民国 32 年以后。共产党许自民管，唐山地震砸死的。见过日本人，小日本，矮个，都是跟皇协他们在一堆儿混的，来扫荡的。

霍乱都是民国 32 年得的，村里得的多，全村几百人，得病的闹不清，有死的，记不住名字，那年韩若元大爷饿死的。那病一会儿就过去了，上吐下泻的抽筋了，咱不知道死亡人数，死了不少人。霍乱都扎病，那时候兴扎病，放血，三棱针，有的扎过来了，有的没扎过来。没有见过扎针的，记不清，我才几岁。

后 冯

采访时间：2008 年 9 月 1 日

采访地点：临西县东枣园乡后冯

采 访 人：王 瑞 韩 硕 陈庆庆

被采访人：王玉山（男 86 岁 属猪）

王玉山

　　我那会儿念过几天私塾，念了没几天就去逃荒了。

　　灾荒年是民国 32 年，当时日本鬼子也在，还兴国民党管，还没有八路。河口开口子，都去要饭了。东边那条河开口子，是运粮河。是八月二十七号开的。据说是日本鬼子扒开的，就是在临清桥这里开的口子。河水我说不清，是岳城水库的，有说是黄河的水，离这里有好几百里。岳城水库是共产党修的，有五六十年了，当时民国 32 年没有，水从山上来，到黄河，又淹了。那年先旱又淹，那年五六月都旱，庄稼不好，后来又淹了。鬼子要，皇协抢，都逃荒了。那会儿下雨少，旱，又淹。我去台儿庄逃荒。

　　运粮河开口子，后来说日本鬼子要淹共产党，共产党在西南，打开口子，都这么说。淹得厉害，房倒屋塌，村里进水，房子用秸秆挡着，挡不好就倒了。水七尺深，人五尺高，我伸手，能在水上看见手。淹到北京。东堤，邵固这 40 里尽淹了，邵固现在归威县管，王江附近的东堤。在河西临西的大桥那里开口子，日本人修的大桥，据说是日本人开车挖开的，他们都这么说，都不敢看。

　　逃荒的逃荒，饿死的饿死。那会儿有 700 多人村里，死了七八十口。灾荒年我在家，我 21（岁）去逃荒，23（岁）回来的，我九月半月份出去的。开了口子以后 20 多天就逃荒了，淹了，没有东西，家里六口人都走了。

　　饿死的，活埋的，都有。饿死在半道上的，在半道上让人劫东西，不给就杀死了。霍乱转筋是一种病，是一种大病。村里有一大半得的，有30多岁的，40多岁得的。有认识的人得这种病的，认识不少人。得了病就来，也弄不清是什么病。霍乱转筋是一种大病，各个村里都有。灾荒年也有得的。就听人家说谁谁得了病扎过来了，谁谁没扎过来。那会儿得这个病就扎针，扎旱针。得那病有扎好的也有扎不好的。扎胳膊、腿，哪也有扎的，十个有三个能扎好的。得这个病都要死。我大叔王金雨会扎针，20多岁的时候就扎。活着有120多岁了。我40多岁的时候就没这个病了。开了口子又得的这个病，开口子以后有霍乱转筋。那时候吃不好，渴了喝凉水，得那个病发烧，难受。这个病据说是传人，那些上年纪的医生说的，说得这个病别出门，别跟人说话了。得这个病就别瞅他了，别跟他说话了，老人都这么说。我尽听会扎针的大爷说，他告诉我这些事，他说这一片都有。东到周马，他没有睡过一个囫囵觉，到处扎针。那年没吃的，鬼子又要。

　　蚂蚱那年我在台儿庄也闹过。但是庄稼好，吃不住。这里上半年旱，四月五月六月都旱，旱得麦子没有收好。八月又开口子，又下了七天七夜的雨。要不过贱年？水都归东面的青龙江了。那年还没耩麦子，阴历十月下旬就下水了。我九月份出去的，坐船出去的。河东都是好地方，河西这边不行。我说的都是阴历。那时逃荒的100多人要出去70人，在家留个人看门，去台儿庄的，北京的，天津、枣庄的。

　　我回回见日本鬼子。我出去做小买卖。他们戴铁帽子，穿皮靴。他们在路口守着，来奸淫抢砸。来扫荡，扫荡共产党。他们好吃鸡，打鸡，要鸡蛋。那时是国民党管，灾荒年都是国民党管。赵指挥，赵林川，管三个县。在临清是国民党。日本一进村他们就退了，蒋介石不让打。我知道。咱这千里八百地没有共产党，国民党都退了。有土匪，没人管了，什么都有，二皮脸，吴连杰，多了。吴连杰也在城南，他们说也抗日，后来没吃的了，就跟老百姓要，他们也说是抗日。二皮脸跟蒋介石去台湾了。土匪在河东那边，就是运粮河东西。

练常庄

采访时间：2008 年 9 月 3 日

采访地点：临西县东枣园乡练常庄

采访人：王 瑞 韩 硕 陈庆庆

被采访人：韩风明（男 81 岁 属龙）

韩风明

我上过学，字都忘了。

民国 32 年逃荒我都逃出去了，民国 32 年我去枣庄了。那年开口子，是路口不就是开口子，庄稼都淹了。这里三年两淹，不是河水淹就是雨水淹。我们北边是一个北大汪。一下雨河西这里都往这淌水。就是运河开口子，这里都是运河开口子。民国 32 年有开口子，在城里有一铁窗户，在教场铁窗户开口子，刘口开口子是民国 32 年后了。

我在临清县城待了几年。我 1966 年去的。我见过三次开口子，连 1963 年见了四回开口子。1963 年开过口子，民国 32 年在江庄铁窗子开的。在花园开的，教场的。1963 年是西边的水库来的水。第一次是教场，铁窗户，第二次是同墙开的。开口子是秋天了。六月份开，正淹高粱那时候。高粱正开花，那时麦子一亩收一百斤，靠天吃饭。开口子正是这个时候，那时候七月八月都开口子，就是现在这时候开口子，那时候越是开口子越是下雨，运河里两边水都满了。

死人多是不多，那时生活不好，饿死的，饿死的也不断。民国 32 年我 16 岁，在枣庄，过了秋家里不行了，我就去了。那会儿开口子了，俺们这都淹了。家里有人，地里都只看见高粱尖。

霍乱转筋快了，那个病快了，那一年不知道，连吐带拉，又吐又拉，好奇的妹妹看好了，那个病一会儿就死了。俺村有得的，张成群的妹妹死了。霍乱转筋死的人多了。我 19（岁），嫁过来的人以后来的，得霍乱转筋一会儿就死。西边江庄有个先生会扎针，是郎中，他会扎，那会儿治这病扎，扎旱针，一扎就好了。

村里逃荒的不少，都去枣庄了。八月就逃荒了，开口子以后了，不开口不淹会去逃荒吗？

日本鬼子见过，穿黄衣服，戴铁帽子，带着枪，来过村里，还有一个人给刺死了。叫徐登朝，儿子叫徐金乡，被日本人刺死的有 60 多岁。日本人问他有没有共产党，他说没有，后来发现了就死了。一开始还给小孩么吃，后来刺死人了，就没人敢求他们了。那会儿有皇协军，是中国人，穿着黄军装，在俺这里还没有抢砸的，听人家说抢砸的，咱又没见过。那会儿是国民党，八路军还没发展起来。村里也有八路军，国民党没见过，都在铁道上吃了就走，不抗日。

前 冯

采访时间： 2008 年 9 月 1 日

采访地点： 临西县东枣园乡前冯

采访人： 王 瑞 韩 硕 陈庆庆

被采访人： 徐豆英（女 84 岁 属牛）

秦秀玲（女 78 岁 属羊）

徐豆英

徐豆英：灾荒年那一年就是大贱年。

秦秀玲：民国 32 年去枣庄一次，去河南一次，一共是出去三次。用船出去的，到河东，领几天的粮饭，够吃几天的。拿了东西走人。

徐豆英：那会儿也分干粮，够吃几天。

秦秀玲：那年一年到头不收东西，天旱，庄稼都旱死了。8岁逃了一回，12（岁）去了一趟枣庄。俺娘家是常庄。那年天旱，说旱就旱，说淹就淹，雨一到过秋就下。地里都平了，胡同口都打着堤。是河水淹，是河东，是运河来的水。河水平槽了，春天不，一过秋天就涨小。

徐豆英：是季节涨水。

秦秀玲

秦秀玲：土房那时下的雨呜呜漏雨。都淹了，就出去吃饭，是七月八月开口子。那时河水平了，河堤打不住就决口子了。那时有孬人掘口子，是那些孬人，不知道是谁。河水越打越打不住，河水呼呼涨，是那个大运河来的水。

徐豆英：那时越是下雨越是开口子，那会儿有大雨，下了七天七夜。没柴火，没吃的，没喝的。下了七天七夜，是在七月里下的。那年春天旱，六月旱，旱得耩不上庄稼。七天七夜雨是灾荒年的事。

秦秀玲：六七月就旱，七月淹。都用船捞地里的高粱，那些秕谷，推推就带着皮就吃了。可是死的人多。

徐豆英：饿死的，淹死的，死的不少。不记得死多少了。吃得不好，老的抵不住，爬不出去。

秦秀玲：老人都饿死了，没吃的。年轻的还好一点，都逃出去了。年轻出去找点吃的。有病也没钱看，医院也少。有得霍乱病的。

徐豆英：那些得霍乱的，家里挨着都死了。

秦秀玲：我的一个大爷就是得霍乱死的。赶集回来说头疼，没劲，盖着被子，一会儿就死了。我一个哥哥是吐血死的。那时不浇水，地里收不着东西。

徐豆英：得霍乱病也是吃不好，没医生治，没钱治，这个病传人。

秦秀玲：那个病肚子疼。扎针扎着扎着就死了。那会儿就是扎针，那个针后面有一个疙瘩，有五厘米。扎肚子，哪疼扎哪。得霍乱病就是扎腿窝子，放放血。有说放的血是黑色的。

徐豆英：得霍乱病的也有，就是扎针。那会儿吃不好，饿的得的。我也是听说这个病。得这个病得了接着就死。发水前发水后得就不知道了。

秦秀玲：我没见过得这个病的人。有个（叫）王金宇的先生会扎针，那个老头年轻的时候就会扎针。

徐豆英：得这个病的人我认不清。

秦秀玲：我那个大爷大号不知道，只知道小名叫二宝。

徐豆英：得病就死了，得了去叫人的时候就死了。

秦秀玲：扎着扎着就死了。得这个病没治，接着就死。

徐豆英：这个庄都出去逃荒了，家里留一个人看门。出去有人救济，发干粮煎饼。

秦秀玲：这个庄没几人了，都出去逃荒了。先去南徐州，又去枣庄。我跟我娘去要饭。我淹了以后就出去了，坐船出去的，向南走。我们这边洼，这边淹了。东边周庄是干地，我们去那边了。那年蚂蚱都挡街。都掂瓦砸打蚂蚱，回来摘了翅膀吃，饿的。开了口子以前就已经有蚂蚱了，以前就上了蚂蚱。

徐豆英：那会儿多，哪年都有。

徐豆英：见过日本人，戴着帽子，穿着皮靴。见人就押着脖子问：说不说？

秦秀玲：那不是日本人，是老缺。

徐豆英：是皇协。

秦秀玲：老缺是老吉的队伍，拿刀吓唬你要钱。

徐豆英：我那时娘家在东边常庄。日本人打八路军。

秦秀玲：日本人在村里没杀过人。在村里见鸡吃鸡，见肉吃肉，没记得要东西。

徐豆英：他待见小孩，给小娃子东西吃。

秦秀玲：他们来村里看有没有老缺，没有他们就走了。那时也有他们的书记什么的组织。

采访时间：2008 年 9 月 1 日

采访地点：临西县东枣园乡前冯

采访人：王 瑞 韩 硕 陈庆庆

被采访人：周玉和（男 75 岁 属狗）

周玉俊（男 77 岁 属猴）

周玉和

周玉和：我上过学，上过学，上了五六年。

周玉俊：我上过学，上过私塾，上了一年，咱家情况不行，12（岁）就没了父亲。

周玉和：灾荒年就是民国 32 年，我只记得天旱，没收东西。

周玉俊：前期旱，后期淹，东边运河开口子，自己开口子。

周玉和：自己开的，在南边临清县花园，现在属于临西。那年没收么。一是前期旱，后期淹。

周玉俊：是六月淹的，没有下过大雨。

周玉和：没有。

周玉俊

周玉俊：河水是从北边天津。

周玉和：得说是道口来的，是河南的，从黄河来的，是浊的。

周玉俊：是泥浆水，看起来跟泥浆一样。

周玉和：水到村里了。大约也有两米深的水。有庄稼也看不着了。

周玉俊：家里也有水，家里人都去逃荒了。高粱刚秀穗就淹了。

周玉和：淹了以后就去逃荒了。

周玉俊：有船坐出去，往南去北三里，那是个下船的地方。

周玉和：地里水有两米吧，家里水也差不多。村里人四下里都有，各想各的房，各顾各身。

周玉俊：我慢慢蹚到康庄，西北营在那边过的。俺父亲民国 32 年都死在河东了。

周玉和：死的人不多，什么吃的没有，吃糠咽菜。

周玉俊：要饭给这么一小口都吃不饱。我父亲六月初三死的，饿死的。在往博平饿死的。就是民国 32 年六月初三得的。霍乱转筋没听说过。

周玉和：我没听说过霍乱转筋。

周玉俊：我大爷死在山东井林东南了。我没听说过别村有得这个霍乱转筋的。

周玉和：也没听大人讲过。俺村都逃出去了，我没有出去逃荒。1956 年，1972 年开过一次水，1963 年岳城开的。我们村三年有两年淹，不是河水淹就是雨水淹。

周玉俊：那年蚂蚱有，可多。

周玉和：灾荒年没有蚂蚱，是灾荒年以后了，是以后 20 多年了，建国以前没有蚂蚱。

周玉俊：日本鬼子见过。民国 32 年就见过。

周玉和：长得个不高，小小个的多。

周玉俊：民国 32 年我回来，在城外出工，替高二爷，看见。

周玉和：咱村没有，在范八里有。

周玉俊：鬼子在范八里，鬼子走了，村里有老杂，鬼子走了，把村庄烧了。

周玉和：用刺刀攮死的，烧死的。

周玉俊：我叔周殿邦被日本鬼子杀死了。他就在范八里。在范八里的烈士林里，问村长和伙计谁是民兵，他们不说，日本人用刺刀攮死了。日本人没抢粮食，他们来扫荡看有没有八路军。

周玉和：说不上给不给小孩东西吃。日本人特别喜欢小孩。小孩在跟前他给块糖给小孩，小孩吃了没事。

周玉俊：鬼子憨，到村里来。把枪放在东边，来西边抓鸡。

周玉和：没见八路，有共产党也不敢出头。

周玉俊：有老杂。

周玉和：冯二皮、肖二九、黄狗兴、老肖、肖一剑，都是头儿。

张 村

采访时间： 2008 年 9 月 3 日
采访地点： 临西县东枣园乡张村
采访人： 王 瑞 韩 硕 陈庆庆
被采访人： 张兴之（男 80 岁 属蛇）

张兴之

我上过学，上过私塾。

灾荒年咱经着了，民国 32 年，那会儿我在天津，俺爸妈三个都在天津。那年八九月了去的，雨水，那时没开口子。水下去了，高粱约一米高的时候，发水的时候在家，下水了又走了，是雨水淹的花园，刘口开了两次口子，是江庄刘口。先是花园开的口子，都是自己开的。那会儿水大，跟大堤一样平。开口子都是七月几，那时高粱秀穗了都爬到了。谷子上面老高的水，用镰割下谷子头来，连皮带谷子，做糊糊吃。花园开口子我 10 岁多。刘口开口子那年我 15（岁）。没开口子八路军游击队都来了。刘口和花园开口子都是七月几。六月几更毁了，七月份人还得到吗？人们坐着小船去割谷穗。第二年村里都没有树叶了，我儿出去够树叶吃，地里也没有野菜。刘口开口子。卖五亩地俺爸爸。

天气没这回好。开口子是真事。逃荒推着的担着的，都往河东去逃荒。地里野菜也是一露面就挖来吃。地里不长庄稼，长一种水白草，打草籽吃。花生皮在石头上压，筛子就那个，就是水淹旱灾那年来的。开口子是刘口西南，花园在谷庄西南，现在也搬走了，是运河。那年下口子以后光下雨，河里的水从南方来的。小孩都皮包骨头，老人小孩都没精打采。

有死的人，也有没饭吃饿死的，也有病死的。那时候哪村有医生都要去请人家。灾荒年没有霍乱病，那会是一九二几年的事了。那时候我还小，那会儿生活还好，我听老人家说我爷爷去了这病，死年轻的。老人有，年轻人也有。

1943 年发过水，我 15 岁了。1963 年闹过，民国 32 年，俺这块都去枣庄了。那年有个李连长，康队长在东边住着。那时候闹蚂蚱，我那时 20 多岁，那会儿当干部了。农民有个说法：淹了吃鱼，旱了吃蚂蚱。在荒年那时，来水了，水跟寨子一样平，就拿勺子撇撇，就喝那个水，井都淹了。

我见过日本人，穿黄衣服，就跟电视上演的一样，一点不差。皇协（军）穿布的，日本人穿呢子，皮带上一边一个子弹盒。八路军斜挎子弹袋。军队真正行军方向从来不让我们知道，当兵的也不知道。江庄有炮楼，十二里有炮楼，向西有，田庄，东庄有，潘庄中子田庄都有炮楼。我修过炮楼。十几岁，去充数。小孩去充数，给他们修炮楼不给我们钱就不错了。修十二里的炮楼时，泥要用火烤，就来村里要柴火。把房子拆了拿木头，皇协（军）来要。西北角……十二里四个角都有炮楼。

人家那边不淹，我们这里淹。俺们村河有堤，堤上一点东西都没有。一下雨就去看堤。堤上进水，挖了口，就哗哗往我们这里流。那水碱性大，南边就往这淌，赤坝里（音）也往这淌，前冯、后冯低点，垫得高，下了雨也往这里流，就一下雨就淹了。割了高粱，地里还有这么深的（大约 30 厘米）的水。淹了以后得两个月才退下去。村里有船，自家有或者几个人合用一条船。村里三年两年淹，不是河水就是雨水，逢开口子光下雨。"夏至西南风，十四天把船冲"，那会儿有俗语说。

周　马

采访时间：2008 年 9 月 1 日
采访地点：临西县东枣园乡周马
采访人：王　瑞　韩　硕　陈庆庆
被采访人：周金普（男　78 岁　属羊）

我上过学。

灾荒年是民国 32 年，那年我才 13（岁）。那年头水淹，种高粱，刚低头就淹了，寸草没有。民国 32 年发大水，是东边运河，开口子。在临清城北花园村那里开口子，都这么说。花园村那里开口子，村子都冲没了，现在也没有。净淹水，就开口了。在南边开过一次，日本鬼子开的，那时候建浮桥，日本人怕把桥冲毁了，就掘口子。桥在花园村西边，在临清那里。在桥北日本人把口子。

周金普

这是头年民国 31 年的事了。连淹两年，就过了灾年。

头年淹的，第二年又旱，庄稼都立不了了。下了点雨，庄稼刚长一点，又淹了。淹的时候，那时高粱还没有秀穗呢就淹了。日本人把河的时候，高粱谷子都秀了，将是晒谷米的时候了，处暑的时候，七月的时候。淹得谷子都灭头了。那时棉花刚开。日本人开口子是在民国 31 年。第二年又旱又淹的。民国 32 年下的雨不大，刚出苗，后来又不下雨，高粱都有人高了，都密死了让蚜虫。那年就没见么，饿死的人，都逃荒出去了。咱村里都没人了，就剩下几个老人在家看门。都去了四处没淹的地方，我去逃荒了，我去山东枣庄滕县了。离枣庄 70 多里，饿死人不少。

没有霍乱转筋，咱村里没有。都是零碎靠死的。饿死的老人小孩多。民国 31 年、32 年，开春种地，地还湿的，水淹的。谷子出的大约 50 厘米了，高粱一米半了，那庄稼长得不错，大家招呼一起打蚂蚱。沟有 30 厘米宽，1 米半深，都满了，吓得不敢吃。飞的天上都盖住太阳了。蚂蚱从南往东北走。有黄的、有花花的，吃过去庄稼都只剩下秸了。民国 33 年蚂蚱可厉害了，发过大水就来了。

日本人见过，跟电视里一模一样，他们来村里，我们带着旗，弄个白纸，贴个红太阳，都去迎接他们。后来八路军来了，晚上才出来。我们这是五中队，清河是四中队。下堡寺那边五中队多，成了根据地了，那时男女都是兵了。他们穿着跟老百姓一样，去抢鬼子枪。后来日本人见人就杀。日本人刚来那会儿打胜仗迎接他就好，打败仗他就六亲不认。没杀过人。来村里迎接他一下，表现还不错。老人小孩坐一起也开大会。也给你看病，他们也不孬。灾荒年以后来给人看病，什么病也治。

河里开口子淹得厉害，清水是从山上来的，南边的山。洪水是从黄河里传过来的。岳城水库是灾荒年以后修的了。岳城离这里有四百多里地。灾荒年开口没想到会这么厉害，我们这河水都满了。岳城水库是民国三十几年建，还没建国，日本人刚被撵走。我 7 岁淹了一次，8 岁，日本鬼子扒了第二次。第二年是民国 32 年，日本人扒那会儿河水平了，庄稼都淹了，村里有水，跟宅子平着，屋里也进水了，宅子里也这么深，到腰了。

河 西 镇

常园村

采访时间: 2008 年 9 月 2 日
采访地点: 临西县河西镇常园村
采访人: 高海涛 王 青 靳 鑫
被采访人: 李金波 (男 78 岁 属羊)

李金波

民国 32 年我 13 (岁),怎么不记得?那年灾荒日本人造成的,棒子快熟了,损了。那会儿没有大桥,日本人来了,修了个大桥,木头的。修九座大桥。扒口子在大桥南,扒口子,水还下不去,在大桥北里扒,两道口子,现在就在新大桥北边上,扒两道口子。那时候棒子快熟了,淹了,你没法。

干旱,民国 32 年扒口子,一经过年有干旱,有水就有旱。民国 32 年扒口子以前,有干旱,春天有,那会雨季勤,春天没雨,有蚂蚱,着蝗虫。

逃荒的多,那会儿我也不算在家,在这不能自理,我在教场住着,那儿没淹,挡住了。逃荒的不少,多了,哪儿没去过,主要上河东,河东没淹,那年也下雨。那年都是开口子,我记得一次,八月二十七开口子,上面都烤火，到九月了不烤火怎着，在水里不冷，上来就冷。

那雨下着咪，每年七八月大，到三四月没雨。那年都下七天七夜，那年八月二十七开口子，九月下雨，下七天七夜。

得病很难讲，那事，那会儿有病没法，那会儿医院不兴使，医院按这会儿是不高，按那会儿也是高级人物，那是美国设的，临清华美医院，名义上是中美合作，实际上是美国的医院。医院建立早着咪，八大强国占中国，瓜分中国时候建立的医院，那时美国不要租界地，法、英、日，各城市都要租界地，它不要租界地，美国到处设医院，看病救人，又能赚钱又能得到人民拥护。

霍乱还得早，得民国32年以前，那时候小。那时候有先生行，来得快，扎旱针，不能喝水，扎旱针就好。见过得霍乱的，那时候我不大，症状，他就是发疟子样浑身不当家，浑身一冷一热，不当家了，晕过去了，那意思。那时也见不得，咱们村有，别处都有啊！

那时候日本人常来，那边叫大西门，那边叫真泽门，都是河西，住河西。

没见过穿白大褂的日本人，那时他住现在的老交通局，路北现在还有他的老房子，可能有，它也没个梁，瓦平着排的，可能还有，多少年我没去了。从教场过去河，城关里，师专那儿有个河，过去那儿就是天河工，日本人住那，临清就住着两下日本人，和各政府县这一窝，哪个也没那儿日本人多。

民国32年，那会儿反正知道都是日本人扒的，反正不是河水流出来的，没人扒的，日本人扒的。那会儿（水）大，九孔冲断了三孔。那口子一边的道冲了200米，可厉害了。我每天都去教场那边，去城里头卖柴火，维持生活。八月二十七开口子，那会儿都上水，咱村有，高的上不了，低的都上了，水都到腰口了。我那会儿还不会水咪。得病的俺不知道，那时叫水淹着，不知道。

扒口子在现在这个大桥北边是老大桥，北边、那边都扒开了，冲断了三九大桥。

没听说过日本人撒毒这回事儿。

民国 32 年蚂蚱多，一捉一口袋。挖个沟不让向里去，在沟里一呼啦一布袋。那是小蚂蚱，大的都飞过去了，谷子地、高粱地、玉米地都没叶子了。蚂蚱那是民国 32 年或民国 31 年，反正是这个时期。俺小。这事也没历史记载，也不很实在，多一年少一年也不很实在。

初 庄

采访时间： 2008 年 9 月 2 日
采访地点： 临西县河西镇初庄
采 访 人： 王 瑞 韩 硕 陈庆庆
被采访人： 黄宝林（男 86 岁 属猪）

黄宝林

我教书，教小学；我上过学，不多，上的小学。

灾荒年只知道是民国 32 年，日本人来开口子，人民没法过。南边卫河，灾荒年也开过口子，七月份开的，开口子都是管理不力。不是扒开的，不扒就开了，人们没吃的，都逃出去。人们那会儿种高粱就去捞点，河水从南边来的，卫河一直到天津。开口子在东南，南边，临清那边开过，在西南江中开过，离这三四十里，灾荒年那年，庄园村开口子，村都冲没了，大路上的水到我脖子深，越向北越深，淹几百亩地。"民国 32 年，灾荒真可怜，人民没吃的，下雨七八天"。灾荒年我在家，我十八九（岁）。那年没下过好雨，下是下了，庄稼没收好，什么时候记不清了。

咱村少死不了人，地多的捞吧捞吧够吃的，地少就饿死了，都是饿死了。那会得病有痨死的，营养不好死的。感冒变成瘟疫死的，瘟疫咱村没有，在方庄得瘟疫死了 30 多口子，我们村没有，我听说的，是灾荒年以前的事情了。听说过霍乱转筋，都是灾荒年以前得的。刘口决口子是日本进攻中国那会儿，口子是因为水大，就开口子了。控的庄园这边可能是日本人控的，日本人在临清待了八年。开口子都是黑夜里开的。花园那个村完全被淹了，人都去河西了，跑到河西了，干嘛的也有。

灾荒以前闹蚂蚱，我那会儿还小，那会儿七八岁。灾荒年少，没成灾。逃荒的不少，都逃出去了，去河南了。我们这里黑庄的，民国 32 年，老大新娶一个媳妇，带着个孩子，他饿死了，媳妇嫁了，这个家也完了。我逃荒了，去了黄河南，去了汶上县。

日本人孬，杀人放火，清河县死人多。日本人在村北住，枪响被他们发觉了，他们从北边来的，把村点了，他们来查胡子。打了一枪，被鬼子发现。就包围把 100 多人打死了，第二天就来我们村，三匹马拉一门大炮，扫荡（胡子是反抗日本人的人）。日本人不打人，在范八里打死百十口人。他们不给人东西吃，200 人从西往东走，从村里走过去了。日本人跟中国人一样，穿黄呢子衣，他忙，区政府在老寨，我们是敌占区，这里成立一个伪政府，是皇协（军）的政府，那时国民党跑了，那时有个指挥叫赵指挥，抵不过就跑了，管着三个县。皇协头不知道，也是一个中队一个中队，百十人，皇协军穿黄布衣。

采访时间： 2008 年 9 月 2 日
采访地点： 临西县河西镇初庄
采访人： 王 瑞　韩 硕　陈庆庆
被采访人： 丘淑玉（女　92 岁　属蛇）

我没念过书。

灾荒年民国 32 年，饿死人。那会儿都要饭去。一亩地换红高粱换不了多少，把地都卖了，旱得招蚂蚱，掘沟往里撵。那会高

丘淑玉

粱都下来了，收不了东西，招蚂蚱了，就打蚂蚱。大人饿得煮青菜吃。灾荒年不下雨，天旱，招蚂蚱，又待了几年就淹了。灾荒年我过来了，大儿已经有了。皇协、日本人两头要东西，南边是八路军，要东西没吃的，临清是共产党。我还在我屋东边救了一个共产党老妈妈。

1963 年开口子这么厉害。灾荒年没开口子。灾荒年咱这边水来了。河水也来了，是民国 32 年以后的事，那会儿有皇协（军）、杂毛都来抢东西。那会儿还没解放。

灾荒年饿死了，我一个爷爷家都去逃荒了，家里有点什么东西都卖了，换回饼吃。那会儿有病，我一个爷爷就给他弄点东西吃，饿死了。

霍乱转筋那会儿我还小，那会儿兴这病那病都叫霍乱转筋，就是肚子疼，说死就死了，死得快。我那会儿还小，我听说的；那时几岁，五六岁，灾荒年那会一家人都逃了，一家人都走了。东北，向东，向好的地方去。俺娘在东水波，那会儿都兴霍乱转筋，灾荒年那年没有霍乱转筋。

大米庄村

采访时间： 2008 年 8 月 31 日

采访地点： 临西县河西镇大米庄村

采访人： 张　伟　陈媛媛　王晶晶

被采访人： 张　洲（男　85 岁　属牛）

张　洲

　　我叫张洲，今年 85（岁）了，属牛的。从小在这个村长起来的。灾荒年民国 32 年，我 18 岁。我 20（岁），日本鬼子走。家里七口人，父亲母亲，哥仨，一个嫂子，两个小孩。

　　开口子淹了，让水冲了，八月二十七。雨下七天七夜，谷子在地里烂了。头几年也开口子，连着开三年。上半年旱，下半年又淹了。都逃走了，一个村就剩一个两个。俺村走了一半。八月里下的雨，下了七天七夜，谷子都熟了。白天皇协（军）要，黑夜八路军要。拾掇拾掇吃的，有好被子拿着。

八月二十七的口子，日本人大桥（现在老大桥）那边开的。村里有日本人。涨水，水大，河堤矮，在上面坐着洗手。自个儿开的，水大装不了。老大桥是从公路往南，北边桥是才修的，南边的是。水都冲村里来了，洼地方都到腰深。一米深吧，淹得光看见树了。

俺没逃荒去，这一个村就十多家没出去。日本人招工，上枣庄煤矿。没东西吃，吃草面子，不能说没一点，喝菜糊涂。

这个没什么传染病。这年没霍乱病，俺这里没有。

方 庄

采访时间： 2008 年 9 月 2 日
采访地点： 临西县河西镇方庄
采访人： 王 瑞 韩 硕 陈庆庆
被采访人： 刘志奇（男 79 岁 属马）

刘志奇

民国 32 年可能是大贱年，灾荒年那年我去的济南，那年招蚂蚱，天旱。我经了五次开口子，灾荒年是哪年我记不起。

霍乱转筋比我还大了，还没有我咪，灾荒年没有霍乱转筋。灾荒在北大槐树济南那里住着。灾荒年没死多少人。以前有霍乱转筋，那时还没我呢。这叫运粮河，年年发大水，南边来的水，在一个水库，就是那里没水，在西南那里。开口子就逃荒，逃到济南。霍乱转筋灾荒年有，这个说埋起来，他又活了，有一个（人），那年我有 10 岁。

岗楼村

采访时间: 2008 年 9 月 2 日
采访地点: 临西县河西镇岗楼村
采 访 人: 高海涛 王 青 靳 鑫
被采访人: 李九龄（男 77 岁 属猴）

李九龄

民国 32 年都是逃荒，要饭，兴，这村。合家没回来的不少，家没吃的。将解放以前，卖东西不值钱，只能拿东西换，都叫人家有能的富户连东西都换走了。

那年兴淹，光开口子，下雨还勤来，民国 32 年那会儿，八月二十八日下的雨，哩哩啦啦下了七八天。这也是共产党编的歌，卖东西不值钱，拿东西换。

日本来招工，在俺村东头，领民工给他干活，给他多少钱？干什么？也有修铁路的，其实都是挖煤窑的，挖煤给日本，我没去，我那会儿小，才十二三岁，能干什么，刚记事，那会儿没去，我没有逃荒，我父亲去了，去了济宁，还不是那个地方，是叫茌博平。其他人跟人家富家，人家收成好，这儿河开口子，开得都寸草没见，也就是过秋，八月里，棒子还没成熟咪，就开口子了，那时刘家口，连庄稼都淹底下了，都是开口子，就是御河上水，一到秋里就涨水，上边来的，口子开了，就是民国 32 年。水下去以后，没吃的。也有吃秕子，也有买糠买菜的，买菜，净买桑叶，干桑叶。河是自己开的，那时河浅，窄，河底下都推个木头车子，河旁边都让不开人，跟这会儿差五倍都不行。民国 32 年，不旱，光淹，兴下雨，开口子，开河水，他都阴天下雨，下的房子，那会儿净土坯房，秫秸都这么厚，再上上土，还下得漏来，都漏。

那年得病的，霍乱转筋都是那一年，都是阴连绵，不晴天，受潮湿，受凉，吃喝不行，那会儿都发病。发疟子，上来那个冷劲儿，盖多厚的被子都冷，再一个好长瘀子，这么长的瘀子，放血的，见血，都肚子疼。没见过得霍乱的，听说的，霍乱转筋说治治血管，能放出血来，能见血，扎针就能好，不见血，扎针不出血，就算完了，人都没治了，医院也治不了。还得找老先生，会针灸的，得扎，老先生，不明白的看不出症状，不像这会儿，一过仪器就知道是什么毛病，一说就知道什么毛病。不行，得找老中医。

有蚂蚱，那会儿兴春庄稼春谷子，一黑夜谷子叶都吃光了，光剩下那扎扎子，棒子叶也是，高粱叶也是。民国32年闹了，上半年也闹灾荒了。

日本人扫荡都上洪官营，也有皇协，也兴扫荡，那会儿扫荡也兴走村里，也兴走南路，那会儿姓包的是皇协（军）队长，孬了。

咱村也有霍乱转筋，有是有，那会儿都得扎血管。看哪还有血管，放出血来，见血就好，血放出来就好了，血是什么记不清了。病那会儿，听说那不托手（边上离不开人），霍乱转筋，一叫别人过来，就坏了，就完了。那还早，那是民国9年，那我不记得，光听老人传说。

民国32年还不是毛主席领导的，才听说是毛主席，是八路军。那会儿兴打劫，说黑派白派两派打劫，白天是皇协军，黑夜里是游击队，游击队也上这来。皇协军来村里要东西也行，要钱也行，吃吃喝喝。到后来可就不行了，光要白面，净咱中国人，皇协（军）。八路军也来，治安。那会儿也有胡子兵，咱这也有，胡子不是正派，上来充游击队，把你门推开就拾掇你东西。

灾荒，从民国32年以后掘过两次，都是从民国32年，从民国26年，御河第一次开口子。民国32年开口子，我那会儿18（岁），花园开口，就是新大桥以南那个花园，现在没了，河自己开的。

那会儿，扒，日本人来扒，在大西门，日本人扒，没扒开，怎没扒开呢，有咱中国人，是南五里的，那边四五里，五里庄的，人家真给老百姓办好事，他是皇协军队长，叫徐光武，人给办好事，人给日本人磕头，不叫他扒，在这地方扒了得淌满了，就大西门南边，那叫老地头，他在那扒，老地头那有个修的铁窗户，那河宽，一流水就在铁岭子那儿向外淌，到后来离那儿还得丈八深。在那扒，连村都灭了，那年都在民国 32 年以前。涨水着不了了，他怕淹河东，鬼子不都在河东吗？没扒开，没叫他扒，徐光武给日本人磕头，也请翻译官，使沙包堵住了。日本人设立的大桥。这儿都 1958 年建的大桥。他那时是木桥，大桥头上，桥东就是岗楼，在桥头上。从那儿过，放你在那儿过，中国人都得给他鞠躬。东头那叫清河市，那也有他的岗哨，中国人见了他，也得给他鞠躬。那（地方）叫三元阁（音），三元在教场东边，那是日本人的地方，都紧挨着河堤，一上河堤就跟大门一样，一个闸路北都是日本人住的，在河堤上边，是他们盖的楼，都在那儿住，逢在那过的，都有岗号，双岗。他大门口一个岗，栅栏这一上河堤，栅栏这一个岗，谁过谁低头。原先日本人在这搭的桥，桥北边，木桥以北是花园，那是自个儿开的，北水门，那会儿小，都上那。开口子淹的坑都两三人深。

没有见过穿白大褂的日本人，日本人都是绿裤白褂，热天，夏天。冬天都是绿呢子军装，大衣都是绿呢子的。

采访时间： 2008 年 8 月 31 日

采访地点： 临西县河西镇大米庄村

采 访 人： 张　伟　陈媛媛　王晶晶

被采访人： 李秀兰（女　80 岁　属蛇）

李秀兰

我叫李秀兰（音），80（岁）整了，属小龙的。那时 16（岁），还在娘家岗楼。那会儿就俺娘仨，我姊妹俩和俺娘，俺哥娶媳妇分出去了。就种地，不会耪地，上地里拔草去。俺娘仨逃出去了。

水灾，开口子。开始旱，缺水。到后来一年比一年强。民国 32 年还没回来，在外头待好几年。15（岁）出去的，17（岁）回来的。逃到枣庄去了，2000多里地来。出去的也不少，哪里去的都有。俺娘仨出去了。不是一个地方。俺待了两年在外边。挨饿，没东西吃，出去的。

14岁的时候开的口子，就庄边的这条河。街上满水，水老深。我正在地里看庄稼，看水过来，蹚着水，往家跑。是自个儿开的口子，把庄稼淹得没点么了。几月里出去逃荒记不清了。

岗楼饿死的人多，没么吃。有命的就活着，没命的就死了。没听说有得病死的。

采访时间：2008年9月2日
采访地点：临西县河西镇岗楼村
采访人：高海涛　王　青　靳　鑫
被采访人：李宗哲（男　83岁　属鼠）

李宗哲

民国32年我没在家，当兵去了。日本鬼子进中国，民国27年。到山西太行当兵，我们是一二九师的主力，抗战时叫七六九团，三八五旅，一二九师三八五旅七六九团。民国27年当兵，到1946年回来的，一直没回来。没听说咱村里灾荒年。在山西长治一带打过，1938年到1946年跟日本人、国民党打仗，日本人是华北，那时叫华北。不知道十八秋作战。那时在外边，不知道家里什么情况，光知道临清解放。日本鬼子从长治那边。

听说咱这有过细菌战，通过文件，回来看文件，八路军的文件，解放以后的文件，文件时间不知道，大概在前20年左右，我那会儿60多岁。文件偶然看到的，在哪看不知道，记不清了。一般都在家看报纸什么的，说在这发生过。细菌战知道，鬼子放毒，那个谁，谢夫子是我们旅长，他的爱人刘湘婷到以后叫开除了，他的爱人很胖，那时是在地方固守当科长，睡敌人放毒的床糜烂，烂毒气伤害，浑身受毒气都烂，在不在也不知道了，受日本人的毒气，她自己受的毒气，敌人放的，抹到上边床上，她不知道，她在山西中毒。日本鬼子那会儿烧杀奸淫，放毒气，跟八路军作战也放毒气。往河里撒病菌不知道，没听说过。

瓜 厂

采访时间：2006 年 7 月 13 日
采访地点：临西县河西镇瓜厂
采 访 人：张村清　杨兆乐　李雪雪
被采访人：赵恩中（男　73 岁　属狗）

一直住在这儿，是临西县。

过秋的时候下雨，阳历的七月份。挨着下，哩哩啦啦的七八天，下得不算多深。开口子淹得深，东南开口子了，雨不太大，这个堤小，水冲开了。

得病是后来，后来得结肠类，霍乱转筋，不是那一年（民国 32 年）下雨的时候得的结肠类，记不清（症状），得的多。（外边来的）不叫进村。传染，跑茅子，也哕，没有搐筋的。

那会儿有四五百人，得了病的谁查那个？比例一半。不好治，没多少治好，没都死。不知道死了多少。谁先得的。也有仨也有俩的。那会儿家里有 11 口，没有得这个病的。

这个病传染，医生说的，村里有先生。外村的有。外村里不上这个村来，这个村不上外村里去。

都埋地里了，没发大水。下得水小，埋的有棺材。

饿死的人不少。拾野菜吃，喝水就是底下挖的井。凉水，谁喝热水。

下雨的时候也喝凉水，没柴火，房子有漏的。

井跟地面平的，流进去就流进去，俺家吃的井在西北。

村里上水了，水淹了。有一米深。村高点。开了好几丈远哩。堵不住那么大，一片都淹了。相庄最厉害。也不洼，开了待那边。刘口面半个，相庄口子在那里了，花园也有一个。不是那一年。花园没了，挪走了不能住了。冲了个大坑。开口子那一年，不是那一年（民国 32 年）记不清哪一年。建国以后了，没听说过小焦家庄。蒋庄淹得挺厉害。一开就老大，都搬到没水的地方去了

有日本人，挨着城里。来抢，辨不出（日本人还是皇协军）屋里有么院里有么就抢。抓过（人），烧杀抢抓到他队伍里，不行他就挑你。有抓劳工的人，上他国给他干活去，也有回来的，也有没回来的。（日本人）定不哪会来。得这个结肠类都是霍乱转筋。那会儿（日本人）不来，个把月就没了，庄稼都快熟了。

戴铁帽子，衣服绿色的，决口的时候没见日本人来。

飞机跟这飞机一样，差不多。上边有红月亮。飞得老高，有炮楼，一个，待西北角里。这个村西北角，防备人攻他。

皇军村多了，他们也分队，他吃喝用的都来抢。

（日本人）杀过，他说你是八路军，村里有八路军，暗藏的。保不准待哪儿。得病的时候没在，打不过日本人。什么人都得，有吃的也得。得病的时候也不来回走动了。民国 32 年前没得这个病的。他都是走着走着路腿就转筋。后来也没听说过。

日本开的口子待北边哩临清城北，他炸开的，后来把庄稼都淹没。不是民国 32 年。

有土匪，不多。保不住哪会来抢。

上过学，从 9 岁就念，念到 20（岁）。

采访时间：2006 年 7 月 13 日

采访地点：临西县河西镇瓜厂

采 访 人：张村清　杨兆乐　李雪雪

被采访人：赵云福（男　79 岁　属鸡）

　　我也记不很清，人饿得了不得。都勒那个榆叶吃。那一年没大收，也不断下雨，下点雨就收点。春天没下雨，以后都好一点了。下过七八天，房上捆的棒子不能吃，房子浑漏都。阴历六七月吧开始下，庄稼也不行，收得也少，下了七八天，见天下。不是很大。烧的都没有。吃不好，喝井里的水。起早打水，晚了都没水了，下雨有水，下雨的时候烧开喝。浑水得镇清凉，刮水，那水少。堤没开口，开口还早，六七岁开的，刘口那开的。民国 32 年没开。年份不多开一回口子。蒋庄开了一回。地下也没大些水。

　　霍乱转筋还早，扎旱针。

　　日本（人）上俺村来过，定不住哪回来。抓鸡，抢东西，不大抓人。你不懂，他拿刺刀挑你。对小孩好一些，给小孩饼干。穿军装戴铁帽子。没见过日本飞机。下雨的时候没见过日本人。（你）戴着白手巾就拿刺刀挑你，说你是八路军。

　　八路军回回来，黑下来。白天就走了。穿便衣，跟庄稼人一样。

　　土匪有。架户，结河的南边抓人。拿钱赎去。拣有。没钱的赎不起呀。他净黑下来，来架户。没听说土匪打仗。

采访时间：2006 年 7 月 13 日

采访地点：临西县河西镇瓜厂

采 访 人：张村清　杨兆乐　李雪雪

被采访人：赵云彤（男　71 岁　属鼠）

　　那会儿穷，上过初小。

一直叫这个名儿。

民国32年我只8岁。讲不出一二三来。光记得苦，知道吃糠咽菜。大便都很困难。本身体验，就这个事儿清楚。

头年生的，第二年开口子，刘口那里，听老人说的。那年没开（民国32年）。

采访时间：2006年7月13日
采访地点：临西县河西镇瓜厂
采 访 人：杨兆乐　张村清　李雪雪
被采访人：赵云蒸（男　79岁　属龙）

民国32年收成不行。一个是旱灾，皇协（军）要东西要得多。七八月里下的，七八天。有这个歌。那会儿有坑，坑里都满水了。庄稼收了点，那一年没发水。没开口子。下得不大。开口子是民国26年，日本（人）进中国那年，在刘口。

霍乱转筋可能是那一年，老病叫扎病。村里有得的也不少。那会儿八九百，得病的有二三十个。看不好。也没看自己也能好。没有医生。也没有土医生。死的多，过来的少。下雨之前春天得这个病。周围村也有，家里没有。

庄稼没淹，下得不紧。喝砖井里的水。七八米深。井高不了。年轻的喝凉水，上年纪的喝热水。

民国26年进中国，日本（人）都来了。七月里开的口子，他来的时候十月里。来了，跟咱不要东西吃，不杀人。给小孩饼干，我那才10岁。跟电影一样，穿的不孬。

日本飞机来过，临清就有飞机场，没见过撒东西。

也有八路军，黑下来，日本快撤了才打仗。快解放的时候白天也来，日本快走了，人少了。

皇协军村里有 30 多个。这片是敌占区。

有土匪，都枪毙了。八路军枪毙的。

国民党跟共产党差远了，打日本（人）他退，要不日本（人）进来了。国民党的兵穷人多，富家的不当兵。

上南边逃荒的多，家里收成不好，上黄河南。

黄 庄

采访时间：2008 年 8 月 31 日

采访地点：临西县河西镇黄庄

采访人：张　伟　陈媛媛　王晶晶

被采访人：田镇海（男　76 岁　属鸡）

田镇海

我叫田镇海，今年 76（岁）了，属鸡的，一直住这个村。民国 32 年，我也几乎饿死。俺娘说："小，你不能光躺着。"我说赶明儿要饭去，上河东。（日本人）那会儿说孬吧，皇协也不孬。抢馍馍，五个人看不住一辆车，车子倒了，随抢随吃，抢饼，吐上唾沫，就占下，没人吃了，那也是饿得没法。

东边有条河，开口子了，水出来了，淹了。春天旱，八月十三开口子了，开两回口子。那年春天没下雨，耩的春谷子，半熟带着皮，磨成面人再吃。拉不出屎来，疼得叫，用锁带钩往外扒粪。

决口，开两回，八月十三开一回，是日本（人）用炮炸开的。没开很大，叫皇协堵住了，说在这里开口子不行。得淹到天津。日本（人）真孬！日本（人）进了村，大姑娘小媳妇都跑了，把咱糟蹋得不赖。徐胡子是皇协的头儿，用棉花包打成个挡住了。八月十三头里还有一次。开的西边的口，是御河，都淌咱这边来了。咱路上好几米深的水，往西北流。徐胡子一看不行，淌天津去，带着皇协（军）堵。有个叫铁窗户，在那里开口子，一直淌到天津。这个地方最洼了。河水大，不是下雨，那时河不断水，行船什么的。

灾荒年民国32年，到现在65年了。那年收成不行，灾荒年。出去除要饭就要饭。有的逃荒，给日本人担土篮干活。吃的给就不错，还给钱！一看干得松点，就打人。我出去是三月里，逃荒走了。不走不行，这个村快逃完了。没人了，先顾吃要紧。灾荒年那年家里五口人，饿死两口。我的父亲饿死了。没什么病，赶集买线子，走着倒路上，死路上了（我父亲）。人家用布抬回来的，连相帽都没有。

我才11岁，没人管了，光一个母亲管，领着出门要饭去。我逃荒了，到山东省汶上县，那也有皇协，日本人在那。在那待了几年，给地主扛活，白吃饭。九月九下工，三月三上班。

那时候霍乱病，就是霍乱病，灾荒年也有，死老多人，看着没点病，走着走着就死了，一摸没气了。霍乱病没法治，都说霍乱病，不多会儿就死。走着走着路就倒了。还有上吐下泻。很厉害，不厉害能死人吗？死了老多人。那会儿小，不知道抽不抽筋，光回来给大人告诉，这死一个，那死一个。得这个病少能死人嘛！连这个病加上饿，死了老多人。地主不饿死，穷小子饿死。看不出什么病，大夫不行。现在能查，那时候谁管谁，就从那年有。俺村给日本人担土，出去五六个，死得剩俩回来啦。

我就民国32年三月份走了，八月十三又回来了，在家里。回来一看不行，又走了。在外边待到17（岁）。为什么呢？要了两三年饭。有人介绍出家，当和尚。吃饭要紧，出家吧，待17（岁）岁才回来。在汶上出的家，在南海大寺观音菩萨。八路军一解放，拆庙的拆庙，发人的发人。那会儿不兴，现在又兴起来。出家人，说不好听的，那会儿好孩子谁上庙里去啊。后来我（出）来了，不在那里了。我这家人，要不共产党，没这家人。刘邓南下那一年，给我大盖枪，我背不起来。背着大盖枪，跟他们南下，就是刘伯承、邓小平。打汶上县城的时候，我在。打了七天七夜，没打开。我也去了，领着八路军去了，给我个条。我17岁才回家。

灾荒年水过来,村里两米多深。房子都倒了,开口就在临清铁窗户那。炸开一看,徐胡子说不行,堵上。我不知道他是哪里的。他是皇协(军)的头儿。开口的地离这三里地。能一直淹到天津,教场离那近。决口是用炮打的。日本人打开,徐胡子叫人用棉花包堵住。那开口了不得,淹死人。没人见过,就是用炮弹打的。

霍乱病也是那年,发水之前。日本人在大西门小西门北西门(北边)把着门口。南大队那是大西门,北边是北门。皇协军站岗。

洪水过后日本人来过,用小红旗欢迎。那时候两个人好几个旗。日本人来了用月亮旗。还有五色旗,一个旗五个色,好几种旗。日本人来了,小红旗一插,中间有个太阳。五色旗,蓝的,黄的,红的,绿的,一条一条的。日本人不来,让皇协(军)在头里先来。到南边汽车道。出小西门,八路军就打起来,南边土道,一打就跑了,不敢来了(日本人)。皇协(军)打头阵,日本人在后头,他(皇协军)卖国。小西门挨着黄庄东边,大西门在南边,在教场北边;北门在北边,挨着花园。中央提过花园的事。

我念了几年的书,都忘了。

李元村

采访时间: 2008 年 9 月 2 日
采访地点: 临西县河西镇李元村
采访人: 张 伟 陈媛媛 王晶晶
被采访人: 刘连芳(男 83 岁 属虎)

刘连芳

今年 83(岁)了,叫刘连芳,属虎的,上过几天(学),那时上不起,都在这村里住,民国 32 年,水淹,记不清什么时候,民国 32 年运河开放。阴历七月份,高粱都白了，村里也有，往外淘水，房子倒了，水到膝盖。东边运河来的，年年开口子，水和堤平，水往外跑，用土慢慢挡，堤矮，一亩地百十斤粮食，五亩地不够一个人吃的，淹了也不收，收得不多，老房子都倒。

开口是自己冲开的，范县那村都冲完了，现在叫齐店。开口在范园那，四个齐店那，小村子都冲没了，听说那是日本人扒开的，日本人炸开的，也有人说自己人开的。江庄也开过口子，刘口也开过口子，教场南边开口，都是民国 32 年以前，刘口和江庄，陈庄也开过，范园晚了，是民国 32 年。

没有看过穿白大褂的日本人，日本人来扫荡，洪水后也来，人被抓去拉船，日本人来了都躲，躲到地里去。

下水后，又耩了麦子。

年年遭蚂蚱，民国 32 年也有，都六七月里，蚂蚱一过河，就滚成一个团了，洪水之前遭的，那会儿谷子都秀穗了，蚂蚱过去光剩下秆了。

传染病，那时死的人多了，淌水，扎针，放血来了叫霍乱转筋。村里的老医生，扎针，没好的，十月一扎死好几个。老妈妈都得那个病，五太太就得的那个病。全身抽筋，也上吐下泻，就扎针，扎腿弯，没药，扎出黑血没救了，红血还有救了。霍乱在洪水以后，都说淌水淌的，村里死了五六个人，我妈妈也是得病死的，都治过，治不好，没药，没其他的，霍乱转筋，上吐下泻。

我没出去逃荒，就在村里给人家干活，讨口饭吃，那会儿家里一个父亲一个母亲，民国 32 年十月初一死的，两妹妹都没出去，上地里扒菜，树叶，干巴枣都吃。

逃荒的也不少，逃荒逃到枣庄、易县，有上东北的，有上南边的，倒点衣服卖。给日本人挑土，挣口饭吃，干得慢就挨打。给日本人干活，啥也不给，就管饭，吃大米饭，一天三顿饭，喂马，干活，都中国人干。

邢庄当时有日本人，不断地来。日本人住城里临清，抓鸡，吃鸡，还有皇协（军），见么拿么，日本人不拿，光抓鸡吃，那时还没有共产党在这边。当时村里没土匪，波脸是土匪头，牵牛，不牵就把牛宰了，吃肉，还得给他送馒头。徐胡子也是山东临清的，大家都叫他徐胡子，河东的。

采访时间： 2008 年 9 月 2 日

采访地点： 临西县河西镇李元村

采访人： 张　伟　陈媛媛　王晶晶

被采访人： 刘连杰（男　84 岁　属牛）

刘连杰

　　我叫刘连杰，今年 84 岁了，属牛的，上了五六七年的学，那会儿念学不行，兵荒马乱，日本人，土匪，没摊着好机会，干什么都没干好。过灾荒，逃难，要饭，什么都干过，解放了好了，参加了民兵，入了党，1944 年入的党，还没建立新中国。

　　灾荒年，我年龄才多大啊，顶多 20（岁），我这一辈子，乱七八糟。灾荒那一年，水灾，先旱后淹，又闹蚂蚱，遍地蚂蚱都把庄稼吃光了，全村老百姓都到西乡打蚂蚱去，公社里发动全村人打蚂蚱去。

　　哪年记不清了，有时先旱后淹，有时先淹后旱，有时遭蚂蚱，打一斤蚂蚱，国家给二两麦子，还不白打。

　　那年淹是开口子，也是大雨，下得房倒屋塌，在屋里搭窝棚，一辈子想不到能混到这会儿。屋漏在床底下睡，在桌子底下睡。现在吃的穿的都好。把高粱拉家走，秫秸在地里，都捆好了，就开口子，把秫秸都立起来，躺着的话，腰多深的水，把秫秸都冲走了。

　　开口子就在这边，到河西四五道口子，年年开，河西大桥上站着日本鬼子，俺后边有日本炮楼，河水跟堤一般平，齐店那是开的口子，大桥那边是日本人扒的，在城墙里边，从咱村子到城里开了三四道口子，齐店那边自己开的，再往南也是自己开的，城墙往里日本人扒的，城墙外边，大桥那边那俩日本人扒开的，离城墙不远两个口子。老百姓谁愿叫开，北边孬，属清河，跟咱不一个心眼儿。北边来到村里抢东西，说这边开口子淹那边。

　　没见过日本人开口子。村里人进城，说南边日本人扒开了，认得决口的地方。不知道在哪一窝，看不出来了。这时候堤好，那时堤也矮，没备料，弯腰都过不去。解放后共产党领导的一个村一个村防汛指挥部，我领着看堤去，咱这边临清和清河不一样，四个开口子都见过，不是一块儿开口子的，不是一年开的，记不清哪年了。

逃荒有，现在还有没回来的，有几家，在外边剩下不多。村里逃得没人了，房子乱七八糟。没地的回来干么，混好了就不回来了。饿死的人多了去了，有死外边的，有死家里的，那咋统计，饿死得多了。全家没回来的有，好几户，姓赵的，姓王的。

我也出去逃荒了，咱这边不叫逃荒，在外边没人，我的哥哥在外边，几年当兵，家里人不知道。家里有几亩地，中央军尽跟好户要兵，要走的，人家回来的，俺哥哥没回来，参加了八路军。在范县，第八军军区后勤部会计，捎个信，临清快去日本人了，别暴露了。

兄弟三妯娌都在家，俺哥哥在外边，他比我大15岁，俺兄弟我比他大2岁。分家，有本事的吃得好，混得好，没本事混么算么吧，我顾不了了。分家以后，我父亲母亲爷爷，分了几十斤粮食，两只鸡，要饭逃生，卖菜，顾着过着。有个老头北边逃荒回来的，问："你村刘连全在哪？"外边说了，千万保密。他孩子在解放区，俺在敌占区。俺父亲说连全是俺儿子，千万别暴露。去了五六口，没有都去，在那待着，孩子念书，国家照顾。带的菜窝窝、糠窝窝、饼，王部长说："先做饭去。"没让吃饱，吃一半，说别吃了，待会儿再吃，要不撑死。来的时候，推了点粮食。受国家照顾，要不熬不过来。可能是1943年。解放临清是1945年。1949年建立新中国。开口子的时候是1943年。

没病，霍乱转筋有，得有十个八个的，他纠筋，浑身纠筋，扎，扎不好就死。俺村里沾光，有村子一天抬好几个，那年霍乱转筋可厉害了，范八里那个村厉害。俺村里姓王姓李姓刘的我的一个哥哥，三先生都逃不过，彭村扎好的少。扎腿，扎胳膊，那年我厉害，想纠筋，俺父亲叫三爷爷来，抱着，使劲抱着，扎腿弯，扎过来了，扎好了，除了纠筋，没旁的，还上吐下泻，各村都不往各村走。传染不传染，谁知道，可能传染。得得快，好得快。得霍乱是水淹以后。

刘口村

采访时间： 2008 年 9 月 3 日

采访地点： 临西县河西镇刘口村

采 访 人： 张　萌　张利然　吕元军

被采访人： 黑文杰（男　80 岁　属龙）

黑文杰

　　1943 年那年旱，遭蝗虫、蚂蚱。谷子叶子都吃光了，六月份吧，谷子都出穗了。天旱把苗子旱死了。

　　那一年豆子都没成活，种过一次，一旱没种成，就等着下雨。三伏的时候种点荞麦。当年吃糠咽菜，吃榆钱儿，柳树芽，摘那个来充饥。

　　那一年没下雨，下大雨很少很少。七八月份下过雨，种上麦子了。1943 年没发过水，这里没发过水，发水是以后的事，我那时候去天津了。

　　以前在河堤搭棚子住，得病发烧，浑身难受，肚子疼，一会儿发冷一会儿发热，土话叫发疟子，忽冷忽热。有闹痢疾的，拉肚子，有呕吐的，那个病传染。死了几个上年纪的人，还有几个小孩。

　　那时候有得霍乱转筋的，没人给看，靠着，挨着，有四五个人，病死了两个，有几个活下来了。吐，腿抽筋，疼得嗷嗷叫，也拉也吐。我见过得霍乱转筋的，二三月得的，霍乱转筋不知道传不传染，痢疾传染。顶多几天这个病就折腾死人了，比较轻的也能挺过来。得痢疾也是那个二三月得的。八九月份还有得霍乱转筋的，春天得的人多，秋天人少。

　　下七天七夜的雨是我八岁的时候，应该是 1936 年吧。这个村向外逃荒的人没有。鬼子在村里经过，没到村里来，只是路过。

孟五里

采访时间：2008 年 9 月 2 日

采访地点：临西县河西镇孟五里

采 访 人：王 瑞 韩 硕 陈庆庆

被采访人：杨书印（男 78 岁 属羊）

杨书印

　　我上过学，我那会儿高小没有，念的叫八路军的书。

　　灾荒年我十几岁，是民国 32 年。它旱，那年又淹又旱。三年开了两年口子，开口子好几次。民国 28 年开口子，又接一年。花园七月份开的口子，是民国 28 年后三四年了，是南边的运河。我 9 岁的时候在南边的刘口开口子。灾荒年没开了口子。灾荒年没收东西，那会儿旱，又有日本（人），皇协（军）也抢，那会儿是国民党。下雨也不知道什么时候下的，有雨。是灾荒年以后又开了口子。在老堤头，是一段城墙。开口子是因为水大。花园开口子是民国 30 年，在灾荒年以前开的口子。那会儿淹得厉害，都是一起淹到北京，河水说是安河和漳河来的水，两个河往一个河里灌。开口子是自己开的，不是扒开的，当时堤上有人，是阴历七月份开的口子。

　　灾荒年村里死人不少，是饿的，都是饿死的。霍乱转筋咱不记得了，反正听老人说，哪一年有这个病不知道。当年没有霍乱转筋，霍乱转筋在灾荒年以前有。

　　闹过蚂蚱，是六月份，是灾荒年以后的事了。闹过虫灾。那年有逃荒的，不少，逃哪的都有，河南的，河南金台郁香，我没有出去，花园开口子庄稼都淹了，村里有水，路沟里一人多深。

　　日本人见过，穿黄的，他们来村里时我小，不记得。灾荒年净皇协

（军），都是中国人。日本人坏，尽抢砸，抢砸东西。对待小孩怎么不知道，也有土匪。灾荒年也有不少，那会儿咱这块是国民党管。

柏庄村

采访时间： 2008 年 9 月 2 日

采访地点： 临西县河西镇柏庄村

采访人： 王 瑞 韩 硕 陈庆庆

被采访人： 赵玉田（男 79 岁 属马）

赵玉田

我小时候上过几天学，后来去逃荒了。

灾荒年是民国 32 年，那年没收，那年旱，那会儿又给人管，灾荒年发过大水，咱这淹了，开口子，庄稼淹了。庄稼长得还不错，那时我跟老的去恩县（在东北）逃荒，东北有二三百里。卫运河发的大水。从南方来的大水，河通洛阳，向北到天津。我村一半人出去逃荒了，不断的逃荒。我一个叔在枣庄煤矿死了，他在煤窑上死的。逃荒逃到哪的都有，逃到南边，济宁以南，南徐州那里，发了水以后逃的。过了城就没有了，过了临西就没有水了。

下雨记不清，发了水就连阴。听人家说在老堤头鬼子来了扒了，就是民国 32 年，日本人孬，淹八路军。那会儿归国民党管。老堤头在花园那，在园北。我们这有八路，八路还没出世。那回淹的可是厉害。水多深。有多半人深，到处是水，家里有水，门口打沿。

霍乱转筋听人家说方庄不少人得，往外抬，咱村没有，也是分村，一片一片的，死的样子不知道。

那年死的人不少，有饿死的，日本人打死的，解放临清也没少死人，那会儿在旧城里。

闹蚂蚱知道，可多了，在地头挖壕，一埋埋大半沟，滚成蛋过河，哪年记不清楚了。

鬼子孬，穿黄的。到后来又有皇协（军），老差，是中国人，皇协（军）在村里没干什么。日本人抓鸡，烧了就吃，没杀人。

南居委

采访时间： 2008 年 8 月 31 日

采访地点： 临西县河西镇南居委

采访人： 张　伟　陈媛媛　王晶晶

被采访人： 吴连仲（男　87 岁　属狗）

吴连仲

我叫吴连仲，今年 87（岁）了，属狗的。一直在这住。南居委是控河搬迁搬过来的。灾荒年住在民四街。那时七趟街，民四街，菜四街等七趟街。没乡村，就这七趟街。

天就不下雨。日本人闹得野，没地方赚钱去。俺那边都没地，那七趟街都没打些庄稼。（什么时候下雨）记不清了，出去逃荒在徐州那里，谁知道家里什么时候下的雨？俺母亲跟着我逃荒了。家里光剩俺父亲在家。俺父亲缝鞋，那时家里五口人，俺哥哥、嫂子、父亲、母亲。三月里出去逃的荒，到那给人割麦子。那里庄稼好，收得好。徐州东边的双沟，卖力气，一天一块钱，现大洋，管饭吃，待了一年，第二年正月里回来的。

逃荒还有去蚌埠的，到哪里去的都有。到双沟的多，三岭家，孟广龙家……

得血寒病，给枪毙的样，在嘴里淌血，捂住嘴在鼻子里淌，传染病。岗楼有个死那里了，叫血寒病。灌凉水喝了就好，一缺水就死，给他水喝就死不了。就在双沟那边。四五月里就有那个传染病。没房子，在那里住庙，后来住不开，净咱这里人，就在坑边搭窝棚。没过年就回来了，待了八九个月。刘口再早发大水。灾荒年以前发大水，灾荒年以后开过口子。尖庄开口子，大营开口子，花园开口子，王庄开口子。灾荒年哪年记不清了。

民国32年，我22（岁）了。七趟街，一趟街饿死55口。原来一趟街七八百人饿死55口。没么吃，硬硬地饿死了。病死的很少，都饿的。没棺材，用秫秸一卷。做买卖，资本家，给买个秫秸。

霍乱闹不清。双沟那边血寒病，死几个人。一个老头得这病没人管，几天就死了，黑四他娘得这个病死那里了。出去没人管，家里大人死了，小孩叫人带出去卖了。

日本人在这呢，在这里待了八年，他也抢东西。

南三里村

采访时间： 2008年8月31日
采访地点： 临西县河西镇南三里村
采访人： 张　伟　陈媛媛　王晶晶
被采访人： 冯国喜（男　76岁　属鸡）

冯国喜

旱灾，水灾，还有开口子，还有淹的。灾荒，不收庄稼，到七月才下的雨，记不很清。河水八月开口子。地上都是水。下雨挡不住了，就开口子了。在怀仁开的口子。死了人没人抬，全是逃荒。鬼子让你干活，你不干活还得挨揍了。当了四年兵，回家了家里没人，父亲兄弟都逃荒了。有饿死的。

民国 32 年那年。老的老小的小，不要，没法了，混口饭吃。肯定死人不少。都饿死了。没有光饿，还有病。民国 32 年正月二十一出去的，我当时 12 岁，当了四年兵，他不要，你赖着，混口饭吃。胆小怕死，跑回来了。

霍乱，一个半个，当时不多。霍乱病，快，那时候快。

上学了，认识字。

采访时间： 2008 年 8 月 31 日
采访地点： 临西县河西镇南三里村
采访人： 张　伟　陈媛媛　王晶晶
被采访人： 葛润龙（男　91 岁　属马）

葛润龙

我叫葛润龙，今年 91（岁）了，属马的，民国 32 年时我 20 多岁。

那年旱灾，遭蚂蚱、虫子。有下的时候，也有不下的时候，下了不久又旱了。记不清什么时候下的雨。后来又闹蝗灾，逃荒上南乡买东西去了。下面有个小孩，有大闺女，那时还没有二闺女。兄弟也结婚了，也有个闺女，兄弟比我小一岁。头几年开口子，灾荒年没开口子。光蚂蚱灾、蝗灾。开口子是七月十六，那时也是 20 多岁，是灾荒年前。我民国 6 年生人，开口子时刚结婚了一年多，刚有大闺女，这她 70（岁）了。灾荒年大闺女四五岁，没东西吃，拾干巴枣吃。

大伙儿都出去逃荒了，饿了都捡枣吃，上东北逃荒。

有出去也有没出去的。我们哥俩出去逃荒了，没挨什么饿，拉东西去卖，桌子板凳换粮食吃。那一年饿死的也不少。饿死了好几家，都绝了。

有几个人逃荒死到外头了。日本人过来胡闹腾要东西，还有皇协（军）。本来就没收多少东西，一要就更没得吃了。那时也有些得霍乱转筋的。挨着灾荒年，那几年记不清是不是灾荒年。腿疼、抽筋。不在家，只听说。有两个钱就能看好，没钱的人就完了。也不慢。得那个病，过年二三月，都那会儿。出去逃荒，记不清哪年。

饿死人还不少。记不清有没有霍乱病。

前三四年发了水，开口子。东南三里地，叫刘口，铁窗户在正东。我住亲戚家回来，五六天就开口子了。我就看水去了。水流到村里去，好房子不倒，坏房子倒了，那是灾荒年以前了。

开口子那年，日本人进东北。七月十六开的开口，腊月那会儿日本人来了。那月十五他们进城问来，问那边干什么的。

上过两天学。

南五里村

采访时间：2008 年 9 月 2 日
采访地点：临西县河西镇南五里村
采访人：高海涛 王 青 靳 鑫
被采访人：吴金光（男 77 岁 属猴）

吴金光

民国 32 年，闹灾荒了。灾荒知道，干旱，不下雨，一年没下雨。民国 32 年，我出去逃荒了，黄河以南，记不清啥地方了，住在大藏庄。出去逃荒的多，我那会儿小，那会儿我 12（岁），跟父亲去卖旧衣裳，卖后，拐回来以后，换点粮食，以后再吃。出去了有半个月，在那要饭要了七天。俺父亲跟俺村的一个人逃荒去，他们是赶集卖布衣，卖了。我要饭去，拉拉个棍，要饭以后，要几个煎饼吃，拐回来吃，逃荒的不少。

一年没下雨，干旱，光见阴天，蹦跶几点拉倒了，就是不下雨，黄河南那边好，下雨了。那年蚂蚱一层，掘沟，上里淌。都去打蚂蚱，坑满了。往里埋，埋了以后，掘沟再埋。那个蚂蚱过去河以后，滚成蛋过河，那年是民国 32 年，草都给你吃干净了，那年没发过水。民国 32 年下半年出去的，出去了半个月，要饭拐回来，没有下雨，下也蹦了几点，光靠天吃饭，没雨，那会儿。

日本人也来了没待多长时间。

饿死了不少，得病也有，得霍乱病，一挨饿，一晕，肚子里没饭，就过去了。见过了，什么症状闹不很清楚，都得那个病死的。是灾荒第二年得的，得病的人不多也不少。周围街坊也有得的。河那边得的多，俺这边少，卫河那边多，最苦了，那一年。

日本人扒口子，向外淌水，叫它淹这里，以前是皇协（军），队长是俺村的，姓徐，叫徐光武，他救街坊人的。日本人扒开，淹到北京，一淌就到北京了，没人敢去求鬼子。他去求鬼子，他去了以后，他不叫扒，扒开，人不都淹死了。他开了两间铺，叫人拿麻包堵上了，没开。我那会儿十六七（岁），一般人不敢去，他去了。过去 30 多里地都知道徐光武救人。

民国 32 年河没开过，也没水，水也少，徐光武在西乡里落得很好，他是个队长，他不叫那样办，叫任何人不要那东西。

日本人，穿褂子的是特务，过去的给日本人办事的叫特务。穿白大褂的没见过。

霍乱转筋有是有，但是少，是一九六几年，那会有 40 来岁。民国 32 年没听说过，细菌战没听说过。

日本人咱这边转得轻点，西乡厉害，下堡寺那边厉害，地下工作者都被围起来，都打死了。

史厂村

采访时间： 2008 年 9 月 3 日

采访地点： 临西县河西镇史厂村

采访　人： 张　萌　张利然　吕元军

被采访人： 史占奎（男　73 岁　属鼠）

史占奎

　　我一直住在这个村。记得民国 32 年（闹过大灾荒），主要是旱。

　　我逮过蚂蚱，还吃过蚂蚱，挖壕把蚂蚱撵到壕里去，可能就是（现在）这个季节，（具体几月）记不清了。当时谷子都有穗了，七月时候。当时也旱，没记得旱死（庄稼），庄稼还有点苗。旱了以后不记得下不下雨。下点小雨，它也不管事啊。七天七夜的雨应该靠后，不是那一年。也下过小雨，下了点雨，不大。

　　那一年刘口开口子，老人说起来，刘口开口子可能是 1937 年。民国 32 年没开过口子，以后在花园开过口子，脑子里有这印象，不记得花园开口子是什么时候的事了。好像没有闹过流行病。霍乱好像没有，逃荒的人很多，民国 32 年逃荒的多，大部分都逃荒出去了，去黄河以南。这个咱没见，就是听说。春天青黄不接的时候逃出去的，也有去东北的，担土篮，可能去修公路，垫路基，挖煤矿什么的。有的就回不来了。

　　鬼子到村里来过，我将记事，东北那有个小庙，鬼子来讨伐，逮谁也不知道。也有当地的土匪，他们到村里抢粮食，抓民工给他们运粮食，他们推行"强化治安"运动。他们就是杂牌军。

　　饿死了很多人。人数更不好估计，谁统计那个？日本兵在村里没抢过东西，只是从这里经过，没挨家挨户（要东西）。好像是鬼子偷来的东西什么的，埋那里。听说，咱没见过，鬼子光过过，他们偷的抢的东西都堆着，（日本鬼子）没有（发过粮食）。

隋五里村

采访时间：2008年9月2日

采访地点：临西县河西镇隋五里村

采 访 人：张　伟　陈媛媛　王晶晶

被采访人：柏德禄（男　83岁　属虎）

柏德禄

　　我叫柏德禄，83（岁）了，属虎的，一直住这个村，土生土长的。民国32年，闹灾荒闹得厉害，那会日本人在这，民国32年人都挨饿，人都没吃没喝，旱灾，到后来又遭回蚂蚱，到后来又开口子，大堤冲开了，淌里都老深的水，村外都是水，村里打堰，水没进村，东边进了一段，房子倒了。那地方是日本（人），水是真大，挨着三年开了三个口子，头一回刘家口；第二回城墙边；第三回焦家庄，一开口子，小村子冲没了，那里有砖窑。第四年花园又开了，花园那边。接一年，没一年的，开四年口子，花园开口子以后日本人投的降。

　　灾荒年那年开口子，又遭蚂蚱又旱，六七月里吧，开口子咱都不知道，起头旱，又下开雨，下得房子在屋里不能住，上窗户台底下坐着去，那里不漏，下了十多天。下雨，开口子都六七月里，庄稼没熟都淹了。

　　该不出去逃荒？都逃荒去。当时我家里有俺父亲弟兄仨，一共是10来口，在一堆也出去逃过荒。那会儿日本在的时候，俺家都上日本（在的地方）截车逃荒，出去是开口子以后，在河东临清，在外边待了两三个月，都上河东去，那边没开口子，就出去三四个月。

灾荒年，那年，编了首歌，接连不停连下了七八十来天，有饿死的，有逃荒的。那该没有瘟疫，那会儿不知道叫什么病。霍乱，就是霍乱，咱这村有，也少。那会儿人也不知道，这么些年也不知道了。

日本人在城里，乡里有炮楼，也来村里，抢完就走了。

那会儿上学也跟没上一样，认识几个字，日本人不上咱这里来。

采访时间：2008 年 9 月 2 日
采访地点：临西县河西镇隋五里村
采 访 人：张 伟 陈媛媛 王晶晶
被采访人：韩玉岭（男 81 岁 属龙）

韩玉岭

我叫韩玉岭，今年 81（岁）了，属大龙的。没念过书。从小在这村里住，老辈里就叫隋五里。

灾荒年开的，旱，遭虫子，都叫虫子吃了，不收。闹蚂蚱好几年。开的，都这个河（卫河）。水和堤都平了，堤是水冲开的。看着就冲开了。是七月里冲开的，又看见的挡不住就开了。开口的那庄都冲没了，就几家人，没法住人了。那村叫花园，就现在齐店那块，这块全水，地里全埋了。村里没水，打土堰堵住了，不让它到村里了。

下雨，开着的还下雨。下得还不小，下得两三天。

逃荒的多，去曲阜逃荒，挨饿就逃荒了。村里逃荒的有几家，不出去的，有收粮食多的，有做买卖的，担柴火挣口饭吃，从地里捞点粮食吃。

逃荒往西去，我那时小，没出去，家里有去逃荒的。灾荒年那年家里四五口人，灾荒年那年 14（岁）了，在家种地，担柴火，挣口吃的。没粮食吃，都没粮食吃，有饿死的，饿死的不多，不光饿着，也上外边要饭吃，哪不给口干粮吃。

有霍乱，民国 32 年有霍乱。得霍乱的没大些。谁知道什么病，就听说。灾荒年霍乱都饿的。都说是霍乱，咱也不知道什么是霍乱，没见过。这霍乱就灾荒年，也不知道是水前，水后。

相庄村

采访时间： 2008 年 9 月 3 日

采访地点： 临西县河西镇相庄村

采 访 人： 张　萌　张利然　吕元军

被采访人： 董希江（男　87 岁　属猪）

董希江

灾荒年是民国 32 年，去临清轧棉花。当时 20 多岁了。

民国 26 年六月闹地震，七月十六开的口子。民国 32 年先前旱，后来淹，一直旱到六月。六月份后开始淹。民国 32 年没闹过蚂蚱。

下雨下了七八天吧，下得多。三四十公分。河里没开口子。村里才死了两个人。村里没怎么死人，人浑身发虚。

村里有逃荒的，逃荒的人不多，都逃到东北去了。大约三月份逃的，从教场合山庄（音）来了两队鬼子。其他时间没来过。

霍乱转筋是干季病，民国 32 年没有发过霍乱转筋。

民国 32 年以后鬼子扒过一次口子，徐光武镇长说了好话没扒成。

采访时间： 2008 年 9 月 3 日

采访地点： 临西县河西镇相庄村

采 访 人：张　萌　张利然　吕元军
被采访人：张锡荣（男　76 岁　属猴）

张锡荣

　　民国 32 年是灾荒年。日本（人）把粮食收起来了。没吃的。他们给你制造灾荒。民国 31 年结束的时候就出现灾荒了，民国 32 年更严重了。

　　我们这里是沙土，不收东西，收成低。天旱，旱得不严重。闹过蚂蚱，连着闹了好几年，闹得厉害。飞过来把太阳都遮住了。也是五六月份。下过雨，下得不大，没开口子。民国 26 年在刘口开的口子。

　　没怎么出去逃荒，挨饿，饿死的多，饿了也没地方去。逃出去的都去东北，春天逃出去的多。

　　有日本人，有鬼子，还有皇协军。

　　听过霍乱转筋，闹过两次。民国 32 年没闹过，以后闹过，我参加工作后闹过两次。

　　霍乱病发烧，也泻也拉，也传染，没有转筋的。老医生给吃中药，有治过来的。得病的不多，都是饿的。

　　下七天七夜的雨大概是一九五几年吧。

邢庄村

采访时间：2006 年（具体日期不详）
采访地点：临西县河西镇邢庄村
采 访 人：邵贞先　王宏蕾
被采访人：张立功（男　78 岁　属蛇）

不算穷，种地，父亲，俩大爷，爷爷，修鞋。我爷爷是八爷爷，还有七爷爷，七爷爷有俩大爷，在临清住。冬天上天津修鞋，这是告诉我的。我爷爷领着，小日子还活泛。这个活还好，修的手艺好，出名，待一段时间。过年回来。只有几亩坟茔地。我爷爷好交朋友，交往的小买卖人，用钱在农村买地，我帮他们种。

那会儿土匪不多，是国民党时期，税也不重，可承担得起，我小，才六七岁。

日本人来是8岁的时候，读私塾，在邢庄。头一年上小学，学《百家姓》《三字经》。先生是本村的，不厉害，给三四斗粮食钱，三四十个学生，是老秀才，姓李，这个人刚死。

之后，我在家种地，上学也帮点忙。就在老大桥少少向北道东有一个宪兵队，也就十个二十个的出来，他是到乡里不干别的，就是待见小孩，给糖糊弄玩。

他来之后就有皇协军，到乡里嘛也有，不是正规的，土匪，国民党残留的投了日本。

这湾土匪没有做大孽的，没大地主，净逃荒，挑柴火买的，为自个生活，小村，反正有地主的都是大村。地主苛刻，给钱少，离城远的不逃荒，挑柴，只能卖力气，给地主干活。

天旱遭蝗灾，民国32年结的婚，小苗低，没井，依靠老天爷下雨，靠天吃饭。都二寸长的蚂蚱，铺天盖地，太阳都遮住了，地里一唕就光。在地边掘坑，一排沟，向里面轰，到坑里就埋。小苗不行，净小买卖人。逃荒的，要饭的，往东南乡，哪好往哪逃。下雨连阴天，可能是七八月份，下得乌雨连遭的。村里没水，引起河水。我16（岁），南面开口子，刘口、姜庄、花园开口子，当时的花园，大堤下，50米下来，也净杂姓的人，是给地主种地，20多家。离日本大桥二里多地。花园村冲了，整个没了，老百姓一个没死，决口不像暴雨，水啪的就下来了。大堤出来水缓缓地分散，像浇地一样，跑得及，实际一个没伤。我家都冲掉了。村南冲了，结婚以后，16间房子一间也没剩。花园开口子，离木桥二里地。

花园在城北，桥在城里。

穷没分家，有钱的分家，穷的混好了才置点地。穷人不分家，兄弟几个干，一人一挑东西就没了，有钱的弄点自己享受。

那年的水大，和大堤平了，就往北流了，水大。上北到了清河，邢庄就南头几家厉害，水往北消了，这属于前线。

那年口子是下午开的，我在堤上防洪，劳力都去，值夜班，三班倒。开口子就一个转漏子，才洗脸盆大，我想用石头麻袋堵上，一起冲到堤外了。八月份以后进入汛期，堤上有工棚，那灯，二人一伙。

据说北边李园厉害，没房子走了。人走了，狗是忠臣，它爬在屋上，回来看，几天了还在。净水井，水淹过了井。上河水不吃井水了。过完后，把水淘了，吃新水。那就和河水无关了。河水进了，又弄出来了。俺吃热水，没人敢喝井水，靠城近，喝开水，没喝过凉水。

日本人不来，这西边不远是八路军，八路军穿便衣，包着头，各村里发展地下党，八路军吃喝老百姓，老百姓黏糊他。土匪白天来，鬼子来以后多了。鬼子不敢上农村，他和外省连不到一块儿，造声势，发威一样，也不咋地。说得不好，就用刺刀刺。岗前要鞠躬，谁敢进城，有良民条，没条不让进。

尖 冢 镇

蔡辛庄村

采访时间：2006 年 7 月 11 日
采访地点：临西县尖冢镇蔡辛庄村
采访人：兰　坤　姜亚芹　李雪雪　张村清　杨兆乐
被采访人：蔡培之（男　75 岁　属猴）

　　一直住这个村，没上过学，也识点字。

　　民国 32 年，大灾荒。日本（人）那时候还没走。日本（人）走的时候，鬼子还在这里。庄稼收得也不好。皇协（军），鬼子，咱这八路军也得要粮食。生活不行，天气不行。先旱后涝。七月份下的大雨，下了七天七夜。

　　下了大雨以后，后来都是开始得病，下雨前没有。可能是下雨后。那时候俺这是最穷的一个村。病得也不是多厉害。那时候医疗方面落后。得这样的病，哕泻，厉害就是霍乱转筋。那时候医疗没这么高，光有一个扎针的，旱针。扎旱针的也很少。俺村里都一个会扎针的。姓蔡，记不清叫什么了。民国 32 年，连饿带病死了 300 多口到 600 多口人。连逃带死，走是一半，也没一半。也有埋的。有家的，有人的，推出去埋了。我那时候 12 岁。死了有看好的，扎针。百病不离三弯，一来放血，先放血，胳膊上也行，腿肚子上也行。那时候医疗落后，有治好的，有治不好的。先上哕下泻，以后治不好了就是抽筋，一到抽筋，那个病就厉害了，快不了多么时间，没一天时间就死。

民国 32 年，那时候，爷爷，奶奶，我还有一个兄弟。那一年都逃出去了。上东南门走了，我也去了。

那时候挨饿，一下大雨，七天七夜，受了潮湿，再吃点新粮食，都得了这病。一抽筋，人就完了。七天七夜，这个雨不是哗哗哗，都是跟小雨样，河水也不小，那时候河口没人管。咱这里没淹。房倒屋塌，大部分人户家都漏了。

民国 32 年，日本人在这里了。哪一年来过记不清了。来这村好几回了，催粮。童村一个钉子，换防。西乡的抓走拉大车。俺这村最小，最穷的。民国 32 年往外走，我跟俺父亲，走到丫（音）庄，离这几十里地，叫日本人围住了。就我，俺父亲两个。那边是解放区。那时候济南片是八路军片。带着济南票，在旮旯儿边摞着。这就翻，要翻着俺两个就死了。俺父亲吓的，要翻出来一枪就……没翻出来叫往南一走，第二年我父亲抽风，民国 33 年去世的。

日本小矮个，胖不嘟的。军人穿黄呢子，戴着帽子，也见过。见过日本飞机，飞得不高。垛头都给蹭下来了。不往下撒东西。一般不换防，这小村不来。那时候有敌占区，这里是敌占区，那时候没人去说。

八路军也得说点么，好的多了，好说好气的，老百姓也给。日本人进村就抢。不给小孩吃的，没见过。日本人没好高。

土匪有，更有。民国 32 年以后，以前都有。那时候乱，那时候喊老缺。抢，砸。俺村就一家地主，俺村地主就是分地地主。地多划成分划成地主，也没发过多大的孬，就是地多，跟一般的别的地主不一样。

尖庄一个钉子，连日本（人）带皇协（军），那时最大了。高村安着一个日本钉子，皇协军那是这边的人，进村，胡抢。事到谁也不顾谁，饿了叫我当皇协军也得当去，饿。

霍乱转筋，据我听说民国 9 年，最大的一次，那会儿里死了。可能哪一片都有。过来民国 32 年以后，再没听说这个病。从八路军掌握政权，再没听说这个病。

卫河，据我知道，开口子了，过了民国 32 年才开口子了。民国 26 年，西边这一片，淹了一片。民国 32 年没听说。

常圈村

采访时间： 2008 年 8 月 30 日
采访地点： 临西县尖冢镇常圈村
采访人： 陈东辉　石赛玉　胡　月
被采访人： 李金善（男　73 岁　属猪）

李金善

民国 32 年在村里，之前都是旱，那一年下雨，下起来没尽头，那时候房子不行，房倒屋塌，这里河水没决口，民国 32 年没上水，后来有蚂蚱，那一阵吃树皮树根，半饱都谈不上，村里人饿得逃荒，有去东北、河南、海州的，都是得了一回霍乱病的，扎回来还没缓过来又死了，得的人不少，肚子一疼就拉血，这个院子就有，城外那家死了好几个。当时有扎针的，一村子都有人要医，他哪顾得过来，现在一有事医生就来了。有人的后代从东北回来的，管振国就是在东北生的，管振国的大娘和两个堂哥就是得这个病死的，都在下雨后，一天就病死了。

当时半天是皇协军，半天是八路军，皇协军整天要军粮，日本人是民国 32 年以后来的。

采访时间： 2008 年 8 月 30 日
采访地点： 临西县尖冢镇常圈村
采访人： 陈东辉　石赛玉　胡　月

被采访人：王世忠（男　78岁　属羊）

王世忠

（民国32年）记不多很清，遭了灾了，都上河南逃荒去了，反正记得民国32年过灾荒，谷子在北头点着一块着到南头，都到了那种不上庄稼的地步。

（开始下雨）都到了快七月那会儿了，民国32年下的雨很大，下的那谷子都芒蒿了，下了七天七夜了是怎么的……那一会儿有水，河里有水，水不少，那个什么都平着地杆了，光下的水也就把地淹了，大西水那一年（开了）12里地。

开口子不开口子记不清了，（那年）俺没去，（逃荒）去不了，家里没有，村里逃荒的不少，上河南上别的地方，我记不清。当时那会儿没什么东西吃，后来下雨，撒点荞麦，腌点胡萝卜，喝的井水，下的那个雨啊？都向北流了，都向北走水，俺这井高，进不去水，俺这村就这一个井，那记不多清有没有蚂蚱。

还不得病啊，霍乱转筋，都转那什么不会说话，不会走路，别的情况那记不清，那霍乱厉害，死的人还不少咧。那会儿还是有活的，村里有医生，不叫出门，扎的就扎活了。

（我）得过（霍乱转筋），十二三岁那年，就跟发疟子一样，没有串门，在家得的，熟人领着跑了二里地，上人初圈去了，人给扎过来了，以后就没有症状了。我七天七夜以后得的，记不多清（具体时间），（得病）也有下雨之前，也有下雨之后的。

饥荒那年，捡那菜吃，上哪吃饱啊？没粮食那吃个么，半饱也没有啊，下的雨把柴火淋湿了，各个家房子都漏了，有柴火的温壶水喝，没柴火的都喝凉水。

国民党那会儿统治这个村，老缺老杂，什么都有那会儿，老缺是杂牌的，就跟这会儿小偷小摸那个杂牌的。

采访时间：2008 年 8 月 30 日
采访地点：临西县尖冢镇常圈村
采访人：陈东辉　石赛玉　胡　月
被采访人：邢子春（男　80 岁　属蛇）

邢子春

　　民国 32 年，我在家，村里发生灾害，日本人来中国。七月多下的雨，八月二十四号河水涨了，都咱这卫河，咱这没进村，在江庄以东三华里才进村，河水没到咱这个村，可能是在大营开的水，大营在黎博寨乡，离江庄还有六七里地，下雨前旱，人没吃没喝，庄稼都旱死了，吃就吃那树，树叶都捋干了。大多数人都是挨饿的，民国 33 年我去江苏海州，逃荒的人很多。那时没热水，一天没有一顿饭，俺这有砖井，下雨时雨水流到井里。下雨那会儿房倒屋塌，那会儿都是土房。雨水不深，小雨老是哗哗哗，人走路都从中间走，墙头扑擦就掉下来。

　　人有得霍乱转筋的，在民国 32 年，八月下雨后，我也得过病，得这病的都放血，我没扎过针，咱村连个扎针的老先生都找不到，俺姑说上赵庄吧，在赵庄待了一天一夜，没人过来，我姑姑的孙媳妇伺候我，咱村死了 12 个。那时死的多，一天死好几个。孙媳妇扎不过来，越扎越重，后来都封锁起来了。那会儿没医生，才一得了就上吐下泻，手伸不开，抖得厉害，那会儿病得迷迷糊糊的。霍乱病在咱这就停止传染。得病时鬼子没来，鬼子在临清，姑姑的孙媳妇是在十月份得的，20 多岁，早上得病顶到黑就死了，我扎完针后过了一个月，手抽筋伸不开。

　　民国 33 年蚂蚱把谷子都吃成了秆，以后有没有不清楚，我那会儿逃荒还没回来，民国 32 年那会儿"出国村"，还是日本人管的，他不经常来，都是皇协军来，成子浩、肖子玉待了几年，替鬼子催粮要钱。

东张堤

采访时间：2006 年 7 月 11 日

采访地点：临西县尖冢镇东张堤

采 访 人：兰 坤 姜亚芹 李雪雪 张村清 杨兆乐

被采访人：常淑英（女 77 岁 属马）

民国 32 年在张堤住着，在姥娘家住。

一天死七个。没吃的，光下雨，地里没收。头里不下，明儿光下。没井。不长庄稼了。没吃的了。过了麦，没收庄稼。没有井，毛主席那才有井。凭天收。平常喝井水。民国 32 年光转筋，六七月里，七月里下雨了。没下雨之前，没有得病的。几个队死了七个，一天抬了七个。这家一个，那家一个。死得最多的一天。冬天没记得有。光抬。六七月里最厉害，下雨的时候最厉害。俺家没有，那会儿三口人。俺父亲母亲。俺那小，谁看那个去。光听说抽筋死的。村里有医生也少，光扎，没有开药铺的。光扎扎。郝庄那个村厉害（打仗打的）。张尊龙大爷爷会扎，都他会扎。不知道扎哪。光听说这个给扎好了，那个没扎好。都得那个病。不知道谁先得的。埋地里，自个儿家地里。下雨也得挖坑。穷的席卷，不穷的有棺材。那年都有这样的病，有多的，有少的。一会儿上来了就不行了。抬不及。一天抬三四个。到么一黑下死，有天多的，有天少的。一会儿就死。光八队死了七八个。不知道怎么得的。挨饿，吃糠菜。喝井水，也喝凉水，也喝热水。下雨有烧的，有不烧的。下雨也盈水。那年水不小，没上河水。雨水还有不流的。流进井里了。

没见过日本人，不知道什么样。见过日本飞机，一个半个的，稀罕。不知道啥飞机。

八路军多着呢。小闺女谁问那个。九月二十九烧尖冢（不是灾荒那一年，娘家在尖庄）。国民党二十九军在这儿，在这儿过。日本人不杀人，光过过。村里没老缺。

民国32年前没有这个病，后来没了。

采访时间： 2006年7月11日

采访地点： 临西县尖冢镇东张堤

采访人： 兰　坤　姜亚芹　李雪雪　张村清　杨兆乐

被采访人： 张善岐（男　83岁　属鼠）

上学的少，念了没几天的书。

下了七天七夜。过了没这会儿开始，下雨下淹了，水都漾过来了。那会儿种庄稼更不能收，凭天收。收百十斤。民国32年没收么。

饿的粮食不够吃，吃的这样菜、那样菜，得霍乱搐筋。下雨起的。下雨后有，冷，得这个病。下雨前没有得的。冷，病的些多，有治好的，有治不好的，扎针。有老先生，不少。张尊龙大爷爷会扎针。药不敢吃，也吃不起。吃饭还吃不起。吃饭也管不起。红糖白糖都买不起。

俺家没有得这个病的。当过八路军。不知道谁先得病的。得病的不少。知道这病叫霍乱搐筋。老头儿告诉的，他会扎。

得病的人抽筋，走路不行，受风，霍乱转筋，光转筋。不拉肚子。得病那一年不走亲戚，没嘛吃。不知道怎么得的，光说腿疼，受风。没有吃的。吃野菜那会儿。喝井里的水。砖砌起来的。那会儿哪能有这样的井？一个村一个队一个井。吃水就往后边那里挑水去。民国32年，也有喝凉水，也有喝烧开的。村里死人死多了。记不清多少人了。死了埋，埋坟地里，掘个坑埋了。淹也得埋。第二年就过来了，没得的。就那一年几个月。

村里没日本（人），国民党、八路军都有。见过日本飞机，跟咱这飞机一样。日本（人）在这边儿，日本飞机来飞。尖冢有炮楼，赵圈一个。咱这儿没有。日本（人）跟咱这人一样，说话不一样。穿大皮鞋，有皇协军，咱中国（人）跟日本（人）在一块儿就是皇协军，帮着人家干，发嫖。抢东西，进村儿抢。抓人。

民国 32 年，灾荒。皇军都不来，以前没有，没有老缺，都饿得没劲儿了，没人当老缺了。

日本（人）也不杀。挺坏。见了八路军打，见了老百姓呜呀呜呀地说话，得事儿也有给老百姓吃的。待见小孩。咋不敢吃？吃了没了。

民国 32 年，下雨，没下河水。没听说过开口的。没开。上河水那一年在尖冢开了（1963 年）。

过了灾荒年，没有得霍乱搐筋的。也有医生了。

16 岁当八路军。八路军待西边。吃饭吃不到嘴里，没饭吃，不敢来，不跟老百姓要。打日本，打皇协军。

民国 32 年，日本没来，二十九军过来了。国民党的兵，喝喝水就走了。

尖 庄

采访时间： 2006 年 7 月
采访地点： 临西县尖冢镇尖庄
采 访 人： 徐　畅　马子雷
被采访人： 常书德（男　80 岁　属兔）

常书德，男，80 岁，属兔，1947 年入党，河北省临西县尖庄镇尖庄村人。

民国 32 年，我 16 岁了。当时烧柴火，不烧炉子。当时旱的情况是：挎着篮子拾谷子，快到家里时就能烧着。谷子下雨后又活了，谷子在那侧歪着长，麦子也没收成，秋天收了个半收，过了秋天，玉米谷子收了一点。我推着谷面子上黄河南去逃荒。

雨一下下了七天七夜，下的地下陷了。绿豆、豇豆、谷子壳生芽儿了，早的收了，晚的都吃芽子，屋子都漏了，谁管？没人管。

大河（卫河）水快和大堤平了，差一尺多，日本鬼子从北馆陶来了，一小队鬼子，30 来个人带着一挺机枪，带着铁锹、洋镐。他们来的时候老多的人在看堤，人家是大人咱是小孩，日本鬼子一来，大人都吓得跑了，我小，才十五六岁。他们在村南大堤拐弯的地方把堤掘开了，水往这边淌，流的水不大。从堤上看到游击队，在西边地里，扛着枪穿着便衣不敢打人家日本（人），咱力量小。日本鬼子掘开就走了，童村驻着日本（人），游击队来了招呼老百姓把大堤堵住了。水向北淹了一部分，尖庄淹了一部分，童村的鬼子来了怕淹到他们那儿。村里的水有深有浅的地方，有一米深的地方有两米的五米的。淹到哪去了咱也不知道，那时候消息不灵通。日本人放水的时候，半早晨挖的，太阳有两米多高了。放水后，霍乱转筋厉害。一歪身子就死了，很快。医生也少，没人给治。俺是个孩子，不敢出去看，没见过得病的人啥样儿。那时候村子里估计有 2000 多人，东西尖庄有 4000 人。闹不清死了多少人，听说西边人死得多。我到郓城去逃荒。

采访时间：2006 年（具体日期不详）
采访地点：临西县尖冢镇尖庄
采 访 人：邵贞先　王宏蕾
被采访人：常书德（男　80 岁　属兔）

具体的时间记不得了，半早上那会儿，太阳两米来高。日本鬼子挖堤时，大河水与堤都快平了，我亲眼看到的。大体上，（水与堤）差一尺，日本鬼子从北馆陶来的，来了一个小队，30 多人，一挺机关枪，还有铁锹和洋镐。我当时在大堤上，堤上老些人了，老百姓来看堤别开了口子，老些人，净大人。日本鬼子一来，都吓跑了，我十五六（岁），不管那些恶。在村南拐弯的地方扒的。掘开了，水忽悠忽悠向北淌，一掘开，水不大。在堤上看到西边有八路军，西边地里，穿便衣，不展现，力量小，不敢打。再一个事，掘开就走了，不走不行，童村镇有个高村，住着日本（人）。那日本（人）又来了，这日本（人）呢就走了。没看见高村的日本（人）来。童村的日本（人）没来，日本鬼子走了，游击队来了，招呼老百姓堵住了。北边淹了一部分。童村的鬼子怕淹了，光听说。高村的鬼子没见馆陶的日本鬼子。水深了，有深的，有浅的，浅的地方至多一米，深的地方有沟、有渠，有两米的，有五米的，向北淹的多远不知道，消息也不灵通。

民国32年，我可能16（岁）了。谷子和现在不一样，那时候烧柴火，没炉子，挎着篮子，拉到家来烧，来到家就能烧。谷子别看那样，下了雨又活了。那时候锄地和现在不一样，风一刮，一吹就倒。老人不让拾，说下雨就能活。早二年没收，麦没收，秋季收了半收。顶多过了秋，玉米、小麦、谷子收了一点。按我说，向黄河南边去，推着小车，逃荒去（过了秋）。这一场雨下了七天七夜，下得地都下陷了。绿豆、谷子在棵上生芽，早的能收一点，晚的掐了芽子炒炒吃。屋下倒了没人管，死了老些人了，都逃荒了。

霍乱转筋死了老些人了。日本鬼子放水以后，像咱几个坐着打麻将，他一躺就死，死得快，我没见。那时候医生少，也没医生。老百姓说是痧子，调调整整，快的一会儿就死。我家没人得病，咱也不敢看去。当时西尖2000人，东西尖共有三四千人。那时不知道死了多少。听说西边最厉害。民国32年饿死的多，逃荒的，我也逃到运城，过了秋逃荒。逃荒的路上倒下就死。前邻下地，摔了一下，嘴角淌血，鼻子流血，就死了。

霍乱抽筋就是死人。吃井水，在尖庄，井离开口子的地方不远，也有进水的，矮的进，高的不进，那也喝井水。

鬼子为嘛扒口子，馆陶的那个河水也不时平的，水大得受不了，日本鬼子向着扒口子，那的水就向下灌了。两下子流，能不下落呀，河水也流，口子也流。扒口子的地方离现在至多一里地。

这以后，这些事完了以后。一个班住尖庄，在尖庄当中，村里头。挖的沟濠，枣树都锯了，建了一个钉子，是日本人。还有一个区的皇协军，又三四百人，住另外一个地方，离得不远。老百姓的屋子都扒了。挖的沟有五六米宽，三四米深，没水有吊桥。日本（人）在这住的时候，跟皇协军向西边讨伐，抢东西，抓人。（听说）村里有抓到日本国去的，一解放又送回来了，也不知多少人，干劳工，担土篮子。（日本人）在这不干坏事，向西边去干。

以前，九月二十八，那个时候，咱这没日本（人），也没皇协（军），老缺，只有团局子，摊钱买枪保护老百姓。据说从聊城济南来的，来到临清，拉船，搭浮桥。上河西扫荡。那是没有杂牌，团局子让杂牌收了。在门口拉摆渡，九月二十六，正好我上那去了，背着兄弟上河东看搭台子。我背着兄弟跑不动，那几个上去船了，我背着没上去。在那边，大西风圈来了七八个鬼子，没见过鬼子，看见就跑。我背着孩子跑不动，就在大堤上，有老缺，跟皇军不一样，他到哪都抢。在名义上住着一个团，团长叫姜唤臣，他死在这，他领着打日本人来了。就在堤上，日本（人）河里上船了，摆渡的跑了，几个日本（人），姜唤臣领着土匪来了，不知道谁打的，他当时没死，在林木寨庙里死了，现在是烈士，老缺跑了，剩了一两个日本（人）跑了，其他的死了。老百姓心思不中，没好，穷家难舍，老头子，老妈子，财迷地守着，看着。这是九月二十六，孩子大人都去村外走亲家，二十七没来，二十八来了，家里还有些老人，看家的，从东北来的，一来就杀，大人小孩都杀，妇女也杀，杀了三四百人，点了三四千间房子。点了烧了就走了。老百姓吃苦了，房子着了，也有听说的，也有亲见的。我在林木寨，哥哥、父亲也跑了，房子没了。

1947 年入的党，那时 1947、1948、1949、1950 年入党都有候补期，过了一年，正式入党 1949 年。上南边的龙王庙带担架。八路军挂了彩，我当时带担架，不抬，是候补党员了。

张三爷是村里医生。我现在住人家的房子。他是御医。

八路军在西边晚上来，穿便衣，挎着草篮子，打死皇协军一个秘书，他孬。临清城南有八路军，存着一部分粮食，向西运，许歪歪带人截。烦了八路军，他早起来转悠，叫八路军打死了。

地主孬，现在打工随便，买卖大部分是地主的，讹诈佃户，要的钱多。家家都是这样。共产党反对地官封，土地改革。

拜佛的人少，供大教。信老天爷。信灶王爷、财神爷。这属于僧门两道，回汉两教。咱这都是汉民。

（以下为在去大堤的路上所述，是录音记录。）

那个胡家湾是个要害的地方，现在临西改道，那县长县委书记蹲尖庄大堤，它也挨着河，你来了三趟也没这趟收获大。你访问的老人都说是胡家湾，原来河在堤边上，主要是直河湾直的。这地方在申街的西边，在辛店的西边，在这向西北挖了一个分洪河，共产党挖的。这边有一个闸，这闸放开水就向河里流，这一开就把河水拉干了。

（手指着决堤的地方）这地方就是准，就是这儿，这儿还有闸呢，村民从尖庄跑过来的，这里几个乡镇，已说胡家湾开口子了，尖庄敲鼓，一直向北敲，清河的人就扛着锨跑过来堵，开了口子就不得了。徐福生县长说这开口子很重要，开了就淹北京。人到堤上开着，日本人挖，我也在老远的地方看，西边这有游击队，穿便衣，背土枪，招呼老百姓赶紧堵。水最多流了一天，口子最多一米宽，也不多深，那时就是听说怕淹北馆陶。再有一个事，这河水忽高忽低。那时候河弯子多，挡水，水流不过去。北馆陶那水大，北馆陶快溢锅了。我说的也有听说的，也有眼见的。

采访时间：2006 年 7 月 9 日

采访地点：临西县尖冢镇尖庄

采 访 人：徐　畅　马子雷

被采访人：常树明（男　84 岁　属猪）

　　　　　常鲍氏（女　常树明妻）

一直住在这个村庄，识字，会写。日本在馆陶驻军，有一个班在尖庄，还有皇协。日本人来了 30 多个，河堤开口子是我 20 多岁了。棒子（玉米）老高了，他们（日本人）扒口子，八路军在棒子地里，口子扒开后水向尖庄流，八路军不敢打，申街与尖庄之间有一个大坑，水流到坑里去了。扒开口子就走了，童村的鬼子怕淹童村，不让扒，流水不多。民国 32 年，年景不好，高粱老高了。听说八路军用板子挡水没挡住，馆陶的鬼子走了，童村的鬼子来了，挡住了流水。

民国 32 年流行霍乱。民国 31 年没有得这个病的，下了七天七夜雨，人受潮湿得了霍乱，没耩上麦子。河边村庄房子都倒了，河水涨满冲的。后来冬天人开始长疥疮。得霍乱的人一会儿就死，先生（大夫）没来就死了。医生一扎上就好了。刘家有一个闺女没来得及扎针就死了。那时候就张太辉扎针，得霍乱的人不知道有多少，死的可不少。过去那一阵这个病就没了。东尖庄死得很多。

采访时间： 2006 年 7 月 9 日
采访地点： 临西县尖冢镇尖庄
采 访 人： 徐　畅　马子雷
被采访人： 郭福祥（男　75 岁　属猴）

这个村子（尖庄）靠卫河大堤，以前属于山东临清县，我在临清师范读过书。霍乱 1942 年开始，1943 年盛行，那人死得多了。那个时候童年时期一起玩耍的孩子死得很多，听说有的人去请大夫，还没到就没气了。（得了霍乱）上吐下泻，发烧。

我在 1941 年上辽宁本溪去逃荒，快过麦了，1942 年秋天回来了。那个地方日本人很厉害，那逃荒的人多了，日本人也给点东西吃，每天早晨去领，不是给俩馍馍，就是给碗高粱米饭，那个地方不行就回来了。我跟父母亲去的，秋天回来的。回来家里面还是不行，皇协军冬天给要粮食，什么时候也要，他们部队也没有吃的。

1943 年春天我又逃荒到山东济宁去了，在济宁已经过了麦了。日本人正在招童工，饿也得饿死，不如叫日本招走吧。走到了南京，听说南京雨花台日本人杀人很厉害，大屠杀。在那儿，我给日本打马掌钉，记不清一天给多少钱了，一天能剩一斤买卖钱，干了一年。1945 年回来，也没火车了，新四军把火车道扒了，见黑就打仗，走到济宁就回来了。（回来听人说）民国 32 年，咱们村天天死人，天热的时候死人多。在胡家湾河堤开口，在本村三里氏地馆陶的日本人来扒的。（听本村常树明老人说的），上大水的时候扒的（河堤），馆陶那边的河床小，容不下水。北边的日本人也不让扒，一扒也淹他们。村里有个医生叫张太辉，是清朝御医，专门扎针天天忙得不行，也不要钱。后来他把针掉了，自己得这个病也死了。针扎手腕大筋空心针把血流出来尽量放黑血。一般的都能治好，他家门口有块匾，"妙手回春"。当时有的逃荒走了有的回来得霍乱死了，乱哄哄的，加上日本的闹腾。

这村驻着日本人和皇协军，叫"红部"，皇协军论区分。当时尖庄有2000 来人，没有一家不得这个病的。见天有哭的，出殡的。发大水后人快没了，我们那个街总共 20 家人，剩了 4 家，别的都逃荒去了。剩下的有一家人得了这个病，四个闺女以上就死了。

日本人在这糟蹋蹂躏的事情就不愿提了。（叹气沉默了一会儿）这几个村有几个买卖人家卖国，过很好，日本人经常去抓妇女，头天抓去第二天就不见了。经常去西边区扫荡，碰见了八路军就毁了，就伤亡了。土匪大部分是本地人。那些坏事儿就别提了。

采访时间： 2006 年 7 月 9 日

采访地点： 临西县尖冢镇尖庄

采 访 人： 徐 畅　马子雷

被采访人： 李德运（男　85 岁　属狗）

民国32年，挨饿，饿死的不少，没吃的，房子没有不漏的，倒的倒，塌的塌。那都是土房子檩条子断了。地里什么也不收，王司令（一土匪）来抢，收点东西都给他整走了。没吃没喝，人都得霍乱，没医院治不起，也没人治。张三爷（张太）那会儿给人扎针，村里得霍乱的人可多了，见天都死人。得病的人干哕，犯昏，哆嗦抽筋。这以前没得过，后来记不清有没有得的。那时候连树叶子都吃，弄点水烫一下就吃。

李圈村

采访时间： 2008 年 8 月 30 日

采访地点： 临西县尖冢镇李圈村

采 访 人： 陈东辉　石赛玉　胡　月

被采访人： 李上俊（男　78 岁　属羊）

李上俊

民国32年贱年，庄稼不收，又被日本人、皇协军抢走，天气不好，七月以前干旱，庄稼都旱毁了，收的庄稼都被要走了。下雨下了七天七夜，这边没有积水，南边有河积水了，庄稼都淹了。民国32年没有蝗灾，快解放了才有蚂蚱。

民国32年吃野菜，蒜瓣子都吃，有条件的喝热水，没条件的喝凉水。逃荒的有，得霍乱转筋的也多，这村死了几个，救活大部分，外乡的人过来扎旱针，病人中小孩多，逃荒的有上河南和江苏的，民国32年来过日本人，在这修过炮楼，离这里一里地，已经被拆了，日本人穿大皮鞋，戴小帽子，没有医生，没有发食物，没有验过血，我是党员，不认字，没有参过军。

采访时间：2008 年 8 月 30 日

采访地点：临西县尖冢镇李圈村

采 访 人：陈东辉　石赛玉　胡　月

被采访人：张宗兰（女　84 岁　属牛）

张宗兰

　　民国 32 年，挨饿，没有天灾，地里收成少，孩子多，我逃荒，那时吃得不好，吃金瓜、萝卜，一人分一点，逃荒的很多都到了河南，天气旱得厉害，种麦子的时候（八九月份）不旱了，抽井水浇麦子，不记得雨下得多大，虫子有，很多蚂蚱，是大旱那年发生的，下了七天七夜的雨，家家房子都漏，招虫子是那年的事，没听说过有什么病。

乔屯

采访时间：2006 年 7 月 11 日

采访地点：临西县尖冢镇乔屯

采 访 人：兰　坤　姜亚芹　李雪雪　张村清　杨兆乐

被采访人：陈宗兰（女　74 岁　属鸡）

　　一直叫乔屯，没改过。穷，都上了两天学。那一年也收，春庄稼收了，麦茬没收。尖庄住着鬼子，要走了。后来连着下了七天七夜，受潮湿，霍乱抽筋。那时候都是平房子，都下漏了。春庄稼也收了，谷子也收了，麦茬没收。棒子耩上了，长一拃的小棒子，没收。下东北，打工去，逃荒去。阴历七月以后开始下雨。皇协军把粮食都要走了。

　　霍乱转筋下着雨得的。村里原来 1000 多人，剩了 500 多人。死了一半子。赶家有没死的少。俺家死了八口。俺那时候小不知道谁家先得的。

原来 11 口，死了 8 口。我俩妹妹、父亲、大爷、叔叔、叔叔那边俩小孩，还有婶婶，这是死的。我母亲，我还有妹妹，就剩俺仨。俺父亲、大爷先得的。逃荒都没人埋了。父亲是第一个，得病的是五月十三，还没下雨，得了霍乱转筋，腿伸不开，头耷拉着，给他喝啥都得拽着头发，抽成一个球球。没有一个治好的。得病到去世，今天得病，过明儿就死。村里有个老先生，叫陈维志，他治不了。都说是霍乱转筋。有的叫人家治，有的治不过来。死了也没人埋。家里有人也没劲儿，没劲儿掘坑。叔叔在后院，俺在前院。

下边是俺大爷、叔叔、婶婶，还有一个小小儿。俺那婶婶搐搐成一个球球，蹬着手喂着吃，不会说话。有一个月不到，都没了。有下雨后得的。八口人都挨到下雨了。开始下雨的时候，春庄稼、麦子都熟了。叔叔、婶婶得病了。

父亲得病之前也有得的，越来越多。之前没有得过这个病，后来也没有。到了耩麦茬庄稼以后就少了。俺这一个街上，俺小孩他爷爷，下东北了。上梁山，黄河南，都上这里逃荒去了。都没人了家里。

从五月里一直到九月里，耩麦子那会儿。那时候不知道鬼子放了细菌，这会儿听说。不知道谁说的。有的说，民国 32 年死了这么些个人，鬼子放的。别的村也有，死的人也不少。粮食日本要，皇协军要，没吃的。那时候我才 11（岁），光知道死的不少。别的村也没医生，没听说有治好的。得钱治，光叫吃中药。

壮丁都得，还些快这个病。那时候饿的，有病的，没有走亲戚的。得病了在家里待着，等死了。死了没人埋，好歹得埋埋。埋自家地里。有的有棺材，有的拿席卷。都在家里种地的，没有出去做生意的。

吃糠咽菜，饿的人走不动，吹风就倒。没吃的。老远打个井，拿砖砌砌，提水。不知道有多少井。都喝井水。有喝凉水的，有喝热水的。上点儿岁数的不喝凉水。年轻的喝。下雨的时候也得喝那水。井比地皮高点儿，没有井盖。能下进去，流不进去。水不高，一直下着，不是咣咣地下。都在屋里搭窝棚，屋里的水比院子里还多。下雨没法儿打水去，搁个盆儿在门外里，接着雨水吃。那个时候得病都说是受潮湿。下雨的时候人就多了。年轻人、老人、小孩死得都不少。没听说传染，都得这个病。那会儿不懂得这个事儿。

村里来过日本人。西北角有一个炮楼，日本（人）来过住过。西半个都是皇协（军）的炮楼，东北那个都是日本（人）的炮楼。俺村都一个，尖庄俩。民国32年日本就来了。不上户家来，有的上西北角炮楼。好比一个烟筒，圆圆的，一畦一畦的。那是圆形的，放哨，住。日本（人）跟临清有联系，来回走吧。皇协（军）要东西，抢东西用。日本人没来过，不是见天来。皇协军也不是亲自来要东西，有领导，没有带你走。摔，张马鞭子。要粮食，不给东西，有的放，有的不放，抓走，饿着你。催给养。俺姥娘是尖庄的，紧挨着炮楼。见过日本人。穿着绿色，老点儿，皇协军黄点儿。日本（人）戴着跟电视里一样的帽子，满脸络腮胡，打裹腿打到膝盖上边。日本人就跟不懂气儿的样，见了你跟你要么要么。

见过日本飞机。日本飞机带个大红月亮，一个大红月亮。就那年事变，擦着房檐儿。

下大雨的时候日本（人）来过。得病后也没下过村。那时候卫河坐船。肖子玉是皇协（军）的区长（民国32年以后）。

八路军黑了都来，打炮楼。民国32年以后，八九点儿，八路军来围着。临清那边开车把肖子玉接走了（民国32年以后，不是多后）。

谁家过得好，就吓唬。连人治走，不给你治死，收起来叫要钱。土匪来过，光要富户。不知道谁是头儿。

民国32年河水没发大水。没开口，没上河水。没听说有淹的地。雨下的不是多大，反正是哩哩啦啦不停。

王庙村

采访时间： 2008 年 8 月 30 日

采访地点： 临西县尖冢镇王庙村

采 访 人： 高海涛　王　青　靳　鑫

被采访人： 侯浩成（女　95 岁　属虎）

侯浩成

　　我今年95（岁）了，属虎，那时妇女不起名，叫不起来，现在男孩女孩都有名，没名也得起个名，叫浩成，姓侯，叫侯浩成。

　　民国32年逃荒，家来有皇协（军），别说没点么，有点么也给清走了要走了，也轮不到咱吃，俺都逃荒去了，到济南，在济南待了会，在外边见天有招人的，招工人，有活干活的，跟人干活的人给点钱养活生活，没招的就等，到以后养不住，都上亥州，在徐州南。那里吃饭不发愁，给人干活地收得好，连井都没有，光吃坑水。咱家里耩地了，下雨了，就回来了。

　　在那里待了半年，回来咋治？在家里，那么过呗，济南地都归公了，要回去了，那会儿都靠天吃饭，不下雨地收不了更不行，这回好也有井。那会儿得病医院也没那些法，没钱等死，也有得霍乱转筋，哪年记不清，我听说过，我没见过那病什么样。我肚里长瘤子，鼓得老大，都等死。

　　见过日本人，出去逃荒去，上济南时见过。

　　逃荒回来下大雨，又耩上了，也收，多少也收，那会儿收不好，掘河口我说不清记不清。

西尖庄村

采访时间： 2008 年 9 月 3 日

采访地点： 临西县尖冢镇西尖庄村

采访人： 张　伟　陈媛媛　王晶晶

被采访人： 马福伟（男　74 岁　属猪）

马福伟

　　我叫马福伟，74（岁）了，属猪的，一直住这村。日本人来的时候我 4 岁，日本人在这待了八年整。民国 32 年。和我父母，兄弟好几个，数我小。

　　灾荒年旱情大，谷子才 10 多厘米高，长不起来，都旱死了。七个月不下雨，都逃荒去了，到黄河南，逃的不少。到九月里下雨，下得不小，七八天。那年也玄，没人耩麦子，遍地净麦子。坑里都是水，房屋倒塌，村里没水。有坑有条河（旁边人，七天七夜不住点）。逃荒的往黄河以南可不少，我没去。灾荒年我家四口人，二哥，父母，一个姐姐嫁出去了。在家种地，没粮食吃。开菜园，光吃菜。饿死的不少。日本人来的时候，打死的不少。民国 32 年饿死的不少。

　　民国 32 年霍乱转筋，生活不行，那年死的人不少。手臂上蹦筋，针挑，出黑血就没事了。没什么其他的症状，我见过。得这个病的不少，不知道谁得过，谁问那个。很快这个病，一个钟头都顶不了。（这个病）传染病，（除了）去扎针，没别的治。黑血放出来就好了。没有一家好几口都得的，都是一个。谁得这个病死的年岁多，记不得了。俺传哥马福传八月十四得这个病，黑夜就死了。在东边场那里，躺那里起不来了，说不行了，捎来信，抬回来吧，亲哥哥，到黑天就死了。要泻就没事了，不吐不泻光肚子疼。俺哥得这个病，死的时候 50 多岁。

　　（逃荒的时候逃到）黄河南，没多长时间就回来了，一下雨就回来了，种地唉。大河经常涨水，六月里。灾荒那年没开口子，但老大水。河边上能种菜。

霍乱病是下雨之前有的，一下雨就没事了。日本人就在咱几个村住着，有钉子（碉堡）。（日本人）不抢东西。九月十六，从临清来的日本人坐着白船，一个土匪叫江化亭（音）把日本人打死了，剩一个，跑回去了，日本人来了报复，见房子就点。江化亭土匪，抗日唉。船不大，装几个人能，逮鱼的那种小划子。

西张堤村

采访时间：2008 年 9 月 1 日
采访地点：临西县尖冢镇西张堤村
采访人：张　伟　陈媛媛　王晶晶
被采访人：张尔强（男　83 岁　属虎）

张尔强

我叫张尔强，今年 83（岁）了，属虎的。老县长、张廷炎（音），他们都小学。上过（学），念的年数不少，跟着老秀才学的，念了一部毛笔字，私塾，读了几本书，《上论》《下论》《大学》，校门里的秀才，教俺俩，一直住这个村。

民国 32 年，灾荒年。那年也没吃，也没喝。弄毁了，又乱。旱灾庄稼不收，一个人留几斤麦子，吃了二十几天。收得少，那年的麦子最好的收一百多斤，下雨耩上麦子，都逃荒了。山东那边。耩早了，收个粒，慢了，棒子芯剁剁都吃。

我那年七八口人。父母亲俩老人、俩闺女、我的妹妹、就我一个（男孩）。灾荒年已经结婚了。14（岁）结的婚。就种老干巴地。天不下雨、没东西吃，饿得逃荒。去了一半、四口，家里还有四口人。出去的时候天冷了。有皇军。在城里坐的车。日本车，汽车，货车样的车。火车坐不起，大汽车，带斗的。车要钱，要的少。皇军、日本鬼子在这拉的。逃到海州。待了不到一年，过了麦回来的。

下了雨，麦子可好了，回来吃麦子。（第二年）收成就好点了。给人割麦子，要饭。干活只管饭，弄口饭吃。咱村说收好了，走吧，别要饭了，回来吧。

逃荒的不少，饿死的不少。蔡辛庄西头都饿死得没人了。要看那一年，没法过了。这又过来了。

雨下得早点，三月里。灾荒年那年，大旱，都没得吃。有点么，皇军要，共产党要。

传染病倒没有，就饿死多。躺着不能动，饿死招蝇子、生蛆。要饭走不动了。没病的多。霍乱没听说，赶村，有的村有，有的村没有。这个病传染，越有越有，越没有越没有。咱这村没有，北边有。蔡辛庄以北，饿死的多。

发过洪水。三天两头淹，河里开口子。没人挡，叫谁去谁不去。都逃荒走了，谁在家堵口子啊。开口子是六月底，也是灾荒年那年。开口子的时候在外边没在家。头年旱第二年淹。十四五出去逃荒，第二年过了麦回来的。一说回家饿不着了，割麦子吃，打行李就拾掇东西，就来了，来不及坐车。第二年发洪水，人在家那会儿。水来了没进村，是灾荒第二年。河水小，水少，不像现在。村外边水不少，涝洼地淹得不少。

日本人没上村里了，在这里有炮楼。皇协军有一个，日本人也有一个，都在西尖庄那边。日本人到村里要东西吃，上家里清去，找吃头。不敢管，管捅死你。他一去，人就走出来转悠转悠。随便翻吧你，有你就拿走，没有就没有。

人有不少被抓到日本当劳工。蔡辛庄有几个。咱庄没有。把日本人打败，他们才回来。要不投降，人能叫来!? 皇军都散了，没人管了。

现在孙子有好几个。棒子面摸不着。兴了共产党，引河水，一亩地收千把斤麦子。那时候馍馍吃不着。

以前不好过，一个村就生了一个孩子（灾荒年）。春天有的孩子从海州回来以后。第二年在家生的第一个孩子，他没去逃荒。我走的那年村里就生了一个孩子。第二年我生的孩子。

采访时间： 2006 年 7 月 11 日
采访地点： 临西县尖冢镇西张堤村
采访人： 兰　坤　姜亚芹　李雪雪　张村清　杨兆乐
被采访人： 张庆元（男　78 岁　属羊）

民国 32 年，三年没收。淹了一年，旱了一年，蚂蚱吃了一年。民国 32 年招的蚂蚱，蚂蚱把庄稼都吃了。国家没救济，地主有饭吃。饿死的饿死，逃荒的逃荒。我跟俺父母逃荒，家里就凭俺嫂子支撑着。

威县死的人多，狗见人都扑，它见人都要吃。（民国 32 年热天）我拉粮食车子，上威县粜粮食粜了好几年。西邻张善岐弟兄仨，逃荒饿死的。老人逃荒死了外面，家里拉拉着孩子回家了。张善明他有一个儿，叫善仁。双印他娘，死了，自己家人还不埋呀？仨人埋去，车歪了，仨人都埋不了，没劲儿。

到河南，那时候没有计划生育，孩子都扔到马路边上。过了麦，头上净绿豆苍蝇。天饿，扔的小孩没人要。自个还顾不住哩。妇女问要暖脚的吧。给顿饭，都睡一夜。多大岁数的也有。吃一顿说一顿，黑暗社会，饿死人没人管（民国 32 年）。

先旱后淹。春天蚂蚱盖地了。打蚂蚱挖个壕，把蚂蚱撵到沟子里，用土埋上，蚂蚱小的时候。大的时候，用鞋底子打，全县都打。

谷子那年合着 100 斤。有这粮食，皇协军，八路军，八路军黑了来要粮食，皇军白天来，来清呀。那一年我到辛集北。劫道的打死人，也没事，推车子就走。

民国 32 年最后一年下了点雨，谷子才这么高（一拃）。有的人使干谷做饭了。后来又下了点雨，又活过来了。我有 37 亩地，那会儿，算个中农。这村里一顷地才划个富农，这村里富着哩。

连阴七八天，湿遍的时候，得的霍乱转筋。人吃不饱，又潮。下雨下了两三天。那时候房不如这房，漏。屋里搭个窝棚。我上地里看谷子，不看人家就丢。我觉得不得劲，肚子疼，就往回来，就没来到家，待那里躺着。俺哥哥把俺背回来，叫人家给扎扎，叫人腾，腾脚，腾肚子。

那时候吃干巴枣。过来民国 32 年，人死不少。一吃新粮食，吃的闹肚子，死的人不少。吃新粮食，死的人不少。

俺村里死了 10 来个，死得少，这个村是个富村，最富了。那时候才460 多口，死了 10 来口。马门唐死得多，倪庄死得也多，从甸庄到童村都富，数俺村最富，也死了 10 来口子人。地主多，人家有饭吃。有东西也不敢大面地吃。皇协军也跟地主要。皇协军到他家，说饿，见嘛拿嘛。这个村这么好，还有好些个闺女卖给河南没回来呢。肚子疼，腿抽抽。主要是肚里吃不好，再一受潮湿。中医，都是扎针。中医说的。扎好，轻的就能扎好，重的都死了。一重了，也不能吃了，不死也没法。要重了，到不黑就死。一个大板凳，一个大橱子，也换不了一个窝窝。我使的那个街门，五斤米买的。一斤米换一亩地。那时候我拉车子，哥哥推粮食。

这时候（中午）背家来，到黑了没事了。哥哥是党员，算个上中农，他们抓俺哥哥，不敢待家，往河南去了。到威县就埋不了了。曲周也没人埋。霍乱转筋都是受潮湿。没下雨没人得。谷子长这么高（不足一米）才有的。

那时候喝井水，这村里好几个井。西门俩井，南门一个井，后街一个井，井有五六个哩。淹了那一年。那时候饿死算个事呀？辛庄饿死了，基本上没人。那时候，地主家，咱穷人也沾光。地主家割麦子，穷人待后面拾。

受潮湿，吃不好，就得这个病。这么死了一批。新粮食下来，饿毁了，肠子饿细了，吃毁了，死了一批。

那时候尖庄也有日本（人），也有皇协（军）。那时候饿死的男的多，没卖头儿了，卖破衣裳去都是妇女卖的。男的还见嗔咧。净塞嘴里。揍他，就吐唾沫，脏了，谁还吃？干粮掉在屎上拾起来也吃。老虎也不厉害，狼也不厉害，就饿厉害。什么也没饿了饿，饿了要命。

打仗光失败，到了山东，打光，烧光。日本人，皇协军抄家，杀光，烧光，强奸妇女。那时候没法混。日本人没很高的，也不黑，很白。他那时候，日本人穿黄衣裳，皇协军也穿黄衣裳，当官的穿黄呢子。刚来的时候也不厉害。逮住共产党枪崩了，是社员（老百姓）倒霉呀。

日本人抓人连抓三天，抓庄稼人，要钱。三十，过年的时候，（民国32年以后）三十来一趟，初一来一趟，初二来一趟，抓到尖庄去，有的抓（伪）满洲国。没钱呀。有的抓日本去，给日本修水管、水道。叫张善炎、张庆礼，抓日本去了，都跑回来了。张庆湖抓（伪）满洲国去了，要饭逃生跑回来了。辛庄也有，叫孙维周。跑回来的不少。日本有飞机，中国没有。日本炸过临清，炸过，尖庄。跟咱这色儿一样。我那时候说飞机来了，也不害怕。

日本人不打小孩，我才十几（岁），给他干活，也不揍你。对好劳力真揍。拿中国人不当人。拿中国人跟闹着玩的样。他亡国亡得快，人都恨毁了。那时候中国人没组织，一个日本人来，满村人全跑。那时候谁顾谁？那时候还有国民党，也有皇协军，他们是一气儿。皇协军也是国民党出身。他不打日本（人），共产党打，也没枪。都是图的吃饭，跟着跑。皇协军也能吃饱，也有当皇军的。都吃不好。小孩干不了，累得受不了，就不干了。

民国29年、30年淹的，民国32年出的蚂蚱。上水了，不到俺这个村里，这个村最高了。河水没进过村。别的村有淹的。后街进水，辛庄进水了。俺村里最高了。到乔屯都得进水。这个村地主多，一雇都10拉个伙计，劳力多。那一年卫运河开口子了，那也没人管。没进俺村，就是地淹了点儿，不是开一个口，哪儿都开，所以水没多深。口多了，就不深了。中街南的也开了。俺村堡家窑西边也开了个口子。都上北开的多。30

里地一开。东沿跟西沿右 30 里地宽。近的就有俩，远的还有。淹的片大。口子多，少淹地，顺着挖地门儿走了。这一个口子，这一个口子，片也大。都挡了，水就深了，村还不冲没？没人挡，河堤没人管。扒口子的人头上顶上西瓜，叫人看不着。他那里收不了，往别的村里扒呀。

日本人还不多哩，尖庄就几十个。五里地龙台有一个炮楼，尖庄楼多，有 300 日本（人）吧。我十几（岁）吧，到尖庄做过工。有地就得出夫。那时候，接几天内就去几趟。

事变的时候，大大小小土匪多着哩。光这一片就是三个司令。张庆中，拉 15000 人，打南宫。土匪抢呀打呀（大清末年）。土匪有投日本的，有投八路军的。穷人拉不起土匪。大地主有钱有势力，拉大土匪，一拉好几万人。人家有势力。为什么拉土匪？我种着几百亩地，没人敢抢我的。逢大地主都拉大杆，小土匪都是穷人啦。卖身子都没人要，真没办法都得饿死。国家没救济，谁也没办法。挨饿的时候多，没挨饿的少。人饿了，什么都得恶。那时候都不要命，吃饱再说。死都是死，先吃饱再说，所以那个社会呀，没组织，没系统。我那时候 10 来岁就念私塾，跟人家上学去，村里有秀才。

采访时间： 2006 年 7 月 11 日
采访地点： 临西县尖冢镇西张堤村
采 访 人： 兰　坤　姜亚芹　李雪雪　张村清　杨兆乐
被采访人： 张善举（男　82 岁　属牛）

有霍乱，人没吃的，得的那个病。一直叫西张堤，没改过名。上过一年多学。那一年没吃的，老百姓没收么。下雨从七八月里才下的。具体记不很准了，下了没多长时间。下雨前记不很准有没有这个病。那个时候，过了时候了，说不准。家里没有得这个病的。

日本人在这过过，没在这住。敌后区一般不讲。南边尖庄有炮楼。高村有炮楼。多了。谁知道在炮楼干什么呀？见过日本人，黄军装，戴铁帽子，身上带大枪。没见过日本飞机，有皇协军。皇协军都中国人，帮助日本人。那会儿，日本（人）在这住着，帮着日本人打，抢东西，经常来。下雨的时候，皇军来，得病的时候也来。都是他们管辖，来要东西，什么时候都来要。日本人不抓人，皇协军抓。抓，他为抢东西。俺村里有几个抓去了。抓，谁知道干吗？有张庆湖在火车上跳下来的。坐火车上东北。没给扔过东西。

有土匪，多。来村里要东西，白天。来村里要，村里再送过去。不给不行，不给抓你。猖獗。村里也有当土匪的，得病的时候来过。吃不好饭食，糠菜。喝井水，能吃得四五眼。南门里一个大井，西边南门边两眼井。后边（北边）有一眼。跟地平，没盖子。下雨淋就淋呗，也吃那个。年轻的喝凉水。下雨的时候也喝那水，凉水开水一样喝。

死了人埋，埋到地里，自家地里。有谁也得埋，有的有棺材，没有的就这么埋。埋的不少。

民国 32 年的时候，没有八路军，以后才有的。

农村那里都有霍乱转筋，不知道哪里厉害。老年有得霍乱转筋的。以前有，这个农村和城市不一样，有医生也是抓汤药的。俺这街上没有，民国 32 年的时候没有。等死，还有啥法呀？没钱的使么治？没有听说过有好的。

徐樊村

采访时间：2008 年 8 月 30 日
采访地点：临西县尖冢镇徐樊村
采访人：高海涛　王　青　靳　鑫
被采访人：徐林桥（男　75 岁　属狗）

我叫徐林桥，今年 75 岁，属狗的。

民国 32 年我们这边是敌占区。在高村那里有鬼子的碉堡，他们修炮楼，统治这一块。西边那一阵是解放区。那时日本鬼子整天到这里来抢东西，通过皇协（军）中国的坏人帮助他。

民国 32 年是灾荒年，又被鬼子统治着。那时粮食收得很少，收点粮食谷子，都叫皇协军来了拿走了。那年旱得厉害，不下雨。七八月下雨下得房倒屋塌，人都躲到窗户台

徐林桥

上避难。下雨是民国 32 年的事，七八月份下的雨，下了七天七夜。下雨之后有死的人，村里死了不少。

人们都逃荒去了。那时我也去了。我去的地方近，在张堤（音），咱这是尖庄统治区，张堤是高村统治。我当时没粮食交不起粮。那时人生活不好，一过灾难就死人。那会儿得病叫瘟疫，腿肚子转筋，病很厉害。那种病年轻点干点活再加上生活不到、吃的不行就得腿肚子转筋。得这病有死的，说的瘟疫是霍乱。霍乱症状就是感冒怪厉害，日常积累、营养不好就得病，那病很厉害。得那病的人呢我倒是见得少，我那时小，才 10 岁。那病有发烧症状，生活不怎么样、营养不足、体力不佳造成的。卫河民国 9 年开过口，民国 32 年这没有上过水。蝗灾几年闹一回。我那时候小，打过蚂蚱，从后边撵，找个鞋底钉个板，一头抓板一拍它，它就跑。还有人吃蚂蚱。

那年我和两个哥哥逃荒到了张堤，村里也都逃荒去了。我在那待了一年多，第二年又回来了。霍乱病家里人没人得。得霍乱病也不分前后，一般下雨后得的比较多。民国 32 年得病的比较多，生活不好再下点雨，抵抗力就更差了。

采访时间： 2008 年 8 月 30 日

采访地点： 临西县尖冢镇徐樊村

采访人： 高海涛　王　青　靳　鑫

被采访人： 徐婷梅（女　83 岁　属虎）

徐婷梅

我叫徐婷梅，今年 83（岁）了，属虎的。

民国 32 年灾荒，那年其实也收了，皇协（军）也要，也有日本（人），八路也要，日本（人）来了，在高村住。一开始倒不是很旱，那年谷子也收了，收了，两边要，皇协（军）这边打虎头，八路那边催粮食，两边要，要没了。雨下了，又过来，"民国 32 年，灾荒真可怜，八月二十二，老天爷阴了天，淋淋涟涟下了七八十来天"。

得病，扎病，死那些人，霍乱转筋，那会儿没这些医生，得病的人都是吃新粮食，新粮食换旧粮食，吃了有毛病，得扎病，治不好得死。得扎针，也有扎好的，那时没医生，穷。霍乱转筋，好好的病了，抽筋样，扎，扎不好，年轻老人都死，咱村死了不少，那时俺在这村，街坊有死的，亲戚朋友没有得这样病的。那会儿都得这病，民国 32 年，那买煎饼，吃新粮食，得病，光下雨，阴天，先下雨以后得病的多了，都死了。咱村那时 2000 多口子，死多少口也没计算，谁计算那个？有逃荒的，上河南的，那会儿都上安阳，河南安阳好。咱家里去没去逃荒？都多少年了，我这会儿想不起来了。

当过村里妇女主任，那会儿几个村一个公社，俺村，赵樊，侯寨，王庙按这几个村是一个公社。

1956 年这没上水，挡住了，河西上了，1963 年上了，民国 32 年没上，没听说日本人掘河口，那会儿这是敌占区，他在高村住着。那里八路一来，打死好几个。

蚂蚱，不打蚂蚱，都这些蚂蚱，都那会儿，那会儿八路军在这，没见过穿白大褂的日本人，他不出来。

徐 屯

采访时间： 2008 年 8 月 30 日

采访地点： 临西县尖冢镇徐屯

采访人： 高海涛　王　青　靳　鑫

被采访人： 杨金魁（男　79 岁　属马）

杨金魁

我叫杨金魁，79（岁）了，属马的。

民国 32 年，俺这灾荒年，不下雨。后来耩麦子，我忘什么时候了，反正是灾荒年。俺这饿死不少，俺这饿死七个人，没吃的，瘦死了。没下雨，俺村北边有二里地下透了，俺这没透。

日本鬼子来中国我知道，哪年来我说不准，反正来了。他在关外待七年才上这边来的，来到村他就走了，在这过去，我才 10 来岁他就来了。

霍乱转筋我也知道，哪年？反是十二三岁。霍乱转筋人也死不少，俺村一个也没死，没那毛病，外边有霍乱转筋死的，哪里死得多说不准，外边死多少不知道。

河口子开口听说过，河开了四回，我才十八九（岁）开了一回，那开两回，头一年开了，第二年又开了。民国 32 年以后开的。民国 32 年光旱，灾荒年。我没逃荒，俺哥上东南，离这 30 来里地，那里人管饭，管什么吃。俺这谁愿意去谁去，河南、古平、茌博平、御河以南，一百来里地，俺村去的，河水下去后去的，到那管饭。

蚂蚱说不准哪年，把庄稼吃了，不碍事。那时十三四（岁），打蚂蚱吃。

赵庄死不少人，我那将记事，老缺炸的，就是土匪，他在小红门，老缺打小红门，打几天打开了，人都跑了，在这就炸了。那会儿十四五岁，俺小孩他姥爷死了。

河里的水，九月初二扒的，开了，日本鬼子扒的，开了俺这淹了，日本鬼子扒的，叫葫芦湾，离这里20里地，申街南边，日本鬼子和皇协（军）扒的，水下去耩麦子，我那时十五六（岁），我不知道，反是日本（人）皇协（军）扒的，高地没淹，洼地淹了。向西扒的，扒一个口子是卫河尖庄南边。日本鬼子穿黄衣裳，没见过穿白大褂的。我经历了，日本鬼子扒开后放水不叫八路军动弹，八路军在西边。申街我没去过，知道说是日本（人）给扒的，听说是皇协（军）扒的。赵文涛，赵圈的，他是日本鬼子的头儿，他是县长，全县都归他管。

他姥爷得霍乱转筋死的，鬼子扒那年，一会儿就死，一疼一会儿就死，他姥爷那年死的。他姥爷离这里八里地，万庄的，叫万福得。他庄里我不知道谁死，反他姥爷死了，说不准什么时候，哪年说不准，开河口那年，我那时十四五（岁）。

赵樊村

采访时间：2008 年 8 月 30 日
采访地点：临西县尖冢镇赵樊村
采访人：高海涛　王　青　靳　鑫
被采访人：王凤柱（男　83 岁　属虎）

王凤柱

我叫王凤柱，83（岁）了，属虎的。民国 32 年年景不好，大贱年，收点。都皇协（军）要粮食，日本（人）也来，没解放。头年旱点，又下点，多少收点，不大好。有粮食翻，他翻，明道翻，皇协（军）来翻，一点粮食也给弄走。饿死不多，哪村没饿死的？饿得吃点干巴的枣，树叶子，吃槐树叶，榨着吃。那年没发大水，没淹。吃不好，饿着得病，谁管谁？都挨饿。

民国 32 年先下雨，秋瘟子雨，下得俺村俩间屋都塌了，那有庙，上庙里住，都土房，倒的倒，塌的塌，有庙上庙里住。俺房也塌了，没啥吃的，饿着。咋不死人？村里没吃的，吃糠，霍乱有，我听说有霍乱，不知道谁得的。

头年有蚂蚱，民国 32 年我说不清，蚂蚱有反正有。俺逃荒了，上西北，这边皇协（军）抢砸，粮食翻，衣裳乱七八糟的都拿。人都跑，那是乱，俺小，俺十几（岁），俺上西北巨鹿，那边好，治安军不是皇协（军），那边好点，这边皇协（军）坏，抢砸。老缺有，民国 32 年有，他们偷拿人东西，抢东西，都是皇协（军）、老缺，乱，一拨一拨的。

民国 32 年没发大水，1963、1964 年发的，以后发的。没听说日本（人）掘口，日本（人）来的不多，二鬼子多，他坏，抢东西，来了人都跑。没见过穿白大褂的日本人。俺那小，十几岁，举白旗迎接人家，日本（人）进来不杀人，那会儿也有共产党，（日本人）伤害他人，老缺又打他（日本人），伤害日本人。日本人上村去，逮着人给挑了、扎了，妇女怀身都扎了，谁也不敢惹，伤一个就了不得，你不惹他（日本人）他不找你。日本（人）逮着鸡烧吃。

那会儿是土房，吃么没么，这会儿多享福，有菜，有馍，有酒，现在多享福，种地不要钱，还给钱，现在有啥吃啥，都盖砖房。

采访时间：2008 年 8 月 30 日
采访地点：临西县尖冢镇赵樊村
采 访 人：高海涛　王　青　靳　鑫
被采访人：郑玉荣（男　87 岁　属狗）

我叫郑玉荣，今年 87（岁）了，属狗的。日本（人）民国 26 年来

到山东临清，咱这是临清县，临清县经过
1963 年大河水，涨大水，卫河开口，先淹
河北，后淹山东，毛主席提出来卫河以西划
成河北，卫河以东还归山东。

郑玉荣

　　民国 32 年大灾荒，日本鬼子在这可厉
害了，还些土匪。有一个分洪河，挖的。再
向西走解放区，这边敌占区。八路军也吃喝
困难，也来要吃的，白天支援皇协（军）、
日本（人），晚上支援八路军，粮食两边要，
逃难的逃难，死的死，当皇协（军）的当皇
协（军），当八路的当八路，没吃的，饿死的饿死，可是挺惨的。

　　河经常开口子，没人管，太行山下雨，卫河淹，装不了它淹。民国
26 年、28 年、32 年又开口，把中国人都淹死了他（日本人）才高兴呢，
他不管。民国 32 年河开了，卫河自己开的。太行山下的水，灌卫河，咱
这也下雨，村里坑都满了，再有水就变大水。那时叫霍乱病，肚子疼，现
在叫二号病，腹泻、头晕、死人很快，从发现得病到死，快的用不了半个
钟头。传染病，霍乱病传染，就在这说话也传染，人饥饿，没抵抗力，吃
不好喝不好。大部分春天、夏天得霍乱。河开口子以后得的。以前没大
有。病厉害，现在国际上把霍乱当二号病，那时咱村有得的，我那会儿
十七八（岁），民国 32 年我一晌午抬了四个人，到地里扒坑就埋，拿个门
板抬去，也没棺材，扒坑就埋了。那会儿没钱，医疗落后，哪有钱抓药？
哪有钱请先生？医生也治不过来。人说霍乱流行时说用针扎，扎就扎好
了，也不吃药，咱村没先生，请先生的也死半路上了，就那快劲。

　　咱这临清向西走三里地到河北邱县那边都是，大草荒，草都长一米
深，那时路过这，上山东逃难的，临清济南以北，走着俩 40 来岁，领俩
小孩，一个小男孩，一个小女孩，这有棵柳树，把小孩安柳树下，把小孩
子都不会要了，带着怕饿死，放这有养起的，谁拾走谁养啊，那闺女，我
听说，叫济北一个人拾走了，小男孩叫徐樊村拾走了，光听说咱没见。

日本人，民国 26 年卢沟桥事变，来了不少人，日本（人）在临清占领，民国 27 年光剩皇协（军）他家了，太平洋战争他没打好，太平洋日本和美国打去了，他也没打好，民国 28 年又回来占领临清。

民国 32 年，不大旱也收点，都叫皇协（军）抢走了。民国 32 年开口，民国 33 年没开，蝗灾多了，哪年都有，我那年 10 来岁，天天上地里打蚂蚱，咱叫蚂蚱，打蚂蚱去，在地里哄、跑、跳，那个蜕了皮还不能飞的那个，砸死它，埋上，天一黑，庄稼都给你吃了，那么长，长的五六公分，小的一二公分，蜕皮的蚂蚱黑天向东北飞，指着月亮朝东北飞，传说东北有个犄角山，都吃蚂蚱，蚂蚱蜕了皮到了山上一落就死了，吃庄稼长成了都到那里死。

我没离开家，我家老人家做个买卖，有个大车，有两个牛给人拉个车，所以没出过门，我兄弟俩，我父亲兄弟俩，我哥当兵走了，我还在家里，我也想当兵去，他说不中，你不能去了，咱兄弟俩摊一个就行了，俺个哥不叫我去，叫我在家，照顾老人，爷爷、奶奶、父亲，还有一个大爷，家境还好，有 45 亩地，也收点，都让人征走了，也没吃的，吃糠、秕子、窝窝，我用那个大圆子呢，米圆子、秕子掺 10 斤米，窝窝还有粮食，就吃那个，吃发饼，也就好了，就得那个，你要有也不行了，你要有了，缺的多，有的少，就跟你上这儿闹，跟你要粮食，要饿死就都饿死，就你几个活着，就得跟村里这穷的人分分。

我哥哥一参军，就那个跟共产党，在临清有一个中学念书，参加了共产党。日本鬼子攻进以后，日本人侵略咱中国，他们这大学生闹学潮，他带头，那会儿子学生，开除，那个班主任是共产党员，他来，把我哥哥介绍到青岛，在青岛毕业，那儿大部分是共产党员，毕业回来考聊城后师，聊城后师三年毕业后，他守纪，愿意干军事这一块，韩复榘是省长，蒋介石执政那会儿，韩复榘是省长，韩复榘办了个培养军人的学校，又念了四年。他毕业后日本人回家来了，拿同学录，他那些同学，那儿那儿的，这儿这儿的，城市的门牌号都有。日本人一来，俺爷爷说这个留着可不行，得烧了，日本（人）来了被清走，这个可不得了啊！就烧了。赵健民是他同学，都是在济南参加的，山东省委书记，解放以后，我哥参军后，还在安培两年，他们算长征干部。

霍乱死了不少，数不清，我街坊有的，亲戚外村有，有姓于的街坊，小名于老二，马三牛，叫于相宝，后来治好了，他父亲死了。他下关外，死在关外了，扎针早扎过来的，上关外的，上东北的，日本人让挖煤窑，死在关外了。

我书读得不多，小学念书毕了业，俺这的大村临清县组织的一高，二高在赵村，三高在城南，四高在下堡寺，我在那儿念了一年半，日本鬼子一来，民国 20 年，不念了。

日本人在这，我哥当八路军，人家光抓家属，光跑不敢在家，抓住了你就得花钱拿钱赎，赎是赎，抓住了还揍你一顿，光跑着不敢在家。

后来解放，我全家开了个联合诊所，一直到现在退休了，一个月 800 来块钱。

饥荒也不算多厉害，大部分在村里基本上跟没人的一样，民国 29 年、民国 30 年、民国 31 年人都逃没了，逃到黄河南面，山东海边，下东北的，民国 32 年陆续回来的人。民国 32 年日本在这查得严，保证这的治安，咱是敌占区，种点粮食收了，临清有位县长，收点粮食加点税，要地税，见了人跑也不行，他保护，你要不惹他，他来了不惹你不骂你，你要惹了他，他要你命。皇协（军）仗着有撑腰的了，他要你点钱拿银子拿钱，皇协（军）孬，仗着日本（人）。后期听说有山东临清，有个国民党部队叫范筑先，占聊城，范筑先是国民党的部队，他是进步人士，跟八路军有联系。占聊城是杂牌，当佣军的，当皇协（军）的，后来日本（人）气小了，看你不行就倒戈投了范筑先了，也叫范专员，占聊城投了他了。投了他，他反对日本，他是进步的，跟八路军走一起，蒋介石让他南调，他不走，他死守聊城，死守八路军那个布战线，战前不走。他的武器中有飞机、有坦克，叫他撤出聊城，他就是坚持，聊城在他就在，聊城不在他就不在，死守，归根让日本人炸死在聊城，让人攻破了，跑不出去了。

当地土匪、皇协（军）投范筑先的不敢投八路，他作恶作的都投范筑先那儿去的都回来。有个大土匪头子，这儿还有一个一伙人，后来打垮了他以后，他压迫他，从那里一里地有一个河村，他占据了河村，河村有个围子，修桥的围子，他先占据一个点，占一个点儿，又在这儿招兵买马，招兵马。那日本人在临清，在这边进的人不少，在河村有亲日派，给日本人报告了，说俺那儿有范筑先的一部分人在俺那住着了，住了多少天，又招兵买马来。日本人起了一大早，兵分两路，在村后边一路，在赵村那儿农田上一路，包围河村，那儿先开炮，开炮打，寻思他得跑，他一跑在这儿过来，给截住，他那布置的军事。他没跑，他在那儿挖的战壕，他跟你在这儿死拼。他日本人那会儿死的也不少，好像不到 30 人，他都在围子里，把枪支好了，围子外挖的战壕，日本人打炮，打枪，他不出来，不放枪，日本鬼子看他跑了，他都围着那儿攻城、攻门，都在那人家挖的战壕里开枪，一开枪，一打，他那里也有破机枪，枪一打，他死了几十个人，也往回跑，三进三出，攻不进去，一连是他那个炮排，他炮就在这儿西南角，向南去一点就有一个龙潭，后边还有一个松林，在松林里支的炮和他打，打死了老鬼子那边的一个参谋。一看不行，招架不住，他没围东边，南边、西边、北边都围了，就在东边跑了，也有地形，这属于万里长沙堤，跑了看不着。日本人进去了，一个也不杀，只要是报告的，他不杀。你不报告的，他杀。

这是敌占区，太平洋战争回来。一伙从简庄那儿，过河来，有一个连长叫江司令，也投范专员，人家万事称江司令，说"有人，咱跑还是怎么着？"行，过河，日本鬼子封得严就这会，拉车，拉军用物资，船过河中心，这边打枪了，打了十几个吧，（日本人）就跑回去了。（日本人）三天没来，部队都跑了。庄稼人都继续回来，回来一看没事，第四天庄稼人大部分都回来了，第四天日本（人）来了，一天杀俺庄好几千人，简庄大，杀了 2000 多人，反正太平洋战争没打好回来了。日本包围简庄，房子点好几千间，化学东西一甩就着，砖墙都着火，没听说放细菌，没见日本人穿白大褂的。

赵圈村

采访时间： 2008 年 8 月 30 日

采访地点： 临西县尖冢镇赵圈村

采 访 人： 陈东辉　石赛玉　胡　月

被采访人： 赵忠法（男　78 岁　属羊）

赵忠法

　　民国 32 年待在村子里不错，1943 年那时候天气干旱，那时人在村里的大部分生活不好，饿死得多，后来到了春天都跑到河南逃荒去了，把家里东西卖了换东西吃，说不清干旱持续时间，只记得不好过，吃高粱、谷子皮、糠、野菜，也有的这些都吃不上，死的很多人都是生活所迫，后来有蝗灾，蝗虫多得飞过去都看不见太阳，房子都被埋了，蝗虫是到了1947、1948 年的时候了，有共产党领导抗蝗灾。

　　干旱了那么久以后，粮食减产，日本鬼子、皇协军都把粮食抢走了，大旱以后发生蝗灾，1943 年后逐渐解放了。日本鬼子在兴庄住得多。那时候一直下雨，下了七天七夜，到了 1947、1948 年雨下得大，地上都淌水，三天两头淹，河水没有决口，屋里院里都有水，吃水就靠河了，没办法雨水灌井，当时喝水喝凉水，有柴火了也可以喝热水。上哪去的都有，上东北的，上河南的。那一年没有大规模的霍乱病人，死的都是饿死的，我听说过有人得霍乱死的，但不是那一年，我当时十二三岁，情况不是很清楚。

赵 庄

采访时间: 2006 年 7 月 11 日

采访地点: 临西县尖冢镇乔屯

采 访 人: 兰　坤　姜亚芹　李雪雪　张村清　杨兆乐

被采访人: 曹明香（女　77 岁　属羊）

民国 32 年还在赵庄，光要饭了，还谁上学呀？七月里下大雨，房倒屋塌，都饿死了，逃的逃。俺仨兄弟饿死在外边了。得病死的，不知道什么病。庄稼不长，旱的，六月里旱。谷子跟小耳朵一样。后来下了点儿雨，下雨晚了，庄稼不长了。六七月里的大病，数七月里厉害。下雨后，哕、泻，没人治。那时候穷，搐筋，攥拳。家里没一个人了，我还有我爷爷。就我有病，治好了，13（岁）。扎针，喝凉水，喝了一筲凉水。喝凉水治好的。村里有先生，扎两针。不记得叫么。扎两针没扎好。喝好了。喝了再哕。不知道扎哪。死的可不少，俺家死了两口，叔伯爷爷、奶奶，一窝一窝地死，一个劲地抬。赵庄死人不少。俺奶奶、九姑得这个病。头晌得的病，第二天就死了。得那病一会儿就死。光吃菜吃糠，没粮食，光吃菜，喝大井水，不知道多少井。喝凉水，没柴火。打井水喝。下雨得那个病。下雨不小，七天七夜。井里进水了，井都平了。从当院里刮水就喝。不能串门子，房子都倒了。挖个坑就埋。有埋家院、窗户底下。水大，出不去门。

日本人来过。民国 32 年没有。两头要公粮。八路军黑下要，皇协军白天要、抢。八路军光说好话，日本鬼子不好治，很熋。戴大高帽子，穿黄衣裳。（人）干着干着活，说是八路军，（就）给打死了。到村里，扫荡八路军。在村里放机枪。

没见过飞机，日本没飞机。给点东西，给小孩饼干，给小孩米西米西吧。都不吃。也给过我，不吃。

皇协军也来，几天来扫荡一次。打人，光用鞭子抽。

尖庄有炮楼。俺这里没有。俺村没有土匪。

老官寨乡

毕庄村

采访时间：2008 年 9 月 1 日

采访地点：临西县老官寨乡毕庄村

采访人：张　萌　张利然　吕元军

被采访人：毕恒金（男　78 岁　属羊）

毕恒金

灾荒年是民国 32 年。闹过蚂蚱。天旱没下雨，多少收点粮食，一亩地收几十斤。

下雨下得晚，没下透。七月份下的雨，七月份前闹蚂蚱，旱了三年，从民国 32 年开始没下过透雨。

死人都是因为闹传染病。民国 33 年闹传染病，霍乱转筋。我见过得病的人，上吐下泻，快的一上来就死，慢的撑一天。还发烧。100 来口人，死了五六个。

各个村有老医生，有扎过来的，也有扎不过来的。扎得冒黑血，扎胳膊弯儿，腿弯儿。

民国 33 年发水，雨下得大，地里一米深的水。秋天谷子黄穗了，到地里捞粮食，在下雨后得这个霍乱转筋。

民国 32 年前淹，民国 32 年就开始旱。民国 33 年下七天七夜雨，七月份里。

民国 32 年有鬼子了，叫修炮楼。八路军也来了。人没吃没喝就逃到关外，东北。我没逃出去。

河水没开口子，从西南过来的水，这里地势低，西南高。

民国 33 年开春也旱，但没闹过蚂蚱，旱后就下了七天七夜的雨。当年吃流过来的水，河水。喝开水，喝开水也得病。

发水的时候没人来救。也不太记得到底是民国 32 年还是民国 33 年。反正就在那两年。

东袁庄

采访时间： 2008 年 9 月 1 日
采访地点： 临西县老官寨乡东袁庄
采 访 人： 孟 静　刘 勇　杨彩梅
被采访人： 郭富英（女　86 岁　属猪）

郭富英

灾荒年那年水淹，收不好，也招蚂蚱，那年有蚂蚱，使布袋装。知道下了七天七夜雨，不知是哪年。有瘟疫这回事儿，也不记得有没有，逃荒有去的，上好地方，有吃有喝的地儿，不知道去哪了。

采访时间： 2008 年 9 月 1 日
采访地点： 临西县老官寨乡东袁庄
采 访 人： 孟 静　刘 勇　杨彩梅
被采访人： 朱月贵（男　76 岁　属鸡）

民国 32 年过贱年，淹得很。淹之前不旱，淹得收成不好。闹过蝗虫，河水淹。日本鬼子在南边江庄上扒开的。那时粮食没收。没下雨扒开口子了。六月来份扒开的。下过七天七夜雨，闹不清哪年。来水后闹霍乱转筋。这个村上得的，那个时候都死了。

朱月贵

蹬腿了，光说蹬腿。得病的很多，它传人，这个传人。治不了，想治也治不了。阴天下雨，潮得很。来水弄的。在卫御河大江庄（镇南）。当时喝的是河水。旱都来水了，开口子了，淹一个人深的水，村高，房子淹不了。咱没见，那时小，听人说的真事。

逃荒的多了，到城东。去的不少其他地方，不知道，闹不准。那一年日本人没来。

东寨村

采访时间： 2008 年 9 月 2 日

采访地点： 临西县老官寨乡东寨村

采访人： 孟　静　刘　勇　杨彩梅

被采访人： 赵　许（男　78 岁　属羊）

赵　许

日本鬼子一直在这儿活动，我一直在这个村住。民国 32 年，大贱年。饿死老些人。那时又乱，皇协（军）抢东西。地里收不了多少。年轻人都跑了，没人种地。

日本人来村抓人，抓苦力。盖炮楼，去

日本当苦工。他们那里人少，抓苦力干活，后来都死在那里了。

那年先旱后淹。招蚂蚱，旱了好几个月，庄稼都干叶了。下雨不小，七天七夜。房子都漏，房子没淹。光哗啦哗啦下。后来淹，不是河水，是下的雨水。淹房子的是雨水。水不是很深，但时间长，老房子都泡倒了，没办法住。在屋里搭个帐篷住。

蚂蚱多，都能盖地皮。把粮食庄稼都吃了，从北往南来，那年没收一点么。

那年闹瘟疫，霍乱转筋，赶紧扎，要不就死了。以前没有过，下雨下的，受潮受的。雨后我村死了好几十口子。村里有千百口子。也有救过来的。

那时没药，扎旱针。旱了扎旱针就扎过来了。我见过那种人，躺在那儿不动，也不说话，昏迷，不转筋，不上吐下泻。认识的人没人得。扎好的死了的也记不清了。那时没医院，村里有几个医生。国民党跑了，日本人没派医生。八路军给扎针也给药。也有吃好的，不知道是什么药。村里开始都有，传染很厉害。得病的人症状都一样。那会儿都说是霍乱。没有逃跑的，据说这病会传人。霍乱是雨后有的，受潮湿。

闹饥荒时吃野菜，蚂蚱，烙烙吃，喝家里的井水，烧开喝，没有河水。

那年逃荒的不少，都回来了。上山东那边的多，那儿收成好。到河南，也有去关外，南下的少。那会儿死了就埋地里了，过了灾荒年，第二年就回来了。

日本鬼子坐火车来的，邢台下车，这儿没炮楼，只是路过。民国 32 年日本人在这儿，花钱雇人当皇协（军），三天两头来扫荡，那时也有八路军。日本人都下村来抢。灾荒年日本人也不给人东西吃。下雨后也来扫荡，头先不扫后来扫，也没留下什么东西。

见过日本鬼子，穿绿色衣，戴钢盔，刺刀，穿皮鞋。皇协衣服也绿的，跟日本鬼子色不一样。日本人没来给中国人检查过身体。

有土匪，哪个村都有。他们头儿叫朱广远，河西土匪总司令。土匪跟哪儿也不合伙，光抢地主的东西，带人走，让拿钱赎回来。

窦庄村

采访时间：2008 年 8 月 31 日

采访地点：临西县老官寨乡窦庄村

采 访 人：张　萌　张利然　吕元军

被采访人：王东方（男　71 岁　属虎）

王东方

　　灾荒年是民国 32 年，闹蚂蚱，挑沟埋蚂蚱，处暑高粱红的时候，秋天的季节。吃光了，没庄稼，吃高粱把，谷子。

　　当年死得村里没人了，得霍乱转筋，扎旱针，扎人中，不出血，扎地仓（嘴角处的穴位）。霍乱转筋，揪筋，抽搐。那时候我小，记不清。我父亲就给人扎针，扎完不能喝水。得 3% 的人死，这个病传染。日本人把死人烧了，那时候跑南徐州去，烧死不少人，我听说过。扎完之后冒血，扎十算（十指）冒血，厉害的发黑，放完血人（病）就轻了。因为失血人渴，喝水，一喝水就死，不能喝水，喝米汤。喝生水死，喝开水也死。俺爹说这个是霍乱转筋。得这个病身上哇凉，扎过来之后汗直淌。那个病有吐，吐黄水，有黑水，有拉（肚子）的，也有不泻的。听收音机，上海的那个教授也说霍乱，他也说扎完后不能喝水。记不着哪个月份得这个病，可能是夏季到秋季一直到冬天，半年到一年的时间，那会儿就有找我父亲扎针治霍乱的，时间不短，扎的人很多。这里地势洼，下雨下得不大，那年没淹。下过雨，后来下过七天七夜，不记得是哪一年了，反正下过，不是那一年（民国 32 年）下雨，可能是过了那一年下的雨。

　　得病的时候日本（人）没来这儿。民国 32 年以后来过。

　　我叔叔、兄弟都是饿死的，我姐很年轻，14 岁就送人了。我逃到河东彭家寨子（音）里，高唐，四五月份的时候，吃吊瓜，我父亲也出去了，给人家干活。这个病我 1963 年扎过一个。当年父亲救过的那些人的症状跟我治的症状一样。

杜 洼

采访时间： 2008 年 8 月 31 日
采访地点： 临西县老官寨乡杜洼
采 访 人： 孟　静　刘　勇　杨彩梅
被采访人： 杜清海（男　78 岁　属羊）

杜清海

　　我 10 来岁时，日本人抓人修炮楼。民国 32 年，大贱年，天不收，旱。属民国 32 年那年厉害。连二三年都旱，都逃荒。哪儿也有去的。地里有虫子，到后来才有蝗虫。出点苗就咬了。又旱不长。都没下雨，下了一点雨。也闹瘟灾，有点毛病，霍乱转筋。没见过，不知道有什么症状。这村没有，听说外村有，传人病。得霍乱的也有死的。得扎针。那一年没闹洪水，也没下雨。那年这村里没日本人，但来过，向村里要东西。不发给，还要东西。

采访时间： 2008 年 8 月 30 日
采访地点： 临西县老官寨乡杜洼
采 访 人： 孟　静　刘　勇　杨彩梅
被采访人： 杜振元（男　79 岁　属马）

　　民国 32 年是灾荒，日本人在这儿。天旱，旱得不行。民国 32 年，还

杜振元

是民国 33 年才下雨。种谷子没了，闹蚂蚱，遍地是蚂蚱，满地是。鸡都不敢吃，人吃有撑死的。民国 33 年晚下半年下的雨，下得不小，谷子下雨时都收了。日本人开过两次口子，民国 28 年，民国 26 年。

民国 32 年，那年光旱，没上过水。

那会儿霍乱转筋，西边（赵村）有，这村没有。这病可以治，扎针，都扎好了。

没见过，听人说过，不知道（症状），没见过。这村尽医生，咱这儿没那人（得病的人）。有逃荒的，那年闹饥荒，挨饿。有的下山西，有的下河南。

（日本人）那会儿在这儿，他也救灾，他也发粮食。看见小孩还给吃的。不打你。皇协（军）是中国人，帮日本（人）抢咱粮食。鬼子少，见不着。

高洼村

高凤岭

采访时间：2008 年 9 月 1 日

采访地点：临西县老官寨乡高洼村

采 访 人：高海涛　王　青　靳　鑫

被采访人：高凤岭（男　84 岁　属牛）

我今年 84（岁）了，叫高凤岭。民国 32 年灾荒真可怜，那年，俺一共四口人死了三口。砸死了。房倒屋塌，下雨了，房子一倒砸死了人，俺在后边。你猛一说什么时候我记不清了。民国 32 年灾荒真可怜，提起那时候谁说不可怜。

民国 32 年，那时候非常困难，左邻，一屋七口，秀、秀月、岳小白都扎死了。

那时候，下了六七天，下雨后上水了，这里都能撑船，就是东边这条河，这里的河水都是农村的水。

那会儿，说一个夹道水挤开了，河自己开的。

我逃荒去了，我上姚庄去了。在河东，反正咱这边人都上河东那边去了。

下雨过后，有的得病，下雨下的，水积。一般有命的就活着，没命的就死了。

我家后邻就死了，怪好的几个孩子砸死了。

我见过民国 32 年有得霍乱转筋的，那时候没有多少医生，水积都是。那会儿使火扎。这会儿都有免费，那会儿谁管谁啊。

那会儿也有日本人来。

民国 32 年干旱的时候，也有蚂蚱，没吃的了。上地里抓蚂蚱吃。那干旱怪厉害，民国 32 年，到地里逮这种蚂蚱回来扒翅膀一扭。都是上地里逮些蚂蚱吃。详细记不清了，谁想的那么清楚。

那会儿日本人经常来这扫荡。乡长和我不错，日本人来了，就问乡长，这是什么人，我说这是我哥哥，他说这是俺兄弟。日本人就走了，向西去了，西边是官沟。

河东就是东边那条河。叫卫河。

民国 32 年，家里也有得病的，医生都得病，这会儿请医生就来。四叔知道秀、秀月、小白都是扎针扎死的。

日本人扒过河口子，那会儿口号喊：上北窜都带着家伙，南边开了口子，上北窜那会儿。日本人扒的，他扒的。上北去的人很少，都上河东去住。之前不下雨，旱灾。那年扒的，民国 28 年那会儿扒的，记不住了。

采访时间：2008 年 9 月 1 日

采访地点：临西县老官寨乡高洼村

采 访 人：高海涛　王　青　靳　鑫

被采访人：高三振（男　87 岁　属狗）

高三振

今年 87 岁，属狗的，叫高三振。

记不清民国 32 年了，知道那年是灾荒年，年景没收，都逃荒去了，都要饭去了。先旱后淹，下雨了。后来河水开了。民国 26 年、28 年、32 年都开了。连下雨带开河口子，河是下雨后开的。记不得啥时候了。下雨是夏天。

都上南徐州枣庄。我没去逃荒，逃荒的一半多。

死的人，伤亡的人不少。房倒屋塌，反正吃不好，得病呗。忘了什么病了。得过霍乱转筋，那病死得快，说得病一会儿就死了。我没见，我也没得那病，忘了谁得病了。在这上北，清河那边得那病死的人多。

咱这归河东，山东省这不划过来的吗。人受潮湿得霍乱转筋。不知道症状，好比，这个人死了，去埋他。埋他的人回来后也得了，死了。北边的多。咱这少，老河北省清河县那边多。

下雨，地里净是水，又开口子。六月天那会儿。河口开口。自个开的。河水都涨不了。人都上河堤看河去了。在临清以北，在南江庄开口的。那年有日本人，不大来。

到后来，有蝗灾，人都逮蚂蚱吃，夜晚上拿灯笼一照蚂蚱都上这来飞。抓一布篓子，到家里倒在锅里。一烧水它扑哧扑哧死了。吃呗。这还有个歌来：民国 32 年，灾荒真可怜。男女老少都逮蚂蚱回家当饭吃。接连七八天。

那年连旱带淹，先旱后淹。

那年，民国 32 年，下雨下了七八天。

俺这还砸死七八口子人，夜里在家睡觉，下雨房梁倒了被砸死了。他家五口砸死四口。都上南徐州枣庄逃荒去了。这边得病的不多，饿来饿去生活不行了就病死了。

日本人在城里，在那有炮楼，不上这边来。有皇协军，他们扫荡，是中国人。各边都修炮楼了。

听说过日本人扒河口子了，忘了哪一年了。

民国32年河自己开的，上咱这边来的，上咱这边开，那河东北走向，向河西淹，咱这边都淹了。

霍乱病咱村里忘了有没有了，过去了谁记得清呢。也老了，也记不起了。好几十年了。民国32年得有60多年了。

黑庄村

采访时间： 2008年9月2日

采访地点： 临西县老官寨乡黑庄村

采访人： 张萌　张利然　吕元军

被采访人： 黑云汉（男　78岁　属羊）

黑云汉

民国32年是灾荒年。

那一年决口，大运河决口。从老桥决的口子。日本人扒开的，不用听说，这事儿不假。为了淹八路，河西有八路啊。日本人自己扒开的，大约是六月的。老大桥在新大桥北边，有八里地。新大桥就是临清大桥。

先旱后淹，七八月下的雨，下了七天七夜的雨。下雨淹得没河水厉害。有得霍乱转筋的，人也不少，有治好的也有死的。也有传人的。

闹过蚂蚱，蝗虫。七月里闹的吧。下雨之后吧，闹不清了。

地里没收庄稼，有很多人出去逃荒。到聊城去的人不少，我去了北京。当时水都下去了，逃到聊城的是在发水之后。

采访时间：2008 年 9 月 2 日
采访地点：临西县老官寨乡黑庄村
采 访 人：张　萌　张利然　吕元军
被采访人：刘志敏（女　84 岁　属牛）

刘志敏

（灾荒年）那年我 19 岁。

粮食没收，一点没收。（河）开了口子了，哪里开的口子，卫运河，临西城南大西门的地方开了口子。大西门也就是·10 来里地。开口子，河水大，下大雨。当时种的棒子、豆子、谷子都淹了。谷子都快熟了。

下雨之后开的口子，来水都淹了。死的人不少，都是饿死的。没得病死的，都是饿死的。没见过得霍乱转筋，扎病的。没听说过。我没走的时候没有（听说过得霍乱转筋的）。

我七月里过的事儿（嫁过来），下着雨过的事，在家里待了没几个月，十月份，谁知道啊，都忘了，就出去了。下雨，那会儿淹了，我就过了事儿了。我逃到侯谷。那个村也不好，炒菜籽呢，你寻思。这个村逃出去的人不少，都上北边，这里那里，反正不少，都逃出去了，家里剩了没多少人。（几月份逃出去的）那闹不清，我走了。不知道（他们逃哪里去了）。

那年也遭过蚂蚱，那会儿就旱了。下大雨之前的天气旱，记不清几月份了么，不记得（得霍乱转筋的）。

反正大雨下的，淹了。六七月下雨下得多，七八月那会儿开的口子。没人扒口子，谁敢扒啊，没人扒。闹不清楚。

采访时间：2008 年 9 月 2 日

采访地点：临西县老官寨乡黑庄村

采访人：张　萌　张利然　吕元军

被采访人：王桂英（女　85 岁　属鼠）

王桂英

我 17 岁嫁过来的，过贱年的时候在这个村。

民国 32 年是灾荒年。豆虫、毛虫一滚一个蛋儿，把地里的吃得溜干溜净。大翅的蚂蚱向东走，晚上就听见嘎吱嘎吱的声音，都飞。地里没收粮食，让蚂蚱都给吃了，就吃苗。

天旱，旱得厉害。到十月里下七天七夜的雨。当时怀着俺大儿子，没吃的。大旱一年到十月份下的雨。没记得开口子，光记得旱，招虫子，招蚂蚱。

俺村逃得没人了。往东逃，逃到东乡。不记得哪地了。

整天整夜地下，下了七天七夜，房子都塌了。下雨后井水灭了，喝雨水。下雨下的。

那还有得病的吗？都饿死了。霍乱转筋不是那一年，是以后，也不是都转筋，不是传染病。没听说谁得霍乱转筋死的，那年没得霍乱转筋的。

洪官营村

采访时间：2008 年 9 月 2 日

采访地点：临西县老官寨乡洪官营村

采访人：高海涛　王　青　靳　鑫

被采访人：何恩堂（男　84 岁　属狗）

民国 32 年的事也记不太清，反正民国 32 年受罪受了，没吃没喝，干旱年、开口子，也不知是民国 32 年还是哪一年，那一年干旱一年，没收。民国 32 年有蚂蚱没蚂蚱反记不清了，干旱我也记不清，不识字，文盲。

何恩堂

民国 32 年有逃荒的，一块当家俺六爷几个人都上黄河南了，上什么地方去我记不清，那时我没去。那会儿饿，也有地多点，地少点的，那时候有点（地），也就在这靠了，那会儿我没出去。

干旱时有蚂蚱，那飞机打蚂蚱，飞机场就在俺这北边有飞机场，那时飞机打过蚂蚱呢还。喷那个粉，哪年我记不清，反正是毛主席领导。

有七天七夜那场雨，七天七夜下过，不知道哪年头。屋里下雨，漏，家里有席，孩子们在上头，没吃没喝，没柴火，烧什么啊！连洋火也没有。

水势都很高，都挡杠了，一下雨，往外扒水，黑夜，河开口子，记不清哪年。大约开过三四回，大营那儿开一回，刘家口开一回，北边那个大桥开了一回，那时候叫北水门。咱这边满水，刘家口也满水，哪年闹不清，不是扒的，自己开的，都看了，那时候也看地，看堤去，不是扒。那一回还来了回山水，西边来的，都在城里看，都在河堤上，西边堤上来水了，打堤的人都回来了，不管了，都淌水，胳了拜（胳膊，方言）深的水，那是山水，西边来的水。

霍乱病还早，咱这边还早，我那还小，霍乱病得上北边，听说，咱这边埋都没人埋，谁埋呀。都扎，那会儿叫霍乱转筋，这会儿我不知道叫什么名了。没见过，听说过，都不愿挨近，咱没见，俺村哪年我不记得，得 10 来岁了。得那病的多，俺这姓黑的爷爷会扎，先生，得病了。叫你扎你不会，不能扎，就告诉别人，让别人扎。症状，都肚子痛，没听过别的，都扎在腿上，血冒老高，没见，都是听说，没见过这事。

得那个病的时间闹不很清。民国 32 年得病，我也闹不清，倒没听说过，闹传染病，那会儿不像这会儿，有电视，看到了，那会儿不知道。

民国 32 年，我十四五（岁）见的日本人，净见日本人。村里有炮楼，住着皇协（军）。日本鬼子见你在大桥上过，他在那站岗，你过去你得鞠躬，不鞠，给你块砖，叫你跪着那，一走就掉了。浮桥口那儿，这个老桥南边那块，他站着岗，你得从那过，那时候没桥，都坐船，不鞠躬，弄块砖让你顶着。

没见过穿白大褂的日本人。那么高的高粱都被日本人削了，那会儿有毛主席和八路军了。潼村有据点，离近了村，他都削了看人。潼村有个点，潼村设了个点，还设了个碉堡，时间记不住了。

采访时间： 2008 年 9 月 2 日
采访地点： 临西县老官寨乡洪官营村
采 访 人： 高海涛　王　青　靳　鑫
被采访人： 洪贵昌（男　82 岁　属兔）

洪贵昌

民国 32 年，蛮记得，民国 32 年大贱年，那日本（人）在中国的时候，那年死的人远了去了，死得最多的在西边的威县，跟这边搭界，死得街道上埋都没人埋，又赶上灾荒年，又赶上日本人在这儿。那生活那时候别说了。

那一年，旱灾，旱得着蚂蚱。民国 32 年我跑威县做买卖，维持生活，那年又过贱年，闹灾荒，又闹蚂蚱，蚂蚱是蝗虫。地里蚂蚱多厚，你说，那年头，推的木头车子，做买卖，在街上走，车子轧得蚂蚱都淌水。

那会儿是 1943 年，日本（人）进中国是 1937 年进中国来，在中国待了八年，最受罪了。

民国 32 年下雨很少，那时候。荒年那时候，没水，干旱，都是着蚂蚱，第二年闹水灾，下雨，七天七夜下了，又闹水，生活都不好了，生活艰难，吃饭摸不着。

鬼子在中国待着，都在俺们这个范围内，闹过三回水，不是河水，都是下的雨，闹水灾是下的雨，麦子快熟的时候。水都一人高的水，麦子都快熟了，都露了一个头，熟了，用水缸在地里运麦子头，去村里摊晒。

民国 32 年，出去逃荒的很多，多得很，俺这边都上山东那边，都上禹城，俺这上蚌埠，在家里混不着，家里妻离子散，大人小孩都顾不了，孩子都跑到蚌埠，解放后才回来。我没去，在家里做买卖，维持生活。我兄弟四个，兄弟们有上沈阳、天津、北京当工人去。反正也是在生活艰难的时候出去的，上那儿做买卖。上蚌埠是过贱年的时候。

下雨以后地里返潮，死人，那儿没有这些个医生，治也治不起。得霍乱的人不少，村里少，那会儿都在威县以西左右多。

共产党来了都编歌，忆苦思甜，民国 32 年，灾荒……我小时候是级长，领小孩们唱歌。

有发大水这回事，日本进中国，五年开三回口子，当中还闹水灾。俺这个村，水都得从俺这个村路过，水来了以后，从洪官营向西，四五里地，从俺这往西走叫五交河，就现在的白庄，水都是从这走。下雨也不光是俺这个村，一路过水都得好几天，一好几天，庄稼就不行了。

在日本进中国时，日本给扒过河，在临清，有个村跟俺村邻村，叫南五里，有俩给日本人当汉奸的，也净官。在南五里，一个叫徐天彪的，日本人来扒口子，都是汉奸也不愿扒，一扒，河水得过他的村，一路过就完了，没叫扒。都支上炮了，迫击炮、机关枪，给日本人对脸了。日本（人）非扒不可，徐天彪说："你只要扒，就开火。"后来他（日本人）懦了，日本（人）一看管不住，他（日本人）在那儿没扒，就在新大桥的北边扒开了。为什么扒呢？日本（人）是为了临清，日本（人）来是修的木桥，要不把水放下去，桥就完了，为了护那个桥，把水扒了。现在那个河。水不是自个儿扒的，是河水自己开的，承受不了了河水，开口子了。

日本（人）进中国是 1937 年，河开口子在 1940 年左右，民国 32 年是 1943 年，那饥荒，民国 32 年没开，民国 32 年是闹蚂蚱，凡是闹蚂蚱。

民国 32 年没有下雨，贱年呢，主要是旱，旱年，地里寸草不收，种的谷子都长膝盖高了，一闹蚂蚱，天一旱，一黑夜就给吃光了，都那么些蚂蚱，黑夜电灯都不能点，都那么些。那蚂蚱都地里一挽，都这么深，一会儿就满了，就这么些个蚂蚱。白天，冲得快，死得也快，发育得也快。

民国 32 年日本人也来，俺这个村有日本的炮楼，没有见过穿白大褂的。那会儿来，日本（人）也不一定都是日本人，他上中国来，也路过朝鲜。

中国人跟小鸡一样，白死，像你们女青年更不用说，男的 20 岁左右的没人敢见面。

那会儿去邢台从这儿经过。俺们那会儿日本（人）进中国，我 12 岁，要是小孩，他不管，年轻人就不行了，谁都不敢见面，逮住就完了。

采访时间：2008 年 9 月 2 日
采访地点：临西县河西镇朱庄村
采访人：高海涛　王　青　靳　鑫
被采访人：李桂英（女　81 岁　属龙）

李桂英

民国 32 年过贱年，吃不好啊！一会儿下雨，有旱灾，遭蚂蚱。记不清啥时候又旱了，着蚂蚱厉害，拿红包袱，撵撵，挖壕，一整，一布袋子一布袋子那会儿。庄稼收得不好，不收。有饿死的，有死的，有不死的，有病看不起，俺村没有。这个村有，都去新台，新台那个村，那里挖煤窑的。

这边也下雨了，在八月里。耩麦子，都拉犁，拉个沟，乡里放麦粒，耩麦子使人拉沟。雨之后，有没有得病的，记不清了。

也都是10来岁那会儿，还旱，那年，发过大水，开口子，满水。大营、刘口开口子。八月里九月里、七月里那回，不记得是民国三十几年，光知道耩麦子，水耗下去，拉耧时候，反离民国32年不远，是民国32年以后。河水自己开的，大西门几下子对着开的，东边那个河，大营那个河，大营、刘口那里河靠着开，那街门口打一米多深的坎子，门口镶上橛子，打上门再安土，我那时13（岁），俺大娘说："你多大了？"我说："13（岁）。"她说："你到下边时，都记得你13（岁）。"

日本（人）以后来的，发过水来，哪年记不清了。见过日本人，抓鸡，燎燎就吃蒿蒿毛毛，满嘴是血就吃，我那时13（岁），民国32年记不清日本人来没来的。娘家，洪官营，在这西南。民国32年在洪官营，当时没饭吃，出去逃荒，有去的也有不去的，有能的都去的，俺好几个姐妹没去。

救济船来到洪官营叫去河西喝胡豆。上水，大着了，不上还不行呢！记不很好哪一年了。接我们的是皇协军。那时日本（人）都来了，河水淹得厉害，开口子，在姜庄、刘口、大桥这，叫什么地方，开了三处，我那时才13（岁）。

我19（岁）来这个村里，我那过来好点了，有吃的了，都不敢见日本人面，搂住就不得了了。

胡小庄

采访时间：2008年8月31日

采访地点：临西县老官寨乡胡小庄

采 访 人：孟　静　刘　勇　杨彩梅

被采访人：胡长夫（男　74岁　属猪）

那时我八九岁，没解放，乱。不下雨，旱。要不就过贱年了，反正是民国 32 年。闹虫灾，蝗虫多，成灾了，把庄稼都吃光了。秋后又下雨，雨不小，没淹，村里没进水。之后流行霍乱病。没见过，听老人说的，得病的不是很多。这病以前不知道有没有，反正就是那一年。下半年下雨连阴天，连七八天，潮湿，得了那种病，死得很快。症状闹不清，老人死不少。霍乱得病沾边就死，死的大多是老人。只听说一会儿，一晌就死。

胡长夫

逃荒的也不少。不知往哪儿逃，往丰地逃。咱这边挨饿逃荒，我没去。

下大雨，水不大，都是雨水。有河水，没淹到这个地方，这里河水也不是很大。当时日本鬼子、皇协（军）、八路军都有。下雨后，日本鬼子来扫荡，都穿军装。

采访时间： 2008 年 8 月 31 日
采访地点： 临西县老官寨乡胡小庄
采访人： 孟 静 刘 勇 杨彩梅
被采访人： 胡长祥（男 79 岁 属马）

胡长祥

民国 32 年大灾荒年，饿死很多人。地里先旱后来淹。遭虫子蚂蚱，后来下了七天七夜雨，只有雨水没河水。九亩地，谷子二尺高。蚂蚱多，挖个壕都积半壕。用一会儿，都吃得剩秆了。水不深，但没收成。

闹过霍乱，沾边就死，得了埋人去了，还来就埋他。觉得肚子疼，得一会儿就死。挨饿受寒得的，不传染，得病就死。下雨连阴天得的。雨前没有，那是没法治。村里医生扎针有的扎得过来。扎过来的少，有的扎不过来。下雨村子水不深，地里水到脚脖儿，屋里不进水。下雨也吃井水，烧开喝。没见过得霍乱的。得霍乱的时候日本人没在。

灾荒年咱这儿死了一半，共有六七百户。有去逃荒的，都到河东。逃荒的都民国32年走的，民国33年回来的。

下雨后日本鬼子来扫荡，不断来。当时这儿归日本人皇协（军）管。国民党那会儿走了。

采访时间：2008 年 8 月 31 日
采访地点：临西县老官寨乡胡小庄
采 访 人：孟　静　刘　勇　杨彩梅
被采访人：佚　名（男　80 岁　属蛇）

民国32年，大饥荒。后来下了七天，下了一米多深。除了下雨的水，还有卫河水，离这儿20里地。先旱，直到过了麦，后淹。200来口人。每天死三个两个的。霍乱转筋，死了一半多。下雨之前没有，下雨之后才有。有的全家都死了。

得霍乱的肚子疼，上吐下泻，手纠纠着。一个60多岁的老头，送着哥哥去埋，回来就死了，当天就死了，这病传染。

都逃荒去了，到临清。

旱时蝗虫多。

姜庄村

采访时间： 2008 年 9 月 1 日

采访地点： 临西县老官寨乡姜庄村

采 访 人： 陈东辉　石赛玉　胡　月

被采访人： 姜白岑（男　79 岁　属马）

姜白岑

　　民国 32 年大贱年不收庄稼，大河水淹，什么季节想不起来了，反正是贱年不收。河水前的事情也想不起来了，那会儿过贱年灾荒没收，头些年干旱，后来淹，咱这庄稼地里都是颗粒不收。

　　棉铃虫，蝗虫那是以后，和民国 32 年挨着的，过了民国 32 年。逃荒的那多了，我没有逃荒。后面有棵柳树，要了几布袋高粱。一般的都出去了，那时候吃，头几个月吃的都不好，到后院去吃那些烂山药。逃荒去茌平，哪儿都有。

　　决口不是在大贱年，是解放后决口的，是 1956 年和 1964 年。

　　霍乱转筋，我得过那个，才 10 来岁，60 来年了。上吐下泻，厉害，肚子疼，扎胳膊，放血，扎腿弯，没扎别的地方，医生是咱村里的，放完血，不扎针。闹了个把月才好，扎了以后也没吃药也没咋的就好了。扎完针照样吃饭喝水，没忌什么口。村里得的不多，好好的我就肚子疼，上吐下泻就得了。得病之前，我就在家里地里干活，突然肚子疼得不行了，抽筋，腿弯。

　　下雨那都忘了。不知道得病前后下没下雨。

　　民国 32 年水淹，也有可能是淹的洪水。1963 年时岳城水库来的，那时御河来水。

采访时间: 2008 年 9 月 1 日

采访地点: 临西县老官寨乡姜庄村

采 访 人: 陈东辉　石赛玉　胡　月

被采访人: 姜一秀(男　93 岁　属羊)

姜一秀

　　民国 32 年大贱年上旱下荒,俺这是洼区,庄稼收不好,大水灾不知道是哪一年。

　　没收庄稼,大灾荒,挨饿挨饥,挨饿就别提了,吃糠吃菜,要饭逃生,上外面逃,出去的人多,在家的人少。我也出去了,前一段没有出去,逃到了茌平,100 来里地,下雨下去以后回来了,俺们这地里都浇了都种了,粮食多就回来了。

　　霍乱转筋是逃荒回来以后的,霍乱症状弄不清,没听说抽筋。当时忘了多少天,都远去了,几十年了。村里没大些人了,逃荒去了,也有得病的,俺不在家不清楚。后来回来就没大事了,就丰收了。庄稼都收好了,人就回来了。

　　下雨以后第二年,闹灾荒以后回来了。

　　蝗灾,蚂蚱有,不少,大旱年以前闹蚂蚱,记不清哪一年,俺这里涝洼地,咱姜庄还好点,水淹时往北四里更惨,是个洼地,第二年耩麦子时,水一来,大北风一刮,水就上来了,全淹了。下雨河水淹的,东边不远,小运河发的水淹的,那上面来的水,黄河来的水,淹地淹村子,有河水有雨水都在淹村子,忘了什么时候发生的,咱记不清了。

　　上面管,咱不知道是谁统治,皇协军也闹过,义勇军也来过,本地的,闹灾荒以前。鬼子也来过,在发水以后来过,鬼子来了以后,都站在这儿来,闹了一阵以后就没事了。打、砸、抢。跟义勇军一样,他就吃咱庄稼,哪发东西给我们吃?没见过穿白大褂的日本人。鬼子不高,穿的黄呢子衣服。

采访时间：2008 年 9 月 1 日

采访地点：临西县老官寨乡姜庄村

采访人：陈东辉 石赛玉 胡 月

被采访人：王桂香（女 81 岁 属龙）

王桂香

民国 32 年天气有好的，有不好的，民国 31 年、32 年是大贱年。那一年有蚂蚱，俺打蚂蚱，民国 32 年过来以后有蝗虫，有个沟往那里赶蝗虫。连旱三年不收，老天也不下雨，过了 50 里水淹，河水淹，过了好几年才记事，下雨时我才十几岁不记得。蚂蚱把谷子叶、麻都咬了，穗都吃了。吃的糠的菜的，苦的，咬的，我那儿有上远方要饭的，陕西，什么地方都有，山东省韩炉村，上这要饭来的，逃荒来的。

旱情下的雨，雨水淹，后来河水淹，西南的水淹的。民国 32 年听说的霍乱转筋，来打这里听说的，光记得俺这块的女子，得了病打滚死了。万朋的三姐得了霍乱转筋，20 多岁，赶集回来，像得了疯病，来不及请医生就死了。

上吐下泻，可不厉害，这个村俺倒没听说死过几个人，听说这儿害痛那儿害痛，不知道死了几个人，那时候年景不好，不在意得病这事，光听说，不知道，谁管也不知道。

见过鬼子，民国 32 年，贱年在娘家见的。一来的时候，年轻人就跑，老人跑不动，就看见日本人穿着黄衣裳，鬼子和皇协（军）一样，都穿黄衣裳。没发过吃的。

倪 庄

采访时间： 2008 年 9 月 3 日

采访地点： 临西县摇鞍镇南杏园

采访人： 孟 静　刘 勇　杨彩梅

被采访人： 朱贵荣（女　80 岁　属蛇）

朱贵荣

（1943 在娘家倪庄）老头儿在部队上见过日本人，他大我 11 岁，我在扫荡时见过。

民国 32 年，那时还小，都饿死了，灾荒过去，日本鬼子来扫荡，日本人的兵工厂都是根据地。

地里旱，旱了没一年，闹蚂蚱，挖上沟，用杆子摔，说往东都往东，说往南都往南，门口一人多深。那年没下雨，也没发水，都是蝗虫。

后来是霍乱，有钱的锁上门看病，没钱的等着死，一家出两口棺材。那病没法治，不知传不传染，死人多，各村都死六七十口，抬出去就埋了，抽筋哆嗦，都说叫霍乱病，得了霍乱也不治，也不哭，直接埋了。有逃荒的都到河南去，有的卖到河南去，后来荒好了就都又赎回来了。

有土匪，和日本人都抢东西。

十八里堡

采访时间： 2008 年 9 月 1 日

采访地点： 临西县老官寨乡十八里堡

采访人： 陈东辉　石赛玉　胡 月

被采访人： 张凤兰（女　89 岁　属猴）

民国 32 年没听说过有事。过贱年逃荒，都说大贱年，俺又不知道这个。

这几年都好，那几年，年年淹、旱。俺这好忘，逃荒的不知道，俺跟着娘家呢。17 岁结的婚。

我记得遭了回蚂蚱，不记得哪年。

霍乱转筋，前面的姐姐死了不知道得病症状，村里没听说得霍乱转筋，没记得死了多少人。

七天七夜雨记不清了。

日本人，都是日本人，高丽人听说过，没有见过。

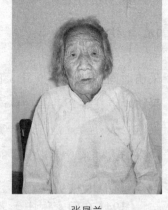

张凤兰

水波村

采访时间：2008 年 9 月 2 日

采访地点：临西县河西镇朱庄村

采访人：高海涛　王　青　靳　鑫

被采访人：焦桂英（女　81 岁　属龙）

焦桂英

民国 32 年大概记得，灾荒，又下雨，又开口子，还得霍乱，先干旱，后来就淹了。

饿死的人很多，也有出去逃荒的，也有在家看门的。上城里去了，喝胡豆去了，不知道河东、河西，那时候小，不记得，坐船去的。河水淹了以后去的。

下雨下了七八天，人人都得霍乱。在六七月了下的雨，我见过霍乱，得病的不少，病症不清楚，那时候小，症状不知道，光知道用针扎。俺一个爷爷给人扎针，累死了，不是亲爷爷，家里的爷爷。家里没有人得，俺家没得的，别的庄多，那边得的多住篱笆地，都得霍乱，村里人少得。

河开口子了，六月那会儿，开口子之前没下雨，开口子以后下的，光下，下了七八天，昼夜不停，自个儿开的口子。那时候日本人在这，没听说扒开过，都阴天下雨，在城里开的口子，不知道具体的地方了，那时小，记不住。

那时候见过日本人，经常来，开车来，下车，抓鸡，抓鸡燎燎就吃，鸡蛋拿，也有皇协军，也有日本人。没见过穿白大褂的日本人，那会儿小，都不敢看。民国 32 年在娘家，水波村，西北，离这七八里地。在水波，那年有蝗灾，打蚂蚱，往沟里赶，赶沟里埋土，开沟抓，那时旱是旱点，蚂蚱来一群一群的有大蚂蚱，也有小蚂蚱，满地是蚂蚱。

采访时间：2008 年 9 月 1 日
采访地点：临西县老官寨乡姜庄村
采 访 人：陈东辉　石赛玉　胡　月
被采访人：刘振玉（女　76 岁　属鸡）

刘振玉

民国 32 年旱，那时也淹了，当时在娘家，在水波村上，到末了，雨水淹，那时年年淹，一下雨就往那儿淹。年年下雨年年漏，七天七夜雨又是挨饿那一年，河水年年淹。

蝗虫晚，年年遭，不记得蚂蚱，旱了以后就开始闹。庄稼没收，逃荒后头十几家就剩下两家，谁知道去哪儿，那会儿我不知道。

吃糠吃菜，牛叶子、花捞子（棉花）。

日本人没来，没见过日本人。那时见过皇协（军），装日本（人）。

霍乱转筋大了，得了十几个，看着那么大一个小伙子都在床上躺着，小名九老奇，扎了十几针。附近，我家里、邻居没得，不记得什么样子，就记得扎了很多针。有没救过来就死了，也有人扎针救活了，不知道扎针流不流黑血。

逃荒有到枣庄的，有去东北的，俺那胡同逃得就剩俺两家。俺在家推磨，俺在家做买卖，吃麸子，没逃。

采访时间：2008年1月25日
采访地点：临西县老官寨乡水波村
采 访 人：石兴政　马金凤　颜有晶
被采访人：于祥鸣（男　84岁　属鼠）

于祥鸣

民国32年，光旱，那时没人治理这个。灾荒年那年，先旱，后来大雨，都淹了，那红高粱光露个头，都淹了。村里的宅子也淹。那年得霍乱转筋，有钱治，没钱就死。吃药，扎旱针，扎肚子的多，抓的那些中药啊，村子里有两个药铺，有治好的，壮实的治好了，不壮实的就死了。那么传染，那会儿哪有这些药铺啥的，还死老人很多，家里没人得这个病。

那会儿那河不开了个口子嘛，河弯弯扭扭的，都没治理。

旱了生蝗虫，蝗虫伢子吃得光剩秆了，后来朝南飞，几天就走了，来一批吃一茬。

那会儿人就吃花籽油，蚂蚱也吃，淹喽就逮鱼吃，那会儿河开口子。

下了雨，七天七夜，阴历六月开始下的。房子不倒，那会儿得霍乱的多，死的也多，就用个席子裹了埋了，现在生活好来，不吃红高粱了。

当时村里千八百人，得病，逃荒，都逃到黄河南边了，河南省，江苏省，沙河寨。

淹了后走，过了节就逃荒了，坐船才能走，顺着运河往南走，南边高，淹不着，用松木造船，菏泽、天津卫运来，老宽那河，河堤上还有人家，河坡也陡，那会儿都向北淌。

日本人来了，皇协军在那炮楼里，待了七八年，炮楼里日本人住上边，皇协军住下边。要粮食啊，不给就上家里抢，一来就抢。臭炮没有，白大褂没有。

运河开过口子，日本人把口子挖开了，淹老百姓。他们光祸害妇女，还有把人带走干活。很多没回来，不知上哪去了。吃的，那会儿光红高粱，除了霍乱转筋就是霍乱转筋，麦子淹了，高地才有麦子，冬天就白地，没人种麦子，谷子也不够淹，北边高点。那会儿平均一个人二亩地，那会儿收得少，一亩地一口袋，百十斤，淹喽就收七八十斤，这不兴种红薯，东北地里也不行，白萝卜、红萝卜、黄花菜，也种点，嗨，不收么，还吃馍?! 冬天喝热水，热天就喝生水，（有）菜瓜，甜瓜，那会儿也种瓜。

采访时间： 2008 年 9 月 1 日

采访地点： 临西县老官寨乡水波村

采 访 人： 陈东辉 石赛玉 胡 月

被采访人： 张殿奎（男 80 岁 属蛇）

张殿奎

河水淹我记得。御河都到这么高，是民国 32 年淹的吧。反正是淹那一年厉害，那年大贱年逃荒的不少，都挨饿，我才 10 来岁就逃出去了。民国 32 年在家。

那几年不太旱。都是淹，七天七夜雨淹得房子都漏。也有蝗灾，到后来遭的是蝗灾，哪都不知道是建国前建国后不，不是淹就是旱，再就是蝗灾那几年。饥荒吃糠，吃萝卜，咱挨饿，热水喝得少，凉水喝得多。逃荒都逃到河南去，也有上别处去的，有上禹城去的。

七天七夜雨，那会儿反正地里下得老深的，村里没修这个道，这是沟，也下得满水。有时候是下雨淹，也有时候是河水淹。决是决过口子，在南江庄开过，在大营开过，我见过开口子，哪一年我记不清了。七天七夜雨和开口子是不是一年我说不上，开口子是在之前还是之后，忘了。饿得不行，当时有饿死的，民国 32 年那年人死得不多，倒是 1960 年那年死的人多，那时没什么病，没听说得霍乱转筋，这里没有得的。

逃荒的哪儿去的都有，谁在家饿着？都逃荒要饭去了，我逃出去三次了，七天七夜雨以前没出去过，以后出去的。

我不识字，谁记得是谁统治，可能是皇协军管的，那时日本鬼子来中国，皇协军听他们的。皇协军来过，抢东西，鬼子也来过，那是多少年啊，在老官寨，上这来过，吃你东西，吃鸡。没见过白大褂的日本人，他们个不高，黄衣裳，铁帽子。

孙槐村

采访时间：2008 年 9 月 1 日
采访地点：临西县老官寨乡孙槐村
采 访 人：高海涛　王　青　靳　鑫
被采访人：傅玉池（男　84 岁　属牛）

傅玉池

今年 84（岁）了，属牛，叫傅玉池。一家三代都是先生。我两个儿子三个孙子两个重孙女一个重孙子。

鬼子 1937 年进中国，那时正是小学将毕业，日本人进来，这算断了我小学，要不是日本人进来可能还得上。老人让我在家劳动，一看农民没多大意思，那会儿跟这会儿不能比。那会儿收麦子收个几十斤在这儿。都年年种。好比说耩麦子，下雨了。将麦苗弄好接着又旱了。

民国 32 年又是大贱年，又传一种病叫霍乱，死得很多。都在这边。我的一个亲嫂子在前院住。也不是很亲，都在一家吃饭。她也是得这种病死的，五嫂子，霍乱是上吐下泻。死没人了，还传染。那会儿和这会儿医院不一样。那会儿一个药都配不齐。

我还得过一个毛病来，那时候叫我出苦力，家里没人，我那才十几（岁），上马尖，有炮楼，给掘沟，一个村出多少人，换班，上下班制。回来，（日本人）看到我了。那时候共产党修沟，做游击战嘛。在壕里走的，一抬头不敢跑了，那时吓一场病。他（日本人）那时候说的话也不懂，反正就是死啦死啦的了。吓场病。发烧了，七天不醒人事。吃药也没治好，七天才醒来。

那时旱灾水灾很厉害。日本人不管人的死活。霍乱转筋是一个事，上吐下泻，腿转筋是急病。死老多人了。那会儿不像这有广播。那会儿只算看到的。都是这样，这会儿全国的事全世界的事都是很灵通。那时候听不到外界的事，就传这事，那时候也没收音机什么。霍乱病光俺村就死了不少，那时我还小。村里都死光人了。民国 32 年，这会儿按公元一九几几年。

鬼子在这时，他 1937 年进中国，1945 年投降。这八年期间真成了亡国奴了。鸡狗不如过生活。霍乱这病跟气候有关。我拉拉咱这的生活吧。咱这跟个湖底一样，向东西南北都 10 来里，咱这村好像是一个湖底一样，下雨要像这回广东广西湖南湖北下那么大的雨，油漆路一下就没车轱辘了。那会儿下的不是很大，头一天下了六七个小时就到膝盖。那会儿也没有人修路，平常走的路有了水蹚水，有了泥蹚泥。一说水灾，河口子还三年挡，两年开了河口子，水一大，日本（人）他也不管，就是卫河向南说是御河，临清以西南不是叫卫河御河嘛。向北叫御河南边到黄河了。向北到北京，我经历的这八年，河口子经常开。我一升学，共产党领导人民，那井那时用过，这也没水了，改造了。咱这好淹，别的水这么一淹就。我那时还是村里的保安来,一解放,了解了解淹什么情况,咱这最洼了。西边那边在临清来渠慢慢地加深了,有了这个渠,不淹了。共产党来了好了,慢慢地都富了,共产党来了,领导人们改善生活,好好生产。也能种麦子,也能按时种庄稼了。不淹了。慢慢打井了。过去来说,20亩地收不了现在一亩地,收少了,收这么一把。红高粱,吃红高粱,还没么吃,吃不饱,吃缸底。

民国32年水大了,鬼子还扒过,临清他不是修大桥嘛,是木桥,不像咱这会儿修的桥,水泥桥,它结实。东北拉的木材,使木头弄的桥。水大了,冲啊,他一看不行,就扒了。有时水大了把河拱开。有时候对他不利的事,他不管人民死活,他也扒。哪年,日子记不清了,有这种事,我经了。三年挡两年淹,经过日本在这八年,不是旱就是淹。口子就在临清那边扒的。鬼子修的木桥,在大桥南,城乡外拆了,向北拆了老些了,那会儿开口子时都在那过去,带拱的桥的北边。堤有人站的那么高,堤顶有两米吧,不牢靠。共产党来了,打堤,水大了,放水,没开过口子。地名,这会儿都没那个音了,就在老拱桥北边。从临清过来,北边那个,桥不叫走了,就是从那个桥过来的。上边是圈,下边是桥,我说的就在北边,这都已经改变了,现在。不就是,朱干乡那儿,河西,前街不是正对着朱干乡嘛,这个桥就是那个桥,就在那片扒的口子,在北边。河东堤高,坝高也淌不出来,咱这边洼,他一扒,再一冲就得几丈深,10来分钟就10来丈远了。那会儿扒口子不费事,掘上几锨,一会儿就来水,你得赶快跑,都传开了。好比水不算大,不是说眼看要决堤,冲开了,没那么大的水,它就开口子了,这不都传开了嘛,都说日本(人)扒的,庄稼人都听说了。那会儿(我)没20(岁),(日本人)1945年投降,1937年进中国。

要说蝗灾,不说你不知道。那个蚂蚱连庄上,连地上就跟水要淌一样,蚂蚱一个压一个。庄稼那时候又没药,没什么的。挖个沟,这么宽的沟,它能跳过去,跳进壕里。它一飞,天都能遮住阳光了,它要上哪飞都上哪飞。解放后,听说蝗灾,哪有蝗灾,飞机一打。蝗灾不是一两次了,一旱了，它不像水淹三年挡两年，那个没有规律，我这么大年纪经历过几次。民国32年有没有记不清了，那时候三天两头有蝗灾。

逃荒，我在家里，我那时候10来岁，没记得逃荒。霍乱，我没说么，我五嫂子就是得霍乱死的。咱村的人死得很多，我那时知道人多去了，死刚人了。治都是扎，用针扎，吃药不行。一得了，上吐下泻，过不一天，一紧，这人就死了，你不，那个病死刚人了吗？日本人不是白大褂，我见过，好挎着东洋刀，扎着皮带，带着长刀，都是大管管。扛着东洋刀，你想，现在当小的，小挎刀，这是单个走的。穿大褂大袍的都是汉奸，中国人，皇协军。要是咱中国人不投降，不当汉奸，光他日本人，你就叫他占也占不过来。咱这日本人都是从东北三省过来的，他先占的东北三省都是吉林、奉先、黑龙江。卢沟桥事变开始进中国。

民国32年下雨那会儿，这儿的房子都倒了，过去那时候土坯房，那会儿一下雨，漏雨入房子，下雨（房子）倒得很多。那会儿，我觉得，雨多，它多也不是，说现在旱了浇水，那会儿越不用雨，它下了。六月雨泛船呢，数六月雨多，来到一块云，轰轰轰，下那么大，越不叫它下它越下。它是这么回事，春天麦子不长，越巴结着它下雨，它不下，麦子受收了，它也下雨，麦子又得捂巴了。有时，春天有点雨，有点灾荒，那时候人生活苦，原因就在这。你看俺这种的，第一年赶上也不是很多，三四亩地。那会儿一年一口袋也就80多斤，好，今年大丰收了高兴得不得了。那时三年当中两年淹，不是旱就是淹。

都出去要饭，数咱这逃荒的人多，不是淹就是旱，向南方跑，南方土质好，沙土地耐旱，咱这是胶泥地，不耐旱，开河口子没人撵，你看咱这，你从南边来，都是平地盖房子吧，咱这是高岗子上盖，都也提高了两米吧，都也提高了，给过去两米高，淹了不少。咱是泥土地胶泥地。现在是21世纪都是七八十年代的房子。一到河水淹，两米，我十几（岁），我和我父亲。高粱就露头，俺父亲撑着船让我上高粱穗。船晃荡，一个不小心我翻进去了，我会凫水，让我试试多深，得一人多深，一开口子都这么深，两米高的岗还得挡这么高的堰，你说上哪跑。咱这离炮楼近，他要么咱就给么，他不要馍馍就要肉，多少你得给送。一到西边要，不给，人民军不叫送。咱这这么近不给送不行，他来咱这不杀什么人，一到孙关那边机枪噎噎噎，叫站起来，机枪噎噎噎，不就完了嘛。一看到皇协（军）日本（人）就得跑，跑动就跑，跑不动，老人、小孩在家就死了。那会儿日本（人），皇协（军）一来，都得跑。

采访时间： 2008 年 9 月 1 日
采访地点： 临西县老官寨乡孙槐村
采 访 人： 高海涛　王　青　靳　鑫
被采访人： 孙百善（男　75 岁　属狗）

孙百善

　　今年 75 岁，属狗，姓孙叫孙百善，民国 32 年几乎记不很准确。

　　那时候，小时候过灾荒，生活不行，旱。那年民国 32 年，前边旱后边淹，下了七八天。这边淹了，雨水淹的，河水没过来。没发洪水。

　　都逃荒，要饭去了，哪儿去了，茌平，林县。那时候都出去了，那时候都没这下人，死了不少。得霍乱转筋，下雨后得的，受潮。民国 32 年，闹了回蚂蚱。下雨前，霍乱得不少，忽忽往外逃，我那时候还小，不太记得。

　　这街上死了两口，老人的名字记不准。那个我记不住症状，那时小。下雨后得的，霍乱挺多的。扒河口子还早。民国 32 年光知道前边旱后边淹。

　　那时候记不准，旱都是沿下雨。黑夜蚂蚱过去都看不见天，都掘壕。庄稼都吃光了。之后又下雨了，下大雨了。七月几了，可能七月几。

　　那都种高粱地，没别的，雨下了七八天，下雨之间没吃的，那会儿人真困难，下雨之后得霍乱的。得有六七十来年了。

日本进中国，我是小孩，日本人来时举小旗，给孩子糕点吃，一点点了，记么事，七八岁。民国32年发水在后。日本人进中国早，日本在发水也在这过去。

有日本人扒开的河口子这么回事，哪年不知道，那时小。给炸开的。临清河边西南湾子那儿，河西那边有个三沿井，南边那个南湾子弄开的，向北沿这可厉害了，不记得咋知道了，扒的那个河叫卫河。

民国32年以前。有六七岁，没有10岁那么大。

魏庄村

采访时间： 2008年9月1日

采访地点： 临西县老官寨乡魏庄村

采 访 人： 张　萌　张利然　吕元军

被采访人： 巩瀛海（男　79岁　属马）

巩瀛海

灾荒年是民国32年。

民国31年麦子就没怎么收，一直旱，旱了两年。下雨了，下雨晚了，庄稼没种上。没发洪水，这里死人不多，都逃荒了。民国32年春天走得多，我没出去逃荒。（他们大多）逃到枣庄。

得病就是饿的，腿肿。有得霍乱转筋的，饿的。人没抵抗力。那个病急，肚里没东西。这个病拉肚子，连吐带泻，一咬牙就死了。不知道传不传染。

没人治，扎旱针不管事，扎过来的人少，不多。扎针不流血，一般不流血。下雨后得病的这个多，下雨前也有。九月、十月里下的雨。

　　民国 32 年以后闹蚂蚱，那年没有。当时国民党控制，日本人也来了，当时不在这儿。

　　民国 32 年以后也下过七天七夜的雨，那是以后的，屋里漏雨，卫河没发水。临清"铁窗户"开口子，大概十二三岁，水多开口子，不是日本人扒开的。

　　我 8 岁的时候尖庄开口子，不是民国 32 年。

采访时间： 2008 年 9 月 1 日
采访地点： 临西县老官寨乡魏庄村
采 访 人： 张　萌　张利然　吕元军
被采访人： 杨庆祥（男　89 岁　属猴）

杨庆祥

　　民国 32 年是灾荒年。临清一个小孩饿得在地上摸到一个麦壳子就放嘴里吃了。要饭的成群结队的。

　　闹天灾，旱，从民国 32 年开始旱。收点儿粮食，不多。闹过蝗虫，不是很厉害。大水在日本鬼子进中国的时候最危险，最厉害。民国 32 年旱灾很厉害。

　　死的不是很多，那时没人管，没人照应。没粮食吃。灾病更没法治，人病伤亡得多。饿死一部分。什么病都有，杂病。有得霍乱转筋的，营养不好。这病没治，没药。只有几个会扎扎旱针，治不好。有急病叫扎病（霍乱），死得快。这个传染人，治不了，治不及。这个扎病有上吐下泻的症状。

　　淹过，没听说过日本人扒口子。他们是作践百姓，就是枪打。没开过口子。他们从俺村里抓走 14 个人，枪毙了好几个。抓到王官庄，认为他们是八路就审，审完后分三批，一批枪毙的，一批去挖煤，还有一批是被放回来了。挖煤的到石家庄。

西杨庄村

采访时间： 2008 年 9 月 1 日
采访地点： 临西县老官寨乡西杨庄村
采访人： 陈东辉　石赛玉　胡　月
被采访人： 范秀兰（女　89 岁　属猴）

范秀兰

　　高粱都旱死了，一年都没收东西。现在都不旱了，浇上水什么都不管了。年年淹，不是淹就是旱，不知道旱了几年，反正没过过好日子。蚂蚱把蚊子都吃了，那个不记得是什么时候了，撵到山沟里用土埋。八路军一来就不让往家倒了，怕得病。

　　胡金川，是书记的姐夫，得了霍乱转筋，33（岁）就死了，也不知道是什么病，在路上就死了，都说是霍乱转筋。我不记那个（得病的时候）。那会儿媳妇不叫出门（不清楚症状），那会儿在这儿咧（已经嫁过来了），把人抓去问。

　　日本人不高，人不高。下了九天九夜，屋漏，房倒屋塌。下雨在秋天，高粱收了也不能晒，都捂了。哪有河？八路军来了才挖的。

采访时间： 2008 年 9 月 1 日
采访地点： 临西县老官寨乡西杨庄村
采访人： 陈东辉　石赛玉　胡　月
被采访人： 胡玉香（女　82 岁　属兔）

　　天气咱不知道，春地没种上庄稼，不耩地过了麦还是旱。过了麦耩地我就肚子疼了，不大知道。下了雨就去耩地，下大下小不知道。没庄稼怎么有蚂蚱，掘一个沟，蚂蚱蹦跶蹦跶，都滚成一个圈。那会儿没东西吃，谁知道是解放前解放后。

胡玉香

哥哥大贱年出去了，爹爹（胡玉香的父亲）也出去了，把我丢在娘家了，说我刚过了事（结婚）在外面不方便，把我和俺儿都落家里了。他说我要是行，就会来接我，后来水路不通，回不来了。俺两个在家里饿，卖了车换吃的。得病前刚过事不久，得病就是在婆家得的。

跟这二老扁往外走，他哥哥跟着春玉他娘去西北口。别人捎信来了说"我这儿水路不通，还是沿着这街"，让春玉他娘告诉我，她也没告诉我。

下雨下得不大，没有淹，反正耩地了。日本人戳开了河堤，开口了。得病后，都把俺这儿的淹了，光淹了俺这儿，不是蒋家大营，听说是鬼子戳的，真的假的反正都这么说，都说是在我得病之后。

20 多岁得的病，村里病得不多，都死了，就我活了。就光肚子疼，天黑就开始肚子疼，睡不着觉，不记得吃没吃饭，上午就疼开了，就拉泻，不拉血，跑茅子，虚泻，肚子疼，早上起来就更厉害了，吃早饭以后才扎好。直挺直挺地走，腰都抽筋了，反过来正过去不会动了。舌头这里都扎针，胳膊、腿上都扎针，肚子上也扎，扎了几针，都快死了，先放血后扎针，娘从娘家带来的医生，扎一个救一个。

又有一个得病的，我婶子范氏，都看过来了。后来又死了，20 来岁。

日本人来是来过，不记得哪一年了。得病以前，刚过了事，18 岁。见过皇协（军）。那会儿日本（人）扫荡，我去的那帘子也被抢走了。日本人还去城里嘞，我又藏起来，日本人到了俺家摘了一扇门，走不动了，自己砸死自己人。他们问八路上哪儿去了，就说走了，要不他们打你。他们给咱发什么东西？人都给砸伤了，还发给你什么东西。他们扫荡时我才

19、20（岁）的都不记得了。

开了河口，庄稼淹了，高粱光剩一个秆子，光秃秃的。开河口子不记得是哪年，得病前啊？过贱年开河口子了，河开的，河决口的，那一年我还没去，就开河口子了，不是民国 32 年。开了好几回嘞，记不得具体是哪一年了。

吃没吃的，喝没喝的，吃干榆叶，吃野菜，吃一点儿粮食也不让吃饱。村里得病的不多，有几个，那时一个老妈妈、老头子早死了，没有孩子，一家得病就死了，不知道姓名。

采访时间：2008 年 9 月 1 日
采访地点：临西县老官寨乡西杨庄村
采 访 人：陈东辉　石赛玉　胡　月
被采访人：信玉莲（女　78 岁　属羊）

信玉莲

天气旱，旱得厉害，庄稼收，人还能饿死了吗？没水浇庄稼，那人都饿死了。

那一年不是蝗虫，蝗虫不记得哪一年，用簸箕撮，掘一个沟往里赶。咱记不清，反正是大贱年以后，咱不懂这个。

那年没有逃荒的，可能不是那一年，都是在家乡，没见过逃荒的。啥时下的雨咱不知道，七天七夜那到以后，河水淹，干旱以后才七天七夜雨，河开口，不记得河淹没淹，反正下了七天七夜。

没有什么河，庄稼什么的全部都绑在树桩上（防止被水冲走）。

也没什么病，又带女，什么病就叫医生抓副药，治不好就死了。那时人都饿得不定上哪儿去，吃糠吃菜的，有能力就上外地逃荒去了，上哪儿的都有。

民国 32 年，下雨以后，下雨大的，上面来水，东边的什么铺开了，淌在村里淹。那会儿都喝凉水，没热水。霍乱转筋早，（霍乱症状）掀颈，别的没有见过，霍乱病在村里不严重，这一片没有得的。俺家老婆婆说得那个病，都说土医生用旱针扎，也上吐下泻，拉得厉害。老婆婆得病时年纪不小了，六七十（岁）了，不传染，是受凉的，那病发病快，有的两天就死了，老婆婆几天就死了。当时在俺家里得的，在俺村里看的。俺村没有医生。

见过日本人，戴个铁帽子，戴个小红旗。不知道谁管这个地方，皇协军来了抢了东西就走，没见过日本人来抢东西。

那会儿俺不在家，去卖点儿么（赶集），就她自己在家，家里没人，就老奶奶自己在家做饭吃。

霍乱病的时候淹了，反正是下雨淹了，不是河水。咱没听说附近有得的，不知道。娘家在姚庄，离这儿五六里地，当时嫁过来了，没在娘家。

西袁庄

采访时间：2008 年 9 月 1 日
采访地点：临西县老官寨乡西袁庄
采 访 人：孟　静　刘　勇　杨彩梅
被采访人：孙凤江（男　76 岁　属鸡）

孙凤江

民国 32 年，挨饿，皇协（军）要公粮。两边要，地里招蚂蚱，地旱，头旱又招虫子，都吃了庄稼，后年下了七天七夜，淹了，家家户户漏房子，水都是下雨下的，那年河没开口子，才到大腿根。发过大水后，闹霍乱转筋，没人管。以前没得过，雨后有的，咱村里就一下得的死了，都是受潮受的，得病就死，不知道传不传染。那年有逃荒的，我没去，到南京、蚌埠，到枣庄，都是听说的。

采访时间： 2008 年 9 月 1 日

采访地点： 临西县老官寨乡西袁庄

采访人： 孟 静 刘 勇 杨彩梅

被采访人： 孙金福（男 73 岁 属鼠）

孙金福

原来这儿有个炮楼，民国 32 年，大贱年，蝗虫蚂蚱多把庄稼吃了，后来淹了，下雨下的水，积水成灾，雨下得大，下了七天七夜，也有河水，卫河开口子了，就是民国 32 年，七八月份开了口子，它自己开的，都淹到这儿了，淹到腰。六七月蝗虫来了，闹了瘟疫，叫霍乱转筋，上吐下泻。见过这样的。我村里死了很多。不知道怎么治，没医生，都是土医生，豆庄村得病的不少，具体多少不知道，人饿的，都逃了，到关外，东三省，南徐州，黄河南到济宁这一带。霍乱传染，得病了人死得快，一会儿就死，传染很厉害。

有吃的都让皇协（军）抢了，当时日本人在这儿，共产党地下工作，国民党离这儿 30 多里。得霍乱时日本人不管，只吃老百姓的东西，进村就放狼狗，狗进村就叼鸡，有点吃头，皇协军都拿走了。下雨后，日本人也来抢东西，拆房子拿木头，也打八路军。霍乱当时没人治，没有治过来的。

采访时间： 2008 年 9 月 1 日

采访地点： 临西县老官寨乡西袁庄

采访人： 孟 静 刘 勇 杨彩梅

被采访人： 张长征（男 73 岁 属鼠）

民国 32 年，真可怜，先旱后淹，大雨下了七天七夜，都是雨水淹的。村里有水。蝗虫不记得了，闹水后有霍乱转筋，以前没这病，这儿得病的不少，我奶奶就得病死了，就是抽筋，家里其他人没得的。那时候没吃没喝，那病传染。人都逃荒去了，我也去了，到河东，属临清，也有去南京、蚌埠的。得霍乱后没人治，当医生的出不了门。那段时间日本人没事，这儿有炮楼没日本人来，没听说日本人得病。当时吃的是井水，喝凉水的多，不烧就喝，那时穷得厉害，当时马龙庄得病的多。

张长征

采访时间： 2008 年 9 月 1 日

采访地点： 临西县老官寨乡西袁庄

采 访 人： 孟　静　刘　勇　杨彩梅

被采访人： 张万君（男　81 岁　属龙）

张万君

民国 32 年，又淹又旱，贱年，人饿死的不少。闹虫子，闹蚂蚱，都往坑里轰。八月二十八日，连雨天，下了七天七夜，下得也不小，不住点，黑天白夜地下，庄稼都淹死了，房子没淹，村的宅子高。那年闹瘟疫，霍乱转筋，人死得不少，俺家没有。

那时候都跟着大人，到威县卖粮食去，那里贵，挨饿也卖，做买卖。

屋也漏了。得霍乱的下雨前没有，雨后有的，光扎针，有扎好的，传染不传染不知道，见过霍乱转筋的，发烧跑茅房的不知道。死的人不少，老人死了不少，死了没一半。

也有河水，卫河来的，自己鼓开的。

逃荒的到南京、蚌埠的，到河东临清的，茌平那边，到天津的，下关外的没听见。大都在外边没回来。也有死那儿的。俺这儿有炮楼，整天给他干活。皇协（军）孬，这儿没日本人，只有皇协（军）。

采访时间：2008年9月1日

采访地点：临西县老官寨乡西袁庄

采 访 人：孟　静　刘　勇　杨彩梅

被采访人：郭宫英（女　86岁　属猪）

那时挨饿，地里旱。蝗虫有，多，那时闹过，要饭去了，上临清，河东去了。有大水淹了，吃没吃的，穿没穿的，那会儿有七天七夜雨。满街水，地里全水，都是雨水，没河水，南江（音）来的水，后来的鼠疫，什么病都有，霍乱转筋，说死快熬人。北边有个村说是厉害，这边没听说有得霍乱的。

西寨村

采访时间：2008年9月2日

采访地点：临西县老官寨乡西寨村

采 访 人：孟　静　刘　勇　杨彩梅

被采访人：刘春芳（女　77岁　属猴）

刘春芳

民国32年招蚂蚱，打蚂蚱。一个村都去打蚂蚱，不干活。都吃谷子高粱。又旱又招蚂蚱，有一年多没下雨，春天里下点雨。民国32年那年河里扒口子，东边这个河，卫运河扒开了，日本人扒的。后来下雨七天七夜，给淹了。经历过，没看见。水都淹了，淹大了。庄稼都淹了，深的到脖。庄稼都淹沤了。家家户户漏房子。七八月份下雨。

民国32年，灾荒真可怜，下七天七夜。人都受潮得霍乱转筋，肚子疼，都死。说是给日本出夫，喝水喝的。喝井里的水，井里的水不好，没烧过。出夫抓人干活，喝井里的水喝的，说是扎病。有得扎病，西边姓徐的，我表侄（兄弟叫徐庆云）憨七就死了，得了当天就死了。有个老先生，病了就给他扎针，当时没给他扎过来。也有扎好的，也有扎不好的。不知道谁扎好了。浑身都给扎。不传染吧应该是，喝水喝的，死的人都埋了，埋自家地里，南北都有。

得病的时候，么都没有，吃榆叶槐叶。地里野菜灰叶，吃糠，拉不出屎来。都喝村里的井，有钱的户打井，有井的浇地。

有逃荒的，不少。没一半，一半的一半逃出去了。哪里都有，东方的，北往沈阳，关东，向南到南京，向东到临清。

那会儿日本人孬。见媳妇闺女就叫好好的，都吓跑了。当皇协（军）的有，抢东西。西边姓张的，姓赵的。村里不少当过皇协。日本人不几天就扫荡，抓八路军，霍乱时也来扫荡过。霍乱都有，不知哪边严重。

他们都说叫霍乱转筋，下雨后才有的。有土匪，日本鬼子没来就有土匪。匪头儿叫"李庄、小庄"。有一个成伙的，拿枪到家摸，日本人来以后都解散了。卫运河决口在浮桥。那儿决了好几个口子。淹到这儿淹地面不小了。水刚出来是清的，后来浑了。深的到脖子，浅的到腰。各村打坝子，房子没塌，没淹到屋子这里。

采访时间：2008年9月2日

采访地点：临西县老官寨西寨村

采访人：孟　静　刘　勇　杨彩梅

被采访人：张玉英（女　77岁　属猴）

旱得厉害，蚂蚱把庄稼吃光了。老天爷不下雨。旱了多长时间不记得，蚂蚱把谷穗吃了。男女老少都打蚂蚱吃，光吃蚂蚱，要不都饿死了。逃荒的多了，能吃苦的吃蚂蚱，不能吃苦的逃荒了。不知道逃到哪儿去了。这个村也有逃荒的，不知道是谁。人肯定是挨饿了。蚂蚱连头都不揪，烹烹吃。还吃树叶，那年没下雨。七天七夜雨，旱了。不是民国32年，灾荒下七天七夜有，不是那年。人咋死的都有，淋得可惨了。下雨后有瘟疫，霍乱转筋。一会儿都死，等不到来先生就死。肚子疼不是转筋。得扎病，都上吐下泻，很厉害。控制不住，拉稀汤。得的人多，不知是多少。那会儿没开口子，没淹。病以前没有，那年才有。不知哪儿来的。

扎胳膊腕，叫扎病。喝井水，也烧开，有柴火烧开，没有就喝凉水。那年吃蚂蚱，叶子，树皮。死了的人都往地里埋，谁照顾谁。咋不传染，传染得厉害。没见过日本人，得病的家家都有，俺家没有。先生说叫霍乱转筋，也有扎好的。

项庄村

采访时间： 2008 年 9 月 2 日

采访地点： 临西县老官寨乡项庄村

采访人： 张 萌 张利然 吕元军

被采访人： 沈永祥（男 83 岁 属虎）

沈永祥

那会儿我 18（岁），民国 32 年。

有日本人在这儿，咱那边八路多，扒开口子淹八路。三年二年淹那会儿。

（地里）没收么，淹了，开口子开得早，六月初四，可能十四淹的。涨水，装不了了就开口子了。年年涨那么大。下雨，越涨水越下雨。雨多那会儿。黑天白天地下，下了七八天，会儿会儿下。六月的时候（下雨）多。下七八天那还早，不是民国32年。光旱，不是六月里涨水，开完口子会下雨。

民国32年没闹过蚂蚱，天旱，没井，靠天（种地）那会儿。

水大，地里有一人多深的水，河水淹的，这叫御河。小西门、南江庄、大营都开过口子（民国32年以后的事）。民国32年也开过口子。民国32年忘了哪儿开的，那年死人多了去了，没吃的，要饭。

民国33年二月逃到山东的博平，要饭吃。饿死的人多，卖么么不值钱，也没卖头。我大爷也出去要饭去了，在那儿冻死了。得病的很少，饿得水肿，身子虚。

俺村没听说过得霍乱转筋的，应该也有。咱那会儿没在家，上博平推着小车要饭去了。发水的时候在家。发水的时候人都去看河堤，抬土弄土。民国32年开过口子，齐店里看河堤，这里没开过。

那会儿饿的得霍乱转筋，我没有（见过），听说过。受凉吃不好就上吐下泻。那会儿肚子疼就扎（旱针）。上吐下泻不知道是啥名。霍乱转筋死得快，抽筋，揪、搐搐。听说有扎好的。扎旱针扎好的，扎穴道。

怎么没见过（日本鬼子）？会儿见。穿绿的，没见过穿白大褂的。

听过日本人扒口子，不记得哪一年。

采访时间：2008年9月2日
采访地点：临西县老官寨乡项庄村
采访人：张　萌　张利然　吕元军
被采访人：吴庆海（男　93岁　属龙）

吴庆海

1956年河里开口子，运河开口子。开了好几下子，在花园开了一回、大营开一回、南江庄开一回，民国32年没开口子。

民国32年旱，民国32年以后的哪一

年，下过七天七夜的雨，那时候鬼子没有，解放后的事，年岁不多。

那年（民国32年）没收粮食，很多人抢东西吃，死人不少。大都饿死的，饿死的不少。

那会儿说不上来（有什么病），听说过霍乱转筋，那是民国32年以前。（民国32年以前）霍乱转筋，他饿的，方庄有得霍乱转筋的，哪一年咱说不上来。死的人多，来不及抬。那年没下大雨，没发过河水。下了点小雨，不大。

不是民国32年闹蚂蚱，民国32年以后闹过蚂蚱，以后蚂蚱多。有向关外逃荒的，咱家那边都上关外，黑龙江，人少地多，往那里逃。我没逃出去，在家里待着。

这里没有得霍乱转筋的，方庄得这个病的多，说不上来哪年。

日本人怎么没见过？穿黄呢子衣裳，没见过（穿白大褂的）。

日本人想来扒口子，把大西门（教场的北部）的时候，徐光武（音），南五里的，说了好话，最后没扒。那时候河水冲开口子，日本兵又去扒的，开了他又扒，那日本（人）在这儿（事情发生到现在）60多年了。日本兵开了好几处口子，那一处最后没扒。

北徐门开过口子，河西镇上淹得一人多深。开口子，连下雨。下雨下得都不能抬土了。你说民国32年，就那一年开了好几回口子。

小马庄

采访时间： 2008年9月1日
采访地点： 临西县老官寨乡小马庄
采 访 人： 陈东辉　石赛玉　胡　月
被采访人： 张连友（男　79岁　属马）

民国32年都是旱，旱得厉害，那几年，几乎一年没下雨。民国32

年还闹蝗虫，大部分人都么吃过，我也么吃过。我们把蝗虫都赶入了挖好的一条沟。（吃）糠，红高粱，大部分人都在挨饿，饿死好多个，几十口的人都逃荒，逃到山东郓城、梁山那边，还有河南。

张连友

民国 32 年雨下得很少，只有两三点。下雨的时间还说不准。八九月，那会儿还靠天吃饭，现在有机井，没下雨不要紧。民国 34 年七天七夜的雨，我记得那时我 10 来岁，现在屋顶上都挂着瓦，但那个时候没有瓦。没听说过霍乱，但是民国 32 年的时候在家里有这种疾病。

七天七夜的雨，河口都开了。1938 年河口也淹过，往后也有开口的。最后 1963 年，1956 年也开过。临清卫河。

见过来俺村的日本人，还来了两趟。我当时在街上玩，日本人来了，长得和我们一样。都是衣裳不一样，衣裳穿黄的，军用鞋吧还都是皮鞋。皮鞋上有钉子，那会儿他们穿戴得很整齐，那会儿游击队员穿的比较破烂。我在后面喊：小日本小日本。（日本人一追我，我就跑了）

河开口和七天七夜的雨是有在同一年。我记得 1938 年开过一回 1963 年开过两回。是两边来的水使运城水库开的。

杨 楼

采访时间：2008 年 9 月 2 日

采访地点：临西县老官寨乡杨楼

采访人：孟　静　刘　勇　杨彩梅

被采访人：耿　山（男　79 岁　属马）

民国 32 年，过贱年，没收东西。要讨饭吃的。闹灾，旱，淹，没收点么，一直到暑伏后都没收。到立秋以后也没收么。地里虫灾不少，蚂蚱、蝗虫多，闹蝗虫，谷穗一点没收。我逃荒，到梁山。不逃的话都饿死了。五六月走的，高粱都熟了走的。那年连雨都没见，要下雨庄稼就收了。七天七夜雨是后来的，不是那年（民国 32 年）。过灾荒年后，七天七夜，地里满是水。得病害灾的闹不清，霍乱转筋有，在民国 32 年以前。

耿 山

民国 9 年霍乱转筋，民国 32 年以后没得的。逃荒的时候，家里卖的没点么了。

十四五（岁）那时卖芋窝窝。民国 32 年庄稼旱死了，寸草没见。日本鬼子那会儿有，在临清，没在这儿，那时八路军有，袁庄，马店都炮楼。

逃荒一年后回来的，逃到河南，梁山。村里逃荒的不少。也有北去关外，黑龙江，南去梁山，黄海。我住的是梁山拳铺镇。

挨饿的时候日本人没发东西吃，日本人来时给块糖，给小孩，成年人就不行了，就打你，揍你。见过日本鬼子，洋车也见过。穿黄衣服，附近没皇协军。

采访时间：2008 年 9 月 2 日

采访地点：临西县老官寨乡杨楼

采访人：孟 静 刘 勇 杨彩梅

被采访人：徐秀兰（女 93 岁 属龙）

大贱年，吃萝卜缨子，吃谷糠。民国 32 年是先旱后淹，收不着粮食。腊月二十五去的茌平。土地回熟，都逃荒回来了。买种子种地，旱得厉害，闹蚂蚱，后来河水淹了，从南边来的，就是卫河。河水来了，打上坝子，得往上看。那年河水来了，又下起来了。下七天七夜还多呢，我那还小，记不太清，还漏房子来。尽破房子，土房子。没过好日子。

徐秀兰

民国 9 年，我 5 岁，有得霍乱转筋。民国 32 年，没记得霍乱。民国 32 年逃荒到往平，腊月二十五走的，走了 300 里地，过麦就回来了。逃荒前没得瘟疫的。民国 9 年有，往外抬。我才 5 岁时，老五奶奶，老二奶奶，关八爷死。看见棺材。扎呀，扎不过来。不知道往哪儿扎，扎了不叫喝水，也有扎过来的，杨楼的，他六叔扎过来了，（李世头）把壶挂在树上，不让喝水，喝水就死了。又吐又泻，得扎针。没听说吃药。

不记得日本人来这儿了，别人逃到哪里不去，南，河南，北去黑龙江，关外。淹了之后喝河水，得烧开喝。没井，井也淹了。

姚　庄

采访时间：2008 年 8 月 31 日

采访地点：临西县老官寨乡姚庄

采访人：孟　静　刘　勇　杨彩梅

被采访人：谷玉贞（女　88 岁　属狗）

民国 32 年，吃糠咽菜，吃菜种吃蚂蚱，杨树叶。贱年没收，没粮食，地里旱，不下雨，蚂蚱吃了高粱、谷子，下了一点雨，也没收成。又一连下大雨，下了七天七夜，下

谷玉贞

了一米深，房子都漏了，搭窝棚。水是下雨下的，没河水。下雨后得霍乱转筋，死了不少。十个挑两三个死了，吃糠咽菜吃不好，就得了病，在床上起不来，浑身冷，抽筋，上吐下泻。那病不传染。下雨长，又吃得（不好），好些得了。逃荒的多，都往城东逃，埋那儿了。

得病时还没有日本鬼子，其他地方也没有，后来日本人才来，那时候没人管这地儿，就村里有个庄长，没政府了，炮楼都成土匪了。

得病后没人治，没好过来的死了扒坑埋，没人管。都喝井水，直接喝，把蚂蚱弄回来后炒炒吃，谁管谁那会儿。

采访时间：2008 年 8 月 31 日
采访地点：临西县老官寨乡姚庄
采 访 人：孟　静　刘　勇　杨彩梅
被采访人：袁　鹏（男　80 岁　属蛇）

袁　鹏

民国 32 年，逃荒要饭，大概阴历七八月份，没收麦子去逃荒，旱，耩麦子耩不上，虫吃蚂蚱咬。蚂蚱多，黑。那一年没下雨。七天七夜雨是在民国 32 年之前。都饿得人歪。人走在路上，歪倒就死了。闹瘟疫了，霍乱转筋，听说过，这里少，详细不知道。邱县那边多，可能是那一年没下雨，并不是因为下雨，就是饿的，走着就歪了（先旱后淹，咱这儿淹了，水从卫河来的，淹了一米多深），河口子开了，是自然开的。这边闹病不严重。日本人也炸河口子，不是这个时间，民国 32 年或以后。听说是淹八路军的。都逃荒，我逃荒到了济南。

采访时间： 2008 年 8 月 31 日

采访地点： 临西县老官寨乡姚庄

采访人： 孟 静 刘 勇 杨彩梅

被采访人： 赵金玉（男 71 岁 属虎）

赵金玉

　　民国 32 年，母亲带我赶集，刚买烧饼，咬一口就被小偷偷了，人饿的。有旱灾。地里闹蝗虫，就是蚂蚱，最多的时候把阳光都遮住，有黑的，也有黄的。用扫帚扫，一扫一堆。后来村北控一道沟，就跟树叶一样有一层，把蚂蚱扫沟里点火烧死。旱得不行，蝗虫飞过来，庄稼都成光杆儿了，地里的庄稼都旱干了，旱多长时间不知道。那时候才七八岁，不是成年人，只知道当时下了七天七夜雨，不清楚是不是那一年，反正是夏天，跟蝗虫是一年。得瘟疫，土话叫"发疟子"，跟发烧差不多，身上也发烧。今天 12 点发烧，明天 12 点就会发冷。不知是不是霍乱转筋，得了可能也死。

尹户山村

采访时间： 2008 年 9 月 1 日

采访地点： 临西县老官寨乡尹户山村

采访人： 张 萌 张利然 吕元军

被采访人： 尹金荣（男 83 岁 属虎）

尹金荣

　　民国 32 年过灾荒。年头不好，吃不好。我那时 18 岁。

　　那年不旱，闹水灾。下雨，大，七八月下的雨。我母亲就是下过雨死的。砖井都往上冒水，踩一脚一个水窝。

那年水下得大，那雨会儿下会儿不下，河里有水不上这里来。临清那里卫河，御河。

日本扒口子，卫河开口子。日本人都扒，就是民国32年扒的口子，从尖庄扒的口子。日本宪兵扒的，听说的。连扒口子，还有王八。这里淹，水淹有这么高（20—30厘米）。这里三年有两年淹。八九月开的口子，房子都倒塌了。下雨又扒口子，房子都塌了。水大。日本人让你扒你敢不扒吗？

可是死了很多人，有病死的，得霍乱转筋，见过得这个病的，我母亲得这个病。可得难受了，揪筋，那年头得这个病的人多，跑茅子，不得劲。又啰又吐，吐得厉害。得病的人多。吃不好喝不好还得什么好病，传多了去了。

有谁给治了，扎针、拔罐子，扎针扎不好，治不好，哪里都扎，一扎就十几针，没冒黑血，冒血就不行了。发水以后得的那个病，水都下去了才得那个病。吃河里水，开了口子就喝河里水，水下去了就喝井水了。喝开水。

那时候种高粱、棒子，也长不好。高粱都老高了，谷子都黄穗，下雨了。

闹蚂蚱那是以后，不是民国32年。

那时候都出去要饭去了，往西走，高地，这里洼，逃到地上高地。民国32年二三月的就出去了。我一直在家里来，没出去。

当时日本鬼子也来村里，见过日本鬼子，穿黄色衣服，没见过穿白大褂的鬼子。

日本扒口子淹八路军，分配哪里出多少人，你能不去吗？得去，不去不行。

云冯村

采访时间： 2008 年 9 月 1 日

采访地点： 临西县老官寨乡云冯村

采 访 人： 高海涛　王　青　靳　鑫

被采访人： 胡秀英（女　82 岁　属兔）

胡秀英

今年 82（岁）了，属兔的，我叫胡秀英，民国 32 年那年灾荒，没吃的，吃蚂蚱，都水淹了，那年下雨了。七月下的，下了七天七夜。饿死的不少。都说有得病，说是扎病，俺没见过。光知道听说。村里得病的人不少，不知道多少人。没记得有逃荒的，都没吃的打蚂蚱。都逃荒。我没出去，我村里都去逃荒了，去了桐城，沙沟，是南边。

那年发大水了，河水淹了村子。是临清那条河，听说是日本人扒开的，是民国 32 年。下雨之后，淹后吃蚂蚱，没吃的，当饭吃蚂蚱。

旱灾到后来都下雨了，房子都漏。人没淹死。都逃荒了。那时候死人也不多，饿死的不少。俺爹是那年死的，饿死的。

扎病，都说是扎病，那有啥症状啊，过去的事了。那会儿不知道，那会儿，二狗子多。

没见过穿白大褂的日本人，见了日本人都跑。

是日本人扒开的河口子，庄里都淹了，河水又来了，雨水下了之后。都知道是日本人扒开口子，大家都说（是日本人干的，民国 32 年），谁见过啊。咱离城里远。都是听说的，往西边扒的，扒口子淹的西边，下完雨扒的。扒口子后日本人都没来，再也没来。

采访时间： 2008 年 9 月 1 日

采访地点： 临西县老官寨乡云冯村

采 访 人： 高海涛　王　青　靳　鑫

被采访人： 胡延河（男　85 岁　属鼠）

胡延河

　　今年 85（岁）了，属鼠的，名字是胡延河。过去了记不住，民国 32 年是灾荒年，光记着逃荒要饭，上南边桐城，是山东。大御河开口子，在台子上也得一米的淹，就是在平地上有一人多深，那时我在村子里，淹这，不死人。临清大御河光开口子，俺这光下雨光淹。民国 32 年下得更多，七天七夜经常的那会儿，就那一年光下雨，光贱年贱年，共产党解放了这些年头好了。

　　老年说霍乱转筋，咱村里有，都说是扎病，那时候村里没医生，那是民国 32 年以前。民国 32 年得病的人不多，光淹，不是掘开河口子就是雨水，日本鬼子该不来多，他孬，日本人来抢砸，日本人扒河口子，日本鬼子淹八路在临清这边扒的。咱就说八路，没说地点，上河西淹八路，那会儿淹八路。咱这水少，河里没水。粮食日本鬼子，八路两边要。

　　民国 32 年灾荒真的很可怜么，那时共产党编的歌，民国 32 年，灾荒真可怜。逃荒到桐城，记不清了，淹了以后去的，这都知道了。过贱年共产党编的口谣我也忘了。

　　有蚂蚱，我不记得是哪年，旱灾厉害数俺这最厉害，最厉害的是这窝。有饿死的。民国 32 年那年大炮跟着他爷爷在南边，逃的那些人都死了，他命大，他到了一个村里一个老太太给他弄舀了两碗。自己把汤喝了就好了。逃荒上东南边的都饿死了，饿得厉害了，病死。什么病记不住了，啥病也闹不清。除了淹就是旱，没过好年景，民国 32 年旱，先旱后淹，反六月天下雨。那年我逃荒，逃到桐城，一块儿去的都去了，俺村 20 来口子都上那去了。民国 32 年都出去了。

采访时间：2008 年 9 月 1 日

采访地点：临西县老官寨乡云冯村

采访人：高海涛　王　青　靳　鑫

被采访人：刘金秀（女　78 岁　属羊）

刘金秀

　　我 78（岁）了，属羊，叫刘金秀。

　　头上旱，着蚂蚱，后来淹，开口子淹，民国 32 年，头节旱，着蚂蚱。旱了几天，庄稼高粱谷子秀头都招蚂蚱，都打蚂蚱去了，到后来到八月里。下雨了，下了七天七夜，少吃又少喝，还编了歌呢。八月二十八日，老天爷阴了天。少吃无喝，肚子里没饭（下了七天七夜的雨）饿死真可怜。那会儿这个发大水，到后来下雨都淹了。捞点谷藤捞点高粱穗吃，当干粮。到了冬天都没吃的，都逃荒去了。我去了枣庄，俺村出去的应该不少。

　　民国 32 年那年都得霍乱转筋病，俺那胡同就死了七口。水淹了也没法朝外埋，都搁在家里。都死了。上地里不能埋都水啊。找个闲地方放棺材里，等下去水再埋，都饿得肚子疼，饿啦，俺家爷爷死了，没几天就死，那年胡同死了七口，那名字不知道，那老人都走了。俺胡同里，俺爷爷五大娘，二大娘，大奶奶，大爷爷，七奶奶都是那病。那病没治，没先生，都扎旱针。有扎过来的有扎不过来的，那时没医生，扎个旱针就是医生。

　　都说河开口子了，水哗哗地来了，一刮风就朝庄稼里去。都打桩，村里都放棒子秸，一幢老高，一幢老高。那会儿没日本人，那会儿都走了，都淹了。那会儿旱灾可厉害了，蚂蚱可厉害了，捂着都拿簸箕赶。都逃荒去枣庄沙沟，那儿远，都朝那跑。那年饿死的人都不少，都得那病，都逃荒去了，都老人孩子顾不上，都上枣庄那了。

　　得霍乱的病人也有，谁家也有，都住一个胡同里，都是没法治。俺村死了好几十口子那远，咱不知道，俺胡同二十几口子。都是啦，都是肚子疼，没有抽筋，那会儿没有先生，也没有这些药，都是有个病找先生扎个旱针。有卖药的先生，但去不了。没人没船也去不了。都没人去治。

五大爷、二大娘这些人不都是俺家的，都是俺那个胡同的，哪有名啊，没大名。下雨后得病，河水淹了不是雨水淹的。开始有病，死了都漂在家里，都装棺材抬出去，等雨下去了才埋的。

俺爷爷在屋里，大爷出去逃荒了，都死屋里。

雨水淹后有河水淹，厉害，都淹了。庄稼都淹了，都下水捞点庄稼吃的。知不知道那个。那时候都说河水开了，人都去看河水。村里都淹得厉害，普遍。东西朝西淹，房子高的上不去水。

赵疃村

采访时间：2008 年 8 月 31 日

采访地点：临西县老官寨乡窦庄村

采访人：张　萌　张利然　吕元军

被采访人：张桂玲（女　77 岁　属猴）

张桂玲

记得民国 32 年过贱年，我娘家在赵疃。

记得头里旱，后来又淹。五六月份还旱着来，没耩上麦子又淹了。河里水淹，在江庄、大营里的河，都叫御河。后来下了点雨，下了七天七夜的雨，房子漏，谁知道是不是民国 32 年，都是那一块儿。河水晚，大御河开口子了。河水涨了，没人去扒口子。咱离那儿远，不记得有没有人扒口子。

死的人那还有不多吗？大多是饿死的，没听说有得病死的。那时候喝井水，水淹了就喝河里的水，坑里的水，把脏东西镇下去，一般都喝生水。

不记得有没有得霍乱病的，俺村里没得的，那时候小，那咱知道啊？也不知道有啥反应。

有逃到关外的，黄河南的地方。过去御河就算河南，山东那地方。在下了雨之后就去要饭。我和老娘没出去。没见过日本鬼子。

有蚂蚱，闹过，还挺厉害，不记得是啥时候。

旱的时候，水不多，不开河口子，河水是从南边来的，大营、江庄。民国32年就记得是头先旱，末了又淹，都是开河口子。下雨的时候吃青豆子，没吃的，饿死老多人。

钟庄村

采访时间：2008年9月2日

采访地点：临西县老官寨乡钟庄村

采 访 人：张　萌　张利然　吕元军

被采访人：钟树才（男　86岁　属猪）

钟树才

灾荒年是民国32年。地里没收粮食，都淹了。没旱，还没粮食就淹了。高粱眼看就秀穗，给淹了，五月二十几秀穗。是河水（淹的），东边御河。老天爷光下雨，把河堤给冲开了。也是那时候，开口子那会儿，是阴历五月份。扒口子是之后，日本（人）扒口子，还晚，在临清日本修的木桥那儿扒口子，那在河东和临清搭界的地方，怕把桥给冲坏了。

死多少人，我记不清了，大都逃走了，到茌平、博平、东北、南徐州。招华工，到东北给日本人干活。有得病死的，闹不清啥病，死的人多去了。都是饿的，没吃的。没医生看，身体光见瘦。到东北也没吃的。

刚下雨时没事，一开口子就不行了。都淹晕了，房倒屋塌。地里水一人多高。

得病的记不住了。得霍乱转筋扎旱针是再早的事了。民国32年也有（得这个病的），不多，咱村里也有，肚子疼都疼死了。

春天种上庄稼，不是太旱，也没闹过蚂蚱。是淹得太早，一点没收。

越开口子越下雨，越厉害。发大水以后，水快下去了，得的霍乱转筋。抽筋谁知道，症状谁记得？我离得远。

下雨下了六七天了，连下带不下的，（下得）大，地里净水，房倒屋塌的，可不都那个时间吗？又有洪水又有雨水，先下雨后开口子。

日本鬼子净穿绿衣服，没见穿白大褂的。

民国32年快冬天穿棉袄的时候到了东北，给日本人做工。

采访时间：2008年9月2日

采访地点：临西县老官寨乡钟庄村

采访人：张　萌　张利然　吕元军

被采访人：钟义元（男　80岁　属蛇）

钟义元

（灾荒年是）民国32年，我当时15（岁）了。家里没吃没喝的。逃难，都逃到了茌博平。民国32年三四月份逃难走了，没在村里，出去混吃喝了。给日本人出工，修炮楼。在广平（音），村北边（修炮楼）。住了两个月回来了。记不清是民国32年还是民国33年出去的了。都说民国32年最苦了，那年没淹。

净挨饿，得什么病的都有。吃红高粱，一家人都死了，吃没做熟的饭。日本人让人领糊涂喝。喝糊涂拉死的。都蹿稀（跑茅子）蹿死的，那个多了，蹿稀就是跑茅子，什么情况都有。死的人不少。喝那个，身上都长虱子，吃的粮食不干净，得霍乱转筋，拉，老人说的。（这病）是老百姓说的，都没人治。他大叔撑船回来肚子疼，他没有喝糊涂，就是受凉，肚子疼，疼得打滚，一夜就疼死了。发烧，身上哆嗦得抽筋。

民国 32 年发河水了，都是御河，在大西门、北门开的口子。越开口子雨越下。先下雨，再开口子。山上雨水，水大，冲开的。

日本扒口子是八月二十七，不是那一年，是后来。在临清那个桥以上扒口子，北门扒口子，怕把桥给冲了。（那是民国 32 年的事吗？）都是那一年，记不清了。

淹的高粱，在秀穗之前淹的。发水开口子以后得那个病，受潮湿了，领糊涂也是那一年。

在街上走，见了日本人都得鞠躬。记不得是谁发的糊涂，反正日本人在那。

那年也旱，先旱后淹，蝗虫不是那年。

临 西 镇

仓上村

采访时间：2006 年 7 月 12 日

采访地点：临西县临西镇仓上村

采 访 人：杨兆乐　张村清　临西当地学生

被采访人：张景月（男　82 岁　属牛）

　　天气是连阴天，天很不正常。三天五天地下雨，一下就七八天。下了冻还下雨来。春天实际特别大旱。一直住这里，上过小学，识得少。从秋天开始下的，谷子眼看要成熟了，那会儿时候下的。生活不行，吃新粮食的得霍乱，种着高粱。原来待村南，坐船来，屋都下漏了，倒的不少。吐，扎不过来就死，都叫霍乱。呕，吐，泻。都是土医生，扎过来就过来，过不来就完了。一夜死过几十，村里有十来个会扎的，扎不过来，挨着个扎，病的不少，有几十呢。吐，泻，熬过那一晚就好了。一晚上搐得人精瘦，泻的跟凉粉托样。不叫喝凉水，喝水的好一点，不喝的就不行了。村也挺多，这是大村，那时候 2000 多。死了大概有百十口。下雨的得这个病，边下雨边得这病。我那会儿没吃什么，生活挺紧张，晚上做的豆腐渣子，下地回来，就闹肚子。俩土医生给扎针，针扎不进去，肚子硬得跟石头样。泻，一黑下眼都抽回去了，泻得屋里满地。都这样，都泻，附近的也有，不记得哪个村多了。得病的没跑出去的。上哪里跑呀？不到仨月那个病就没有了。净年轻的得这个病的，年轻的死得也挺多，不下了埋自己地里。河水从土井砖井里喝，也有高井，高井水位浅，仰手就灌下，大部分喝生水，没条件，没柴火。得了有半年。民国 32 年前没有得的，以后也很少了。

卫河上冻的时候开过口子，得病以后，淹得不是太厉害。

日本人到了，来了上高村，有炮楼。日本人跟在这人差不多，个儿都差不多，小胖子。个儿也不高，穿黄呢子戴铜盔。来村里日本人不抢，来试探，有皇协保护他，有八路军有密探，八路有那个小篮放手榴弹，日本人也小胆，一响就跑。摘你个门，烧，抓鸡牵牛，也吃也喝，敢喝。

有一回来了几个日本（人），就把全村吓跑了。谁敢？抓鸡都把枪立到院里，八路顺着些个，后来精了，长心眼儿了。给小孩东西吃，给小饼干。使蚊帐布包着，不吃他不干，吃了也没事。这里是敌占区，日本人住这里。

以后安钉子（炮楼）也不来了。那时候有飞机，飞得不高，看不清什么东西，也不是很矮。从飞机上扔东西，给自个人的，中国人谁敢吃？孬着哩。在尖庄用刺刀挑死，把井都填满了。没事不抓你，抓去苦力也不少。咱村不多，上日本国，劳改队。后来回来了，祸害得也不轻，劳工跟他们都回来的不少，死的也不少。

有土匪也叫义勇军，只要有就抢。

皇协军多着哩，中国人打中国人，还是穷逼的。

高 村

采访时间：2006 年 7 月 12 日

采访地点：临西县临西镇高村

采 访 人：杨兆乐　张村清　临西当地学生

被采访人：闫荣功（男　68 岁　属兔）

一直待这个村，上过小学，是《河北农民报》的通讯员。天气不行，先旱后下雨，下了七天七夜，听老人说的，是七八月那会儿。暴雨，挺大，房子塌得不少，地上有水，上屋里都没法去。外面挡着东西，让它往坑里流。秋天有蚂蚱，下雨也有，收得不行，吃树叶，吃糠咽菜，吃野菜，脸都肿了。下雨当中得的这个病，下雨七天七夜，地上潮湿，人都待地上沏（凉）着。有土井，没淹。井都高，怕往井里灌脏水。都喝生水，没柴火烧。得这个病的有三百二百的，村里有 500 人吧。死的人还没埋了地里，家里又死了个。肚子疼，难受就死，转筋，听老人说的。扎旱针，有扎这个的，叫闫洪相。他扎针，一个男的，一个妇女，西头的，扎不及。人太多。死了 200 多人，差不多都死了。我的姐姐也是民国 32 年死的。我家那会儿五口人，光姐姐自己得病，以后晴天就算拉倒了，没潮气了干燥了，死人就少了。以前没有得过，以后也没了，都这一年。

没发水，尖庄离这 25 里，连着临清大桥，连透了。喝井水，是砖井。不是腿就是胳膊，埋不及的，都没劲埋去。不挖大坑，都埋不住，都没人抬，饿的。用席卷，没棺材。抬出去埋了，没回来又死了个。先生扎不及，倒能扎好了。姐姐 15 岁死的，老人小孩都得。没吃的，挨饿。

听医生说是受潮湿，没有天灾么的。

八座炮楼高村这边，都在西边，都是。皇协军给日本鬼子带路，套八路军，回来报告给日本鬼子，日本鬼子开枪打死农民不少，八路军没记号，见人就扫荡。

县中队这是，临清县的县中队，这里是一个重点，这村死的也不少。不知道日本人有没有得的。

见过日本飞机，挺矮，撒过东西。乱抢的饼干，吃的东西，人都去抢了，光给日本鬼子撒的。

挖河沟，防八路军过去，还有一个吊桥里，离这不远。待下堡寺杀得不少，扔井里不少。他在村（高村）里不发恶，一出村就不行了，因为这个村当皇协的多，去了这个村，其他的不管了。都当皇协给他跑腿，捧饭、烧水。

给我过糖，我那会儿 5 岁。

老缺跟日本通着，一气儿。谁有钱，他一块儿都拿去。

林沟村

采访时间：2008 年 8 月 30 日

采访地点：临西县尖冢镇王庙村

采 访 人：高海涛　王　青　靳　鑫

被采访人：李桂兰（女　72 岁　属牛）

李桂兰

　　我 72（岁）了，叫李桂兰，民国 32 年，那会儿上河水淹了，吃烂山药，刚记事，吃疙瘩，差点把我饿死，空簸箕我都端不动，俺不记得旱，下七天七夜。没听说日本人扒河口，那时小，没逃荒。民国 32 年饿死不少人，俺大爷就是饿死的，俺娘家是林沟。听说霍乱转筋，饿的，腿转筋，都说饿得没劲了，咱没见过，光听说的。

　　那年我结婚了，两个孩子了（1958 年）。那时上河水，头年河西淹的，俺这没淹，第二回俺这淹了，是卫河。

临西镇

采访时间：2006 年 7 月 12 日

采访地点：临西镇附近

采 访 人：杨兆乐　临西当地学生

被采访人：王门王氏（女　76 岁　属羊）

民国 32 年都逃荒了，庄稼都死了。后来下雨下了七天七夜，人饿得连枕头秕子都吃。平地上的水都到腰上。那会儿可受罪了。

得病那年是民国 32 年，得病的人上吐下泻。得病时没见，都说是得病死的。得病的人身体都很壮，上吐下泻，就一天就死了。是冷天，八九月了死的。房倒屋塌的。民国 32 年第二年就开口子了。人喝井里的水，河开口子了，就在外面舀着喝，水是雨水和河水。村里有得病死的，这周围就有俩得病死的。下了七天七夜的雨，连马棚的柱子都给烧了，没柴火。那会儿一天天饿着。人逃荒到南边的地方去，这病没说传染，大家都说是霍乱转筋。那会儿谁管谁？饿得了不得。

那会儿有日本人啦。我才 10 岁，不识字，那会儿，会会过兵，渴了饿了就要。也有皇协，也有土匪，穷的富的他不认。日本（人）刚来时，谁不碍着他，他也不咋着你。待见小孩，有吃的敢吃，给也敢吃。

见过汽车，听得我没吓死。汽车不大，上面坐着几个人，腰带着子弹。日本鬼子不住，我那会儿离汽车道不近，不见日本人，光见皇协（军），不给就闹哄，也有八路。八路藏着，没见八路怎么来过。没来过老缺。那会儿黑了都囫囵个（睡觉不脱衣服），不敢睡，见天有打更的。日本（人）倒不偷东西，那会儿没多少人。民国 32 年以前没有听说得这个病的，以后也没有听说。过了民国 32 年，闹过蚂蚱，一亩地一会儿就没了。日本鬼子不抓人。饿了要点东西，都听不懂。

龙 潭

采访时间： 2006 年 7 月 18 日

采访地点： 临西县临西镇龙潭

采访人： 唐 寅 岳 凯 张 敏

被采访人： 陈凤海（男 83 岁 属鼠）

上过学，开始是小学，那会儿是在哪个房里找个老师上学，那时候文化没这会儿先进，从记事到十四五（岁），那会儿就是《国语》啊，老字字体，以字为主，也有算术，一个《国语》，一个《算术》《百家姓》《三字经》，那会儿就是请一个庄稼老师，文化高点，是农民的学校。村里请老师交的钱也稀松，那时候也就教这些书，日本人一来把东西都拾掇走了，见人烧杀，日本飞机扔炸弹从这儿就能看见。

灾荒年，日本在这扫荡，家里没人，地没人种，那会儿是靠天吃饭，在家都害怕。这一见有人跑，就一块儿跑了，跑到肖村，在地里，刨个窨子，黑了在那里睡，不敢回家，白天回家。灾荒年是树叶青菜都吃过，糠，花籽，菜还配着糠，烂七八糟都吃，人带着气就埋了，反正不能活，不埋也活不了。俺这一片一天就埋了五口子，都是饿死的，有得过霍乱的，家里没得霍乱的，肚里没饭，都是饿死的，到后来有饭吃了，又撑死了。

中国人（皇协军）跟着日本（人）的是"借东风抢东西"，借日本人名誉见东西就抢，见东西就拿，日本人不来，他是土匪，偷盗，架户，谁家有钱，架人拿钱赎，跟日本的是明土匪，中国人给日本人助威，皇协军和日本人配合。

也下大雨也上河水，上过四回子水，属 1963 年水大，民国三十几年上的水小。街里净水，也塌房，人都上房，家家有水。塌了房不是土堆嘛，在土堆上搭棚在房顶上，喝河水，直接喝河水，连泥都喝了。也逃过荒，迁过民，有上东北的，逃哪都不中。西有漳河水库的水，卫河也装不下了就淤了出来，水库跟山上那么高。别提蝗虫，蚂蚱这个多，地里满地是，那个会飞的，飞过去，把云彩都给遮住，地里挖个沟，往里赶，他跳上边来，咱拿个棍把它捣死，地里庄稼光剩个秆，叶子都吃喽，光死蚂蚱就上了六亩地。

采访时间： 2006 年 7 月 11 日

采访地点： 临西县临西镇龙潭

采 访 人： 唐 寅 岳 凯 张 敏

被采访人： 何连清（男 81 岁 属虎）

日本鬼子来还办好事咧？还有皇协狗腿子，还拿"三光"政策来村里烧杀，净活埋咱人，活埋多少人。安钉子，10 来里地安个钉子，挖战壕安吊桥，到末后（最后）消灭了他了。在俺村里就安了个钉子，高村也有，尖冢也有，净狗腿子来抢，到村里就展腾一盘，到哪村里都强拿人东西，还吸海货。皇协鬼子领着来，来了就掂着小红旗迎接小鬼子，家里只是好的都拿。八路净黑了来。

民国 32 年，那年饿死人不少，白天皇协要，八路黑了要。其实也收了点，民国 32 年在咱这个村里嘞，皇协白天不给就揍。

当时咱村千数人。那年天旱，下了七天七夜的大雨，谁知那一年，各房漏，没大死人，下完雨后也没死，灾荒年饿死了。都是皇协需要钱，弄钉子里去，饿着人家，得拿东西拿钱换，那会儿都没钱。村里一直没有霍乱，附近也没有。那时候十八九岁。

就 1963 年来过河水，西边水库的水。

飞机飞得不高，没扔炸弹，光打机枪。

那会儿听老人说，那会儿我有 10 来岁，民国 32 年之前有霍乱转筋，越渴越不让喝水，逮住水一喝就过来了，一喝井水就过来了。

民国 32 年光吃糠菜，花种，都没粮食吃，有 10 来个井。那会儿我跟先生，9 岁多，12（岁）就散了，也不要钱。那时候穷，净土匪，黑了不敢在家睡，上地里睡去，黑价来抓你，要钱，给你粘贴儿，他也根据你家的条件。

童 村

采访时间： 2008 年 8 月 29 日
采访地点： 临西县下堡寺镇西高尔庄
采访人： 高海涛 王 青 靳 鑫
被采访人： 于桂兰（女 79 岁 属马）

于桂兰

今年 79（岁）了，属马的，我在娘家叫桂兰，姓于。那时上河水，哪年记不清，那时小。穷娘穷爹，天天跟着要饭，不知道这些事，待几个月回来，都种地回来了。上茌博平那里，河东那里。淹得一块一块的，水大。年龄小，不知道是哪河。水从南边过来。

那时在娘家童村。有大贱年这回事，哪年忘没影了。死人抽筋，前院奶奶家，抽筋，七天抬了三四个，大妈、二妈、二姨。光下雨，光漏房，好好的就抽了，球一堆里去了，蹬不开。有扎针的，那老头死了，村里的叫六先生的，扎针也扎，有的也不给扎，怕扎死了。

日本人那时在这里。下雨下了七天七夜，有这么回事。那时小，记不清了。想不起蝗灾了。日本人不在这，在高村住，上俺这来扫荡，高村有炮楼，日本人不少，在这待好几年。得病时没在这，在娘家。

庄科村

采访时间： 2008 年 8 月 29 日
采访地点： 临西县临西镇庄科村
采访人： 张　萌　张利然　吕元军　王晶晶
被采访人： 崔东坡（男　80 岁　属龙）

崔东坡

　　大贱年的事想个大概，想不全，想不清哪一年。鬼子还在这里，现在走了 60 多年了。什么灾？吃糠，吃树叶子，野草。粮食少啊，收得少，交给上级东西。粮食收得少，靠天吃饭，不浇地。下雨不及时，天旱，到过秋那会儿，比现在稍早的时候。下雨的事记不清了。下得不太大。没有来水，河里来不到水，没水。从这里往西 20 多里地，死的人多。这个村的人吃不饱，也有饿死的，也死了一部分人，具体多少不记得了。没吃的，靠就靠死了。老百姓都说得的病叫霍乱转筋。我没见过，不知道什么症状。

　　下过七天七夜的雨，有时大有时小，记不大清了，七月里，可能是民国 32 年，有很多得病的，不知道是什么病，下雨后得的病，也不知道多长时间死的。死得很多，他没吃头，有病愿意吃啊？没有好吃的。医院没有，很少有人去治，村里医生也少。

　　有过蝗灾，很多大蚂蚱，用土埋，忘了哪一年了，地下一层，咬庄稼，招蚂蚱还早。

　　村里有人去上冻逃荒的，我没出去，我家有老人。我们家没得大毛病的。

　　大贱年时有日本人在高村驻着，会过来扫荡。村里有民兵，日本人来时把他们打回去。

采访时间： 2008年8月29日

采访地点： 临西县临西镇庄科村

采 访 人： 张　萌　张利然　吕元军　王晶晶

被采访人： 刘德元（男　86岁　属猪）

刘德元

　　日本人在东边高村住着，童村附近。

　　我当民兵，以致在这个村，打日本。

　　我叫刘德元，读过四五年小学，1941年入的党。我一直住在这个村。大贱年是民国32年。那年人饿死不少。开始有日本（人）在这，那时候鬼子扫荡，地没种好。天不下雨，靠天吃饭，收成不好。那年不下大雨，只有小雨，庄稼都旱死了。到六七月才下雨，没旱死的高粱、谷子又抽穗了。七月里连下了七天七夜雨，不停。下得不是很大。但光下，屋漏，屋里搭窝棚。庄稼半熟不熟的时候割下来晾晾，吃那个。吃了得毛病，死了不少。刘家十多口子死了六七口，吃得孬。说是得霍乱病，老先生说是叫这个病，（我）见过，俺这姓刘的都是得这个病死的。（得病的）有年轻的，也有年纪大的。生病后跑茅子，也抽筋，面黄肌瘦，发不发烧不知道。没有医院，村里有会扎针的先生，都死了多少年了。

　　老天爷光下雨，又没吃的，就得了这个霍乱转筋。那时候村里七百多口，死了多少人记不清了，就那一家十来口子死了六七口。我家没有（得病的），俺家那时候有点（粮）。

　　那年有发水，是雨水，不是河水。雨下了七天七夜，（记得清楚因为）屋漏，街上，坑里都有水。井都满了。

　　那时喝井里的水，年轻人会直接喝生水。那时候柴火湿了，没的烧。（霍乱转筋）年轻人得的少，老人、小孩得的多。

　　河没有发过水，没淹，御河民国32年没发水。

　　村里有人出去逃荒，我在村里，没出去。那年春天，四五月份闹蚂蚱，就是民国 32 年，净蚂蚱，掘大壕，赶到壕里，用土埋，没过多长时间就打没了。逃荒的逃到黄河以南，那里灾荒轻。饿死的人也不少。

日本人来了会抢，烧，我做民兵，我们村打日本很有名。

刘家死了六七口，大约在七月份，在 10 多天之内死的。大家都怕传染，他家里人还是住一块儿。

鬼子常来，下雨的时候不来。没见过穿白大褂的。

采访时间：2008 年 8 月 29 日
采访地点：临西县临西镇庄科村
采 访 人：张 萌 张利然 吕元军 王晶晶
被采访人：刘镇家（男 79 岁 属蛇）

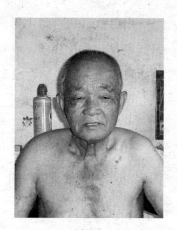

刘镇家

民国 32 年的事记不大清了。旱的时候多，旱情大，不下雨，地里不收。从二三月起开始（旱），到八九月里才下雨。死了很多人，饿死的，有得霍乱转筋的，不少。有病死的，有饿死的。我都 10 多岁了，听老人说的。过灾荒，饿死了，没吃的没喝的，饿得躺着就靠过去了。病也少，村里没先生，没人给治。到九月里，收了点新粮食，饿的人吃了之后闹肚子，有病撑得都死了，发烧，得病不长时间，三五天就死了。（我）家里人也有死的，老人的名都不记得了。饿死了，拉倒了，埋了都。这种病多，别的病少。我没有见过得霍乱转筋的，听老人说的。（下了雨）能耩麦子了。雨下了七天七夜，院子里水没大些。（民国 32 年）没上河水。1963 年上一回，1956 年上一回。

村里开始有七八百人，死了多少人闹不清，死的人都直接埋到坟地里去。

民国 32 年闹过蝗灾，在四五月份，那工夫麦子快熟了，搓着吃，蚂蚱有一层。二三月份有人出去，逃荒到山东，到八九月份回来的。村里有村长，归共产党管。当时这里没有国民党。国民党在童村，不远，10来里地。咱这里是根据地，八路军在这儿。上河水之前有日本人，有钉子，在村里驻着。在灾荒年之前，皇协垒墙，打围子，建炮楼。皇协，日本都住在楼上。高村是钉子，在那儿住着皇协，日本。日本人点别人的房子，我见过（鬼子），他们穿呢子衣裳，绿的。他跟你要村里的东西，还会发给你东西啊？会给小孩一些吃的东西，饼干子。

我1952年入党，到邯郸当兵。没有去逃过荒。

雨后，不长时间（得霍乱转筋），得霍乱转筋的躺在床上哆嗦，上不来气老是，也拉肚子，吐痰。不知道发不发烧，没东西量（体温），没治的，没医生，只能躺在家里等死。

那时候吃井水，砖井。下雨之后也得上井挑去。砖井，使砖垒起来的，大约两丈多深。

日本鬼子来是大贱年以前，还早点。东边，叫御河，有，发过水，民国32年以后，不是那一年。

采访时间：2008年8月29日
采访地点：临西县临西镇庄科村
采 访 人：张　萌　张利然　吕元军　王晶晶
被采访人：吴文立（男　81岁　属兔）

吴文立

民国32年，灾荒，没吃的，生活紧张。地里不收庄稼，吃啥去？天干不雨，夏天光脚烙得脚疼。生活不好，得霍乱从四五月开始，到七月八月，都得霍乱转筋。还有叫羊毛疔，身上长黑点。霍乱转筋时抽筋，吃了不干净的东西吃得。得病的时候没下雨，天干。霍乱就呕吐，腿脚不听使唤。那是急症，治不起。沙口（音）那儿死得多。有八口只剩一口的。到七月才下雨，东西（粮食）都完了。雨下透了，能种庄稼了，谁记着（下了）多长时间。缺衣少食，体格不好，肚里没食，他不得病啊？人吃了发呕吐，头蒙眼黑。闹痢疾才闹肚子。有治病的，有治起的，有治不起的。有药铺，有赤脚医生。有扎旱针的，不知道怎么治的。得呕吐病的也有扎针的，那叫针灸，扎这个腿。扎下去有起来的，有治不起来的，病理情况不一样。（死得）有快的，有慢的，吐的时候死得快慢也不一样，病情不一样。得这病的人就民国 32 年死得多。下雨前得的，干霍乱那是。下雨后（得的），也是一种霍乱。它变了，也是转筋。下雨后闹痢疾，闹肠胃，排泄多，上哕下泻。死得也不是很多。

没有上河水，下雨不大，下透了。地里没有存水。民国 32 年没有水，干灾。

俺家没有得这个病的，有水井，浇了庄稼，有吃的。邻居亲戚有得那个病死的，记不清（谁）了。

那时候，六七月，四月那会儿，闹过蝗虫，少，不多。五月六月那会儿多。

有逃荒的，有饿死外边，有高唐，东边，南边，济宁那边的。我没有，出去不行，马上回来了。（他们）不知道什么时候回来的。井里又没大有水，都吃井水，砖井，有甜水，苦水，咸水。有喝生水的，好闹肚子。

得那个病，他都是晕，不能动。俺村里也有，俺家后边，爷四个，死一半子了。有摸脉的，有扎旱针的，（得霍乱转筋那时候）都是那黑血。（治好的）很少，不能说没有扎好的，病情不一样。（死了）用被子一卷就往地走了，下地埋了。（家后爷四个）他肚里没饭，有那个（霍乱）病，也有别的病，不是光一个病。他反正吃不对付了，光排泄去，上哕下泻，都那个情况。

吕 寨 乡

曹 村

采访时间： 2008 年 8 月 30 日

采访地点： 临西县吕寨乡曹村

采访人： 孟 静 刘 勇 杨彩梅

被采访人： 秦国兴（男 82 岁 属兔）

秦国兴

　　灾荒那年，人死一半，煮豇豆吃。谷子还不能吃呢，为什么没饿死啊，就是打枣吃。村子里300多人，旱厉害。头开始是旱，后来下了七天七夜雨。日本人来了四年后我入的党。蚂蚱虫子多。下雨后没淹。大雨下了七天七夜，房子没倒。那年没来水，以后瘟疫，霍乱转筋。旱没收好，吃了撑的只转筋，没有其他症状。得了病就死。三四天四五天就死，都传染。不敢靠近，没死的用席一卷，抬走。人有逃荒的，闹饥荒都厉害。死了一半多人，那时没有共产党。那时喝井水，用扁担一掘。得病的没治，没先生。也治不了。没人逃荒到这个村，逃到别地儿去了。灾荒时这边还没解放，这边归日本人管。得病时日本人来扫荡过，孩子大人都跑，有皇协军。

　　入了党，没参军。在村里劳作，穷人念不起书。

常庄村

采访时间：2008 年 9 月 2 日

采访地点：临西县河西镇邢庄村

采 访 人：张　伟　陈媛媛　王晶晶

被采访人：徐　氏（女　82 岁　属兔）

徐　氏

　　我娘家姓徐，我没名，这里姓王，今年 82（岁），属兔的。灾荒年还在娘家。20 多岁嫁过来的，娘家是常庄，张庄、常庄挨着。民国 32 年那会儿闹水灾，就这边河里的水，水说来就来。家里那边洼，水淹了只露一个高粱穗，拿着镰，划着船割。用高粱打堰，不让水进家里。有水生芽子，老长。各家气态高粱，热气跟烟似的。不能吃了。用簸箕打堰，没土，净水。不让它进村里来。这二年也不淹也不旱了。几月里记不太清了（发水）。那年没见饿死人，吃不好，上外边逃荒，要饭，逃到枣庄去。咱这的闺女在那边落户的不少。俺家也去逃荒了，那个几月记不得了。反正河水淹、雨水淹。

　　传染病没，霍乱病有。最厉害一天死几个。是灾荒年以后，纠筋转筋，使旱针有扎过来的。有扎不过来的，得的不多。

河西岗

采访时间：2008 年 8 月 30 日

采访地点：临西县吕寨乡河西岗

采 访 人：孟　静　刘　勇　杨彩梅

被采访人：张立奎（男　72 岁　属牛）

民国 32 年，大灾荒。地里旱，又下大雨，下了七天七夜。出现霍乱转筋。那时 100 来口人。饿的，逃荒的，死了很多人。开始没有，下雨了才有。没有发水。没见过得这种病的。各个村都有。旱的时候，闹蝗虫，很厉害。霍乱是听说过，没见过，转筋，上吐下泻，动不了。没治，都等死。也有熬过去的。日本鬼子都给小孩糖。

张立奎

后张八庄

采访时间：2006 年 7 月 12 日
采访地点：临西县吕寨乡小刘庄
采访人：兰　坤　姜亚芹　李雪雪　张村清
被采访人：兴佰兰（女　77 岁　属马）

民国 32 年的时候，收得不大好，那年有淹的，有旱的。娘家（后张八庄）淹了。上河水了，尖冢那边来的河水，是七月，阴历，下了大雨，下了七天七夜。那会儿老人儿都说是扎病，下雨之后得的这个病，家家户户漏房子，那会儿也不少，我姥爷就是得这个病死的。这里是俺姥娘家，俺姥爷一死就来这里啦。霍乱转筋就是搐筋，没见过。那时候不是多大哩。这村里没有一个会扎针的，这村里的都请吕寨的先生去。那病很快，吃得不大好，吃高粱面子，棒子面就是最好的了。喝井水，下了七天七夜也喝井水，都得烧开，保不住哪里有点柴火。家家户户的漏。

民国 32 年，日本鬼子待在村里了。日本人净漂亮的，不是很高，都挺白。都是咱这儿的人（皇协军坏）。（日本人）看见小孩好，给饼干小孩吃。小盒方方的。后来就不好了。一开始来待这里住一黑下。也穿黄的，铁帽子。村里没有炮楼，民国32年在娘家，我姥娘在这里。

转筋，家里没有得这个病的。以前没有听说有这个病，七天七夜以后有的，我记得收庄稼的时候没有的，收黍子的时候这个病没有了。第二年就没了。

皇协军不上这里来，旁的村里有。下雨的时候没去。八路军人少，日本人多，一开始的时候，那时候穷。日本没来的时候有土匪，日本人来了没土匪了。

村里有水，地里不淹。我娘家淹了，那边尖庄，尖庄那里。

后　寨

采访时间： 2008年8月30日

采访地点： 临西县吕寨乡后寨

采访人： 孟　静　刘　勇　杨彩梅

被采访人： 王英娥（女　81岁　属龙）

王英娥

灾荒年那年一年没下雨，蚂蚱多天都黑了，黑了一会儿，是蚂蚱过来了。洪水不是那一年。人都死了，我是逃荒逃到这儿来的。得的霍乱转筋。我来的时候还没这个病。我来这个村没有。没见过，听说过。筋都抽到一块儿了。没吃的才逃到这儿来，从康家洼来的。

病是下雨后有的，六月还是七月下雨的。七天七夜没停，我那会儿也就16（岁）。当时有个歌，一边唱，一边哭。来这儿时收一半粮食，没饿死。

采访时间： 2008 年 8 月 30 日

采访地点： 临西县吕寨乡后寨

采访人： 孟　静　刘　勇　杨彩梅

被采访人： 张英奎（男　78 岁　属羊）

张英奎

　　日本鬼子进中国时我 9 岁，大灾荒年记不清。地里庄稼都长起来了谷子长半米多高，想抽穗。那个时期，五六月，滴雨不下。庄稼一点火就着。没有虫子，收成还不孬。六月没有下雨，七月初四下雨。连阴天，下了七天七夜。谷子死了，返青后，谷子就长了 10 公分。玉米都没结。下雨后，绿豆豇豆结得多，结果都收了。经过那场雨，人饿，要饭的。我跟着别人，没很饿，吃谷面子。下雨后没洪水。慢慢下，没住点（没停），水不深。其他地方没过来水。人饿，下雨受潮。人得霍乱转筋，没地儿治，也没药。当地医生扎旱针。俺村得了一个，没扎过来。西边多，传染过来。那边厉害，一个村死一半多，没多少人了。我们这儿死十个八个。下雨之后得病，以前没有。1956 年，1963 年这儿没洪水。逃荒的人不少，俺村有个带着闺女逃河南。淹、旱都是这一片片的。见过霍乱，纠筋，纠成一个球。光纠，没听说过上吐下泻，按说不传人。照顾的人没事。我姐姐犯过，手都缩的，治好了。60 多人死了。霍乱得病当天就死了，没有人给治。

　　那时国民党控制，毛主席在延安呢，没过来。日本鬼子在周围，日本鬼子常扫荡。汽车白天黑夜向前开，光开不打。说土匪，我可受苦了。土匪来都骑马，粮食喂马，猪羊鸡都杀。见过日本鬼子。以前发洪水在临清河，这儿没发过。临清开河口子时，日本人还没进中国。

黄夏庄村

采访时间： 2008 年 8 月 30 日
采访地点： 临西县吕寨乡黄夏庄村
采访人： 张　萌　张利然　吕元军
被采访人： 孙风波（男　79 岁　属马）

孙风波

灾荒年涝啊，下雨，河水开，淹，岳城水库来的。庄稼没收呢，就淹了。

死了很多人，今天抬明天抬，一个庄死了 100 多口子，都是灾荒年饿死的。也有病死的，有得霍乱转筋，有当年得的。有先生看的，说是霍乱转筋。俺家也死得不少，霍乱转筋也有得这个病的，也有得其他病的。没见过。

雨下得大，那时候不记得多长时间。岳城水库，御河来的水，可大，御河隔这儿几十里地，西边来的，到北京了都。在山上冒出来的水，到河里河里装不了，河里有王八拱的，水冲开的。御河就是卫河。

见过鬼子，都穿军装，没见过穿白大褂的鬼子。我还修过炮楼呢，几里地一个，一个挨一个。

人有病才死的，一天抬两三个人，死的多，不知道传染不传染。有逃荒的，这个村有一半逃出去的。发水以后逃出去的，上东南，到南徐州，徐州府。那时候看病的人少，连饿带呕的，也有拉肚子的。

蚂蚱几年就闹一次，灾荒年也闹过蚂蚱，虫吃蚂蚱咬呢，不记得是几月份。

吃井水，砖井，甜水。生水也喝。

先生扎旱针，得头疼脑热的也扎旱针。得霍乱转筋用针扎，俺没见过扎哪儿。日本人没来扎过针，也没发过药。

闹过旱灾，谁也记不得几月份，记不住啥季节。

采访时间： 2008 年 8 月 30 日

采访地点： 临西县吕寨乡黄夏庄村

采 访 人： 张　萌　张利然　吕元军

被采访人： 孙凤武（男　74 岁　属猪）

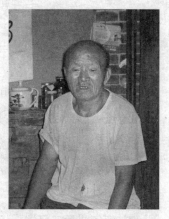

孙凤武

读过小学，上过三四年。

民国 32 年，闹灾荒。先旱后淹，淹的时候七月份了，来水了，从西南（来的水）。临清那条河，不是卫河吗？头先旱，七月里连阴天，下了七天七夜，房子都漏了。下得不大，哩哩啦啦，慢雨。淹的时候水大，地都淹了，院子里没水。

旱的时候没闹过蚂蚱，俺村里死了 200 多口人。那会儿咱记不清（村里开始多少人），逃荒要饭回来就剩了 200 来人这村里。都饿死了。逃荒逃到枣庄，在庙里住着，天西庙（音）。连饿死带得霍乱转筋，扎病，那会儿没有医生，没人看，扎不过来就死了。扎旱针，有扎过来，不知道扎哪里。我见过（得霍乱的），疼得打滚，哆嗦，抽筋。那个病很厉害，俺村死了不少。很急，几天就死了。我们这家那年死了三口，我奶奶、母亲还有一个兄弟死了。谁知道怎么死的，不是霍乱转筋，都饿死的。霍乱转筋闹肚子，不吐，不晓得发不发烧了，叫郑楼的那个大夫杜四（音）会扎旱针，我七大爷就是他扎过来的。

没淹以前得的这个霍乱转筋，下了雨之后我就不知道了，八九十来月里逃荒逃出去了，我逃到枣庄去了。第二年五六月里过麦的时候回来了。

水来了，挡不住，一人多深，我还小，个子矮。

那时候这里有鬼子了，他们都在太庙的炮楼里，发了水不来。发水以前下的雨，来水的时候没下雨，地里就没收点么。来水的时候都干了。

日本人穿黄绿衣裳，没见过穿白大褂的日本人。日本人倒不抢么，就是皇协军抢，皇协（军）是当地的，抢到自己家里去。

俺村里孙凤高，40 多岁，壮着哩，得那个病（霍乱转筋）死的，发水之后死的。小孩没得霍乱转筋的，都是三四十岁、五六十岁的人。我们都吃井水，大都喝凉水。

采访时间：2008 年 8 月 30 日
采访地点：临西县吕寨乡黄夏庄村
采 访 人：张　萌　张利然　吕元军
被采访人：孙之合（男　78 岁　属羊）

孙之合

灾荒年民国 32 年，日本人在这儿，他们抢、砸、杀、烧、砍。八路军打游击战争。八路军只有手榴弹，没有大炮。我送粮食，两边都支应，支应日本人，也支应八路军。

卖了几亩地，要饭去，卖老婆、孩子，管吃就跟着人家。吃秕子，我父亲就饿死了。

旱，六月份就旱。种不上粮食，就种点萝卜吃。粮食不结粒，俺村饿死了 80 口子。一天死了 12 个。一冷，肚子没粮食，得黑热病，拉稀，没钱治，都是饿的。八路军过来后，下雨了。是第二年（1944 年），八路军来了叫"回地"（音），把卖的地再收回来，就开始种地了。

我给八路军送粮食，往山上送。

黑热病，这病传染。都说"怎么死的?""黑热病啊!"受冷受热，拉肚子，拉黑水，一天死 12 个。没听说（这病）有抽筋的。也有霍乱转筋，没见过，光听说过，霍乱转筋就是抽筋啊，浑身抖搂（哆嗦）。我家没有得霍乱转筋的。没有人来治病。八路军没来治，来村里就是揣俩手榴弹，小米加步枪。他们穷。日本人只是来抢东西，日本人也没发过药。

那年没发过水，光旱没水。

民国 32 年以后才下的雨，下得不小，下了七天七夜。那时候，死的都是得霍乱转筋的，死了很多人。那年是民国 32 年后边，没吃的，饿的，拉黑水。没听过传不传染。那时候也没发过水，只是坑里有水，没发过水，下雨也没发过水。庄稼也没收。

（日本人）穿的绿的，没见过穿白大褂的日本人，还见过日本娘们，她们穿绿军装，背着枪，安着刺刀，很凶。他们抢粮食，杀人。

黑热病急，（死得）该不快？几天的事。拉肚子，拉黑水。

闹蚂蚱不是灾荒年，记不清哪一年了。

到黄河南逃荒，我饿得逃不出去了。没病的时候就出去了，民国 31 年冬天就有逃出去的，自己出去的，不是日本人赶出去的。

这个村里地势洼，民国 32 年运河没发水。

也没有扫荡，日本人怕八路，不出来。

下了七天七夜雨，河里涨水了，没出来，没决堤也没开口子，记不清是不是民国 32 年。开两回口子，那是后来了。民国 32 年还以前，开过一次口子。

蒋庄村

采访时间： 2008 年 8 月 30 日
采访地点： 临西县吕寨乡蒋庄村
采 访 人： 张　萌　张利然　吕元军
被采访人： 郭勤兰（男　80 岁　属蛇）

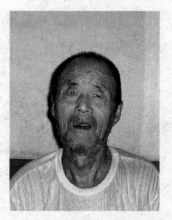

郭勤兰

民国 32 年是灾荒年。生活不行，日本人在这闹，周围很多炮楼。原是山东的洪衣县（音）。日本人在这闹，见人打枪打死你，都不敢种地，地都荒了。天（气）没事，一直下雨，下雨没事。

从春天开始旱，六月份淹，六月份下雨，地里满水了，庄稼都淹死了。以前没沟，是后来修的。是下雨淹的，没有河水。那时候是国民党管着，赵指挥在这儿坐着。

都得霍乱转筋，大夫说的霍乱转筋，都是饿死的，也有上吐下泻的。那时候谁管谁啊？俺家没有（得的），邻居很多得的，死得不少。有个姑娘去临清考试，回来得了那个病，霍乱转筋，就是民国三十几年，西边死的人多，村里都没人了，威县。症状记不清。

村里有扎旱针的，扎过来的不大些。（扎针先生）图吃喝，不给他东西，他给你治吗？（得霍乱转筋的）扎头，扎胳膊，扎腿，不让冒血。没见过（治病的）。

有很多出去逃荒的，到河南，山东。过了秋没吃没喝，逃出去了，是民国 32 年秋天，那时候霍乱病还不太厉害，后来又整家都回来了。

旱的时候闹过蚂蚱，大蚂蚱。日本人在这儿扫荡，抢粮食。周围一边很多炮楼。马店、高村、袁庄、王庄等。炮楼很多，光扫荡，打死村里好几个人。（日本人）来找八路的。

卫河当年没开口子，下雨大，水淹的。下雨天得病，都饿的。霍乱转筋是传染病，待不大会儿就死，死得很急。

我没出去（逃荒），他们逃到山东省。

采访时间： 2008 年 8 月 30 日
采访地点： 临西县吕寨乡蒋庄村
采访人： 张　萌　张利然　吕元军
被采访人： 郭学然（男　85 岁　属鼠）

过贱年没吃的，死人不少，一天出两口棺。水淹，虫吃蚂蚱咬，不是太旱。闹过蚂蚱，可厉害，记不住哪年，一堆一堆的。后来下雨了，时间不长。蚂蚱厉害，旱情大。

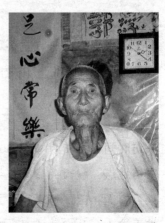

郭学然

下雨，淹了。可能是民国 32 年的事。沟里河里都是水。也都闹不清了。没发大水。西乡（音）死的人多，是威县内，地都没人种，荒了。

得病的不少，得霍乱转筋。症状不记得。没听说有上吐下泻的症状。得病的时间也记不清了。

逃出去人不少，闹不清了。我出去过，闹不清时间了。

梁　村

采访时间：2008 年 8 月 30 日

采访地点：临西县吕寨乡梁村

采访人：孟　静　刘　勇　杨彩梅

被采访人：董春英（男　84 岁　属蛇）

董春英

大灾荒年，饿死人多。地里不收东西。虫子蝗虫多。那年厉害，闹饥荒。饥荒后下雨下了七天七夜，下雨不深，时间长，不晴天。没来洪水。洪水是 1958 年来的。霍乱转筋听说过，没得过。死人不少，不到一半。得三分之一，可能一个村共有五六百口人。逃荒的有，都到河南。日本鬼子来扫过荡，灾荒年之后。自己村里没得过这病的，邻近村有，各个村里都有。受潮得的，是传染病。得了病没人治，没人管。

采访时间：2008 年 8 月 30 日

采访地点：临西县吕寨乡梁村

采访人：孟　静　刘　勇　杨彩梅

被采访人：马宗文（男　77 岁　属猴）

民国32年，那里旱，闹大饥荒。一春天没下雨。那年没闹虫害。到过秋没下大雨。没闹瘟疫。很多逃荒，逃到河南。我没逃，一直住这儿。没闹洪水。闹过霍乱转筋。日本人还没来。我没经历过，没见过得病的人，不知传不传染。

吕　寨

采访时间：2006 年 7 月 12 日
采访地点：临西县吕寨乡吕寨
采访人：兰　坤　姜亚芹　李雪雪　张村清
被采访人：崔吉才（男　89 岁　属马）
　　　　　崔元坤（男　60 岁　属猪）

民国32年都顾不上生活。喝菜糊涂，也没面子。米下，跟面糊汤样。记不清哪会儿下雨了。六月初十下的雨。一春天没下雨。六月初十下雨，几天一场，几天一场，都挨着，连粮食收下来的。那一天都下透了。哩哩啦啦，一集一下，一集一下。下完雨，庄稼就收下来了。有点儿粮食。日本（人）连粮食祸害净了。

注：由于崔吉才年龄过高，意识不是很清醒，所以以下是其子崔元坤的记录。

听爷爷，大爷说的。民国32年一季没收，都旱死了。人都开始吃糠咽菜，下雨之前开始逃荒。过了秋以后下雨。人得霍乱转筋。下雨前挨饿得水肿病。下雨后得霍乱转筋。吃不好喝不好太阳一晒人都抽筋。上不来气，发烧，吐，吐黏沫。抵抗力小，晚上死的早晨埋，上午死的下午埋，下午死的晚上埋。埋不及，记不住死多少，得这病快，一会儿就死，祖传的那个使针扎扎。扎不好，治不好那病。埋，各家各户埋地里使立橱子当棺材。有的使门一并当棺材，俺这是秦始皇那会儿打的一个堤。万年不上河水，没上河水，吃不好东西。喝砖井水，各家各户都兴这样的井。下雨喝烧好的水，各家各户拾柴火。听说传染，死以后，跟亲戚说一声，来哭哭。民国32年有五六口井。前街有四个井，中街跟后街一共四口井。下雨也是吃井水。说不上以前有没有。第二年就没有了，有吃的喝的了。受潮，抵抗力低。（听说民国32年尖庄，申街开过口，不记得年限——崔吉才）

俺大爷，二大爷是区长，领着抗日的。二大爷是五区区长，大爷是二区区长。打炮楼去，黑下打日军区，俺房子叫他们都烧了。（日本跟咱这人一样——崔吉才）谁抗日谁打过他就上谁家去，给叛徒粮食指出俺家待哪里住。有给日本人打死的，抢东西，给你烧房子。给东西扔了。听说见了小孩给小孩糖，饼干。皇协（军）孬，皇协（军）坏。逮住抗日的就毙了。狗仗人势，上级不是日本呀？（日本十月里住村里，烤火，么也往火里撂，民国32年没八路哩。元庄有炮楼，枣园有炮楼——崔吉才）咱这没土匪，这是区，在共产党管着，土匪不敢来。得病的时候不知道日本人来不来。没医生。（见天过好几个日本飞机，有三架五架十架，不是中国的，飞得矮。还没来到的就听着飞机响。五天有三天来飞机——崔吉才）

我听俺大爷说的，大爷叫崔绍武，北京市计委主任，葬在北京八宝山。

采访时间： 2008年9月1日

采访地点： 临西县老官寨乡小李庄村

采访人： 张　萌　张利然　吕元军

被采访人： 崔玉兰（女　78岁　属羊）

崔玉兰

娘家在吕寨，当时（灾荒年）在娘家吕寨，往西几里地。当时没吃的，没收粮食，不够吃的，老天不下雨。什么时候旱不记得了。当时可困难了，不收粮食，没井浇，庄稼出来就旱死了。

那时闹蚂蚱，厉害着唻，打不及。下过雨，六七月里来，下了七天七夜。村里都倒房子。当时高粱粒还没成来。地里没积水，雨不大，只是下时间长。没发水，河里也没发水。

那年死人可多，都饿死了。有得病死的，治不起。得扎病，没钱看。也有上吐下泻的症状，都说是扎病，吃的都没有，谁治得起？你没钱谁给你扎？

见过这个得扎病的，家里也有得这个病的。

向南逃荒，往哪儿也记不清了。不要饭哪有吃的？都往南边。买了换粮食吃。

有下雨得这个病的，也有下雨前得的，少。一下雨又没吃的，得病就死了。

村里见过日本，也见过皇协（军）。到村里来，往人家去，抓个鸡，点火就烧，没杀过人。日本人穿黄衣服，戴个铁帽子。

旱的时候就三月了。春天旱，都二三月的旱。（得病时）也记不清日本人来没来。

得扎病，上吐下泻的少，肚子一疼就拉，吐酸水。

没听说卫河发水，也没听说决口子。

采访时间：2008 年 8 月 31 日
采访地点：临西县大刘庄乡马店村
采 访 人：张　萌　张利然　吕元军
被采访人：由秀香（女　73 岁　属鼠）

娘家在吕寨。

民国 32 年一直旱，少吃的。闹过蚂蚱，很严重，是不是民国 32 年记不清了。

民国 32 年下了七天七夜雨，听人说的，家没淹，没河，没发过水。

那年都得霍乱转筋，都是拉，哕。肚子疼，发烧，吐黄水。死得不慢，几天就死。转不转筋不知道。都是听老人说的。

很多逃荒的，往哪儿不知道。（什么时候死的）也闹不清。

孟 村

采访时间： 2008 年 8 月 30 日

采访地点： 临西县吕寨乡孟村

采访人： 孟 静 刘 勇 杨彩梅

被采访人： 杜文玲（女 78 岁 属羊）

杜文玲

那时下了七天七夜，房倒屋塌。蚂蚱虫子愣长，地里蚂蚱多。下雨那年死人不少，是霍乱转筋，手、胳膊揪着抽筋，没医院。见过，当时死了几十口，没一半，差不多三分之一，以后上河水房子都倒了。河口来的水，黄的，西边一条河来的。人都逃荒到东城，来水之后人逃的，要不怎么死那么多人。得病时没人治，死了就埋了，没人管那病传染，再后得病，下雨前没听说过，谁管记名字。记不住死人的名字。得病时，日本人没在，没先生。病以后，日本鬼子来的。一天埋好几个，就跟埋狗的样，地潮，没吃的，得病，还能活啊？得病了，疼得打滚，没先生，没几天就死了。

见过日本鬼子。

宁庄村

采访时间： 2008 年 8 月 30 日
采访地点： 临西县吕寨乡宁庄村
采 访 人： 张 萌 张利然 吕元军
被采访人： 张明奎（男 80 岁 属龙）

张明奎

过贱年是民国 32 年，生活艰苦，没吃的，不收。天旱不下雨，不记得什么时候开始旱，不记得闹过蝗虫。

后来下雨，当年下的，不记得几月，时间长不了，下得很大。没得病的。没淹。

死了很多人，饿死的多，没得病的。那年卫河没发水，没淹。

有逃荒的，往东，有往南的一垄地里收不到东西，就走了。下雨前（走的）。我没有（逃出去）。

有得病的，那咱说不上来，没见过。有霍乱转筋，（人数）不知道。没见过，症状也不知道。有拉肚子，上哕下泻，是民国 32 年，找先生看，号脉，扎旱针。怎么扎说不上来，没见过。

日本鬼子在马店见过，抢东西，没见过穿白大褂的日本兵。当时共产党管着，是根据地。

得病的不多，死的人多。（亲戚邻居）没有得这个病的。

采访时间： 2008 年 8 月 30 日
采访地点： 临西县吕寨乡宁庄村
采 访 人： 张 萌 张利然 吕元军
被采访人： 张月岭（男 77 岁 属羊）

过贱年是1943年，头1942年就没下雨，旱。1943年八月下雨，地里浇上麦子了，下一年就不是贱年了。下多长时间闹不清。

闹过蚂蚱，没吃的。蝗虫，有，多呢，没粮食，没收。

河没发过水，没河水，河水过不来。1943年底，下雨不大，时间不长，阴历八月下的。

张月岭

（咱这个村）死了百分之一吧，自己猜的，没人统计。一是生活不行，没吃的。再是生病。在这里上西，还厉害多，百分之三（死的），往西30里路，那儿厉害。得病都是传染病，叫霍乱转筋。有治好的，（家里）穷的都死了。吃中药治，没见过得病的，听说叫这名。扎针先生都没了，上东边逃荒了，死得很快，有的待两天，有的几时一会儿就死了。闹不清传染不传染，得这个病死了都是。（死了）抬地里埋了，下雨前得的，下雨后就没了，八月份之后就没了。

逃荒到山东，我小，没出去。（他们）1942年冬季里走的，住了俩年头，1944年才回来。

见过日本鬼子，穿绿呢衣裳。没见过穿白大褂的。

（日本鬼子）抢粮食、抓人修炮楼。

得病的时候日本人没来，也没发东西。

临清那儿卫河民国27年、28年发一趟水，1956年发一回。发水也发不过来，民国32年没有决口。1943年没水，旱。

咱家没得（霍乱）的，往西30里，死3%，得霍乱转筋。犯迷糊。家里没人得，闹不清症状。多数喝生水，是井水。

当时日本人控制着这儿，共产党不敢露头，国民党没有（在这儿）。

见过日本人的飞机，是1943年，没有往下投东西。1939年、1940年都有（飞机）。咱这儿地势一般，东边洼，西边高，成地上了，更不淹。

石佛寺村

采访时间：2006 年 7 月 12 日

采访地点：临西县吕寨乡蒋庄

采 访 人：兰　坤　姜亚芹　李雪雪　张村清

被采访人：李玉梅（女　71 岁　属鼠）

民国 31 年这年，咱这里的麦子没收，第二年都逃荒了。民国 32 年我8 岁，那会儿在娘家石佛寺村，在村南，离这里三里地。一直叫石佛寺。那会儿不是临西县，是山东临清县的。小学没念满，那时候人都姊妹多。

民国 32 年没吃的了，逃荒，要饭去都去。小木头轱辘车推着，都到黄河南那里去了，人家种稻子、棒子。后来又下雨，春天里旱。从八月二十八开始，接接连连下了七八天。搭个窝棚，光漏，种了谷头，逮哪些都是发霉的，长芽了。

离这三里地河水挡不住了。那些年年淹，先旱又淹，蚂蚱满天灾。庄稼给你吃光（民国 32 年）。也不晴天，也不大，不能种也不能收。八月里下雨还有好了呀？

下雨那会儿光受潮湿，得病。没下雨没有，那都是饿的。下雨的时候开始得的。村里也有死的，一会儿就死了。那时候也没有吃的，没喝的，吃个落生皮，枕头里的秕子都吃光了。先旱没收么，后来种了下雨了。

不知道谁先得的病。死的不少，不知道死了多少人。一会儿就死，也治不及，霍乱转筋，一会儿就死了。村里没有医生，就是扎旱针。这边有个叫蒋立发，俺那边是闫良。人家都接神医先生，骑着小毛驴，都是接人家。那时候都没有车，骑着小毛驴接去。

天不正常，人饿死的。村里死了有人埋，有的掌（用）席，掌（用）草药儿捆捆。埋个人坟地里。没下雨是饿死的，下雨是病死的。都有孩子的，领着，整出去埋了。一磕头，水到这里了（胸前）。水深，摁下去就算埋了。下的雨都是水，平地都是水。

井离村远着了，下着雨喝地上的水，井都淹了，上哪里整水去？喝下的雨，在当院里搁上缸，搁上盆，都喝那水，雨水。直接喝凉的，柴火还湿哩。喝凉水。吃个凉窝窝，吃花种皮儿。

到了民国33年，我那都9岁了。那年就好了，收得也不孬。清寨反风，斗好户，那都年景好了。

下雨前有死的，都是饿的，不是霍乱抽筋。下雨下的。

民国32年有日本（人），不叫日本（人），叫皇协（军）。小伙儿长得都不孬，小白脸，小敦实个儿，有穿黄军装的，有穿烟熏的样色的。皮帽子。马店有炮楼，元庄也有炮楼，七八里地一个炮楼，高村也有。

都是皇协（军）来扫荡，日本人都待炮楼。年轻的都去当兵去了，一年多少多少关饷。一进门口，先抓鸡，也有日本（人）也有皇协（军），吹着洋号，马在头里，见么要么，见鸡抓鸡。黑下是八路军，白天是皇协（军）。白天里修路，黑家（晚上）八路让老百姓掘了去。

民国32年光皇协（军），还没有共产党。民国33年才有，国民党放弃了，不敢打日本（人）。没人管，国民党不管，日本人也不管。

皇协（军）都是老缺。到南宫去，打，砸，抢。到后期去的，都叫人家活埋了。一开始的抢东西了。

飞机会会回来，带个小红月亮。飞得高。光知道这个。一上村里来，几个小时串串，一吹号都串串地跑了。日本（人）也杀人，也有头儿，叫旅长。

抓人到炮楼干活，修炮楼，修转遭儿的大沟。民国32年都成皇协（军）了，没日本（人）了。

日本（人）一进村，东头进，架枪都抓鸡去了。共产党知道了，抄后路。以后孬，不架枪了。抓住人先看茧子，没有的是八路，有的是良民，长期干活的都有这个。日本（人）抓住人，先看这个。

那时候没个沟没个壕的，都是水。

民国32年可能开了，可能待汪江，挨着运河。都在东北开的。那时候支应两头，白天皇协军、憨日本，黑了共产党。

那会儿国民党管这里（敌占区），管吸白面的，都枪毙。一毙毙一打，仨俩的不值当的，等到了 12 个再打，还是管不住。那会儿国民党严格地管。

采访时间： 2006 年 7 月 12 日
采访地点： 临西县吕寨乡吕寨
采 访 人： 兰　坤　姜亚芹　李雪雪　张村清
被采访人： 邱秀荣（女　78 岁　属蛇）

没粮食，光挨饿。不是淹，都是旱，没长。七天七夜才毁了哩。唱的歌是八月二十八下的。水大受潮湿。人人受霍乱。有霍乱都死了。死了多少记不住。挺多的净抬人。谁有钱，没钱看病，有大夫没钱看，拉黑水吐黑水，一会儿就死。不知道多少口，死得挺多，一天死七八口，那是困难的死得不少。俺家里（娘家在石佛寺）倒没死。那会儿俺高岗上有点地，倒没挨饿，倒没死。就俺三口了，俺爹俺娘跟我。没听说有活好的。七天七夜水都老高（约半米）。

不知道是天上下的还是上的河水。土房都塌，塌房子。埋到高地方儿了。没有棺材，地里湿，挖个坑就埋了。都挨饿了，买不起棺材。下雨之后有这个病的，叫水泡着，受潮湿，吃不好，到第二年就没有了，以前没听说过这个病，以后也没有。

吃糠吃菜。高地收点。收点红薯。都在坑里挖，喝水，喝坑里的水。井上里都是水。水在井上里还老高哩。俺喝热水，爹好拾柴火。

日本在马店住，净待石佛过，一集一趟，房子都点了。抢东西也有日本人。也有皇协军，日本穿圆帽。绿军装。邪漂亮那小伙。都有枪，一打那鸡都打准了。抓人，抓去说是八路。没见过飞机。

有八路，光吓得窜，光藏着。不知道有没有老缺，不知道谁是老缺。

西夏庄

采访时间： 2006 年 7 月 12 日
采访地点： 临西县临西镇净域禅寺
采 访 人： 杨兆乐　临西当地学生
被采访人： 李俊巧（男　76 岁　属羊）

上过学，认识字，有文化，那会儿上学，考上高中没让上。民国 32 年，我那时 13 岁。阴历八月二十八阴的天，接接连连不住点儿下了七八天，也不大下，也不小下，屋子里到处都是湿，屋里做个窝棚。我和娘去姥姥家，在西夏庄，和娘去摘豆角，吃了豆角后，晚上吐，拉。俺就去请医生，手和头都扎旱针，扎在手指甲缝里，到最后扎了一天一夜，第二天黑下就好了。现在头经常木，脚丫子经常咋呼，全身有汗，手还是凉的，脚也是凉的。

民国 32 年，和俺爹、奶奶去逃荒，到了往河南，这个病霍乱转筋病得又快，死得又快，姓汪的一家死了三四口，姥娘家住的村西夏村死了好多人，那会儿穷没有棺材，有的用凉席子裹了埋了，那会儿没有水，用碗在屋顶上滴点雨，地上有水，要不唱，"雨大的时候，水中有鱼"。没有河水。到处房倒屋塌，房子是泥的。有扎好的，有没扎好的。得病的人快，没扎好的一会儿就死。那会儿没药，那会儿不知道咋得的这病。那会儿什么都没有，就用门绑住放在水里，人坐在门上，门在水中漂着，到地里去摘谷子头，来了拐拐，中午做饭，锅上打伞。得这个病，天又湿人又饿，得下的病那会儿没法过，谷子黄粒多青眼少，就吃，油菜叶放在锅里。姥娘村周围村死的也挺多，那会儿难死了，那会儿没有水没有吃的，现在落下手凉脚麻的病根。

民国 32 年以前没有得这个病的，以后也没有。

那会儿有日本人，我 7 岁那年就有日本人。那回日本人就在俺村住着，日本人开着小车，日本人到了，老百姓就把水放到胡同口，日本人下马下车就喝水。坐在村南的场地休息，那回日本人给了我一个小圆盒，给了小勺。日本人刚来的时候不孬，到最后孬。

就随时逃荒到南宫，民国 32 年又和爹逃到梁山。我想八路军，那会儿村里有皇协（军）。我老师是国民党。皇协军去富家牵东西，那会儿不去穷人家。有土匪，有民兵放哨，村里有地主，土匪抢地主，不去抢穷人。

在俺村没有炮楼，高村西南角有炮楼，那会儿死那么多人都怕死了。

小刘庄

采访时间：2006 年 7 月 12 日
采访地点：临西县吕寨乡小刘庄
采访人：兰　坤　姜亚芹　李雪雪　张村清
被采访人：张贵增（男　78 岁　属蛇）

死的人不少，死的那些人也不大里儿，那一年八月二十八下的雨。那会儿这儿还编了个歌的。八路军编的这歌，男女老少加起来死了一大半。

一直住在这个村，没改过名。

下七八天人受了潮湿，得了霍乱。哪一家不死人的？有也没多少家。那时候都兴穿孝穿白。10 个人有 8 个人穿白的。那时不准 300 口，得了病之后剩了 200 多。俺村那会儿六七十户人家。顶多 70 户。先死得死四五十口。不能说没有不死的，少。

民国 32 年俺有五六口。有俺父亲，嫂子，妹妹，还有我，还有我的一个姐姐。哥哥待外边，待东北。母亲去世了。俺家里我倒没怎么着。没有得的。记不清谁先得的。不说天天抬，每隔过三天。死得不少。记不清谁家死得最多了。都是霍乱转筋。那会儿那个病没医院，也没说扎病的。有哕的，有泻的。有扎针的，有扎不过来的。都说霍乱转筋。村里那会儿没有医生。在外村叫个扎针的。由开药铺的先生看看。说点药，吃不好就回去了。没有扎不过来的，扎过来的很多。不知道怎么扎的。我那时才十几（岁），听老人说叫霍乱转筋。逢连阴天，下着雨，在屋里搭窝棚。都在那里死淋着还不得病啊。那会儿净土房，都往坟里埋。水都围着村了。沥水往地掘坟坑都有土。买不起斗子，都使席，立橱子，坟里不都有水呀，都漂起来了，摁下去，有使席卷的，地下的水浅不了，光下雨，围着村。高地淹不了。洼地都差不离地淹了。头里旱，后来淹。生活不行，再挨淋，吃糠吃菜，喝水一个村里有一两个井的。砖井。那会儿俺村有三四眼。都能吃。东北有井，南边有井，西边也有井。有管担，井比地皮高。水浅着哩。担么就不使井绳。使担子就能上来。没有一丈深的旱筒。水位浅不涨水呀。井没盖，井的砖槽进不去水。也有烧开的，做饭谁不烧开。有烧的喝点开水，没烧的喝点凉水。那不得病吗？

不知道怎么得的，从八月里下雨以后开始得的。以前没有。没有往外逃的。这洼儿（片儿）村的都不少，男女老少加起来一大半，都是得这个病，哪个村死得（人）也不少，没有串门的，没有出去的，到了第二年就没了。

日本人来过，元庄有炮楼，马店有炮楼，太庙有炮楼，来扫荡，牵个牛，架个户，家里有的东西拿着。中国人（皇协军）不好，给他服务，当他的腿子，还不是咱这人拾掇的。抓人，不犯错误不抓，日本人给咱八路军对敌。皇协军来，跟着他来。

闹不清有没有土匪，听说有，那时才 10 岁。

那会儿八路军还不怎么明的。在党的都不敢开会，都待地里开会。

日本人戴铁帽子穿黄衣裳。个不高，都说是日本的，没见过飞机。闹不清什么是敌占区，解放区。

那会儿也淹，淹的地，没 1956 年大，那会儿南边御河过来的水。大水待两边过来的。都说岳城水库过来的。那会儿没开口。我也忘了日本人来没来，得病的时候。

指挥屯村

采访时间： 2008 年 8 月 29 日
采访地点： 临西县吕寨乡指挥屯村
采 访 人： 张 萌 张利然 吕元军 王晶晶
被采访人： 王殿瑞（男 87 岁 属狗）

王殿瑞

一直在这个村住着，（这村）原来也叫这个名。

鬼子的事我记着，鬼子住在东北，关外。民国 32 年灾荒，大旱，六七月不收么了。天旱，不下雨。以后下雨，七八月，下雨也不大，收了点（庄稼）。

民国 32 年灾荒，饿坏了，饿死了很多人。也有病，得霍乱转筋。用针扎，扎好的少。霍乱就是转筋，拉肚子。得病就是在七月底，来水了，下雨下了七天七夜，没住雨点。发水是雨水，河里来了点（水），不是很多，哪条河不记得名，河的名字，谁知道叫么，好像叫御河。下雨之后得的那个病。那时候村里有 500 多口，后来剩 300 来口，200 口子都死了。

逃荒，怎么不逃荒啊？都上河南了，我也去过。就是那年（民国 32 年）下完雨十来月里去的。

（霍乱转筋是）当村的人给治的，扎针，治病的先生没了，早死了，不记得（名字）了。得病的扎不过来就死了。扎不过来当时就死了，扎过来就活了，死得快。家里有一个（得霍乱的），我的奶奶。得那个病的多，死得多，上外抬。那时人没吃的，没喝的。（村里其他得那个病的）不记得了，扎过来的很少，不记得是几个。没看到扎哪里，也不知道咋治好的。

闹蚂蚱早啊，那更早啊。灾荒年以后闹了，不记得哪一年，一群一群的，红的，都会飞。

灾荒年是鬼子在这儿，这地方没人占着。鬼子我见过，在这村里，都是那几年的事，穿黄衣服，没抓人去干活。鬼子不抢东西，治安军抢，（治安军）归鬼子管。鬼子来安民的，就是转转。

灾荒年喝井水，喝烧开的水。霍乱病就是饿的，拉肚子，没吃的，稀的，也有上哕下泻，（浑身）转筋，不发烧，光拉肚子，转筋。

下雨，水不少。围沿子，一米多高。没倒多少房子。街上（水）一人深，说退也快得很，河水来的。御河，通着临清。听过卫河，就是它，两个一码事，从西南来的。自己流出来的。下雨后发的水。就喝下的雨水，拎点水，烧开了就喝。

民国32年，死得多，死的就往外抬。搭个筏子从水上过，到地里埋了。没集体埋，谁死了谁去埋，各家都有坟地，那时候兴这个。

采访时间：2008年8月30日

采访地点：临西县吕寨乡指挥屯村

采 访 人：张 萌 张利然 吕元军 王晶晶

被采访人：王金忠（男 80岁 属龙）

王金忠

民国32年，大贱年。粮食一下来人就得霍乱转筋，人就死，一吃新粮食撑得都得霍乱转筋，找个先生就能扎过来，（可是）找不着。新粮食就是谷子。那是阴历八九月份。那时候有鬼子，就在咱村里抓人，抓了32口子人，抓了要钱要粮食，拿钱赎人。阴历八月到九月份连阴天，下了七天，不是七天是八天。下雨不少。街上水不少。吃河水，浑水镇镇，沉淀沉淀就吃，烧开再喝。

粮食都旱死了，先旱后淹，旱到八九月就不旱了，民国32年没河水。（那年）死的人不少，得霍乱转筋。就有那病，我听说么？我那时候十八九（岁），20（岁）。埋都没地方埋，各家扒个坑就埋了。医生忙不过来，在腿弯扎针放血，黑血，我亲眼见过，扎过来就活了。霍乱转筋，它抽筋，浑身哆嗦他就死呢。有的拉肚子，连哕带泻的。我的亲兄弟得这个病死的，没找着先生。（我兄弟）他叫王保兴，死的时候才七八岁。他难受，上哕下泻，也就在八九月得的。吃新粮食受不了，猛一吃新粮食就得病了。先生叫王培昌，他也不知道因为什么得的，光知道扎针放血，他说那个叫霍乱转筋。顶多一两天就死了，下雨时得病的多。

当时（村里）800 来口人，没 800 口也有 700 来口，有的一家都死了的。下雨以后得的病，下雨也就间隔了两三个月（得的这个病）。有吐血的，有哕黑水的，也拉肚子，也发烧。一发烧就得这个霍乱转筋病啊。（弟弟得病时）先生找不着，不知道在谁家。我出村找去了，也没找着，回来就死了。

逃荒得早的死不了，后来都饿得走不了了。我没走，做了小生意。民国 32 年他们都逃到河南去了。头下雨前走的，收了粮食又回来了。有的在河南把老婆孩子都卖了，换点粮食。

最后（村里人）死了一多半，那会儿谁统计那个。也算饿死的吧，那时候一吃新粮食，也算撑死的。

闹蚂蚱也是有鬼子的时候，忘了哪一年了，不是民国 32 年。

我在临清见过鬼子，村里也有。那时候我还小啊，还分给我糖吃，不杀小孩。

民国 32 年卫河没记着发水。卫河发过水，忘了哪一年了。

鬼子穿黄衣服，得霍乱转筋的时候没来过鬼子。鬼子（到村里）来过，来抢东西了，穿黄的，带着东洋刀。共产党不敢露面，皇协军在这里。

弟弟得的那个病，不放血顶多一天就死了。就是下雨的时候，有下雨得的，有下完雨得的。下完雨一个月往里点死的。雨就是在七月份那会儿，八月十五之前下的雨。下完雨一个多月两月就收粮食。民国 32 年上了很多水，水不小，记不清雨水还是河水。

从种上长苗就旱上了，一直到下七天七夜的雨。

下堡寺镇

北胡村

采访时间：2008 年 8 月 29 日

采访地点：临西县下堡寺镇北胡村

采 访 人：高海涛　王　青　靳　鑫

被采访人：吕广仁（男　80 岁　属蛇）

吕广仁

　　我叫吕广仁，今年 80（岁）了，属蛇
的。民国 32 年大贱年。那年先旱，不下雨，
下雨后晚了，谷子、高粱有麦子那么高了，
旱了，后来开始下雨了，下七天七夜。河没
决口，没发大水，民国 26 年上过水。

　　村里人死不少，砸死一个，霍乱转筋死两三个，是病，说是霍乱转
筋。那时吃不好，下雨下得墙也湿，砸死一个。霍乱转筋就跟抽风样，就
死了，治来不及。俺这是边，死得少。马庄那边死得多，死得很多。说是
扎能扎过来。这村死人不是很多。民国 26 年发大水，民国 32 年下雨下
得屋都倒了，没吃的，很多人逃荒，有上河南的，有上东边高唐的。我上
高唐待了一会儿又回来了，出去逃难时家里有不能去的，家里也有人。家
里没吃的。俺家哥哥腿脚不好在家里，大娘在家里。蚂蚱好，上果园打蚂
蚱，一弄一壕子。症状那时候都说是霍乱转筋，我倒没见，光说是霍乱转

228

筋，下雨下那两天。下雨得在割谷子那会儿，七八月光下雨谷子都生芽了都老了。也有逃荒的，吃不好。下雨之后有人得霍乱的。民国 26 年发过水，民国 32 年没发水。

刁 庄

采访时间：2008 年 9 月 3 日

采访地点：临西县下堡寺镇刁庄

采访人：高海涛　王　青　靳　鑫

被采访人：张玉兰（女　85 岁　属鼠）

张玉兰

今年 85（岁）了，属鼠的，叫张玉兰。民国 32 年在这个村，14（岁）过来的。民国 32 年是大贱年，招蚂蚱，满地是蚂蚱，老的小的都打蚂蚱。那年旱，也没井，不能浇，我 14（岁）时那年上一回河水，小孩姥爷死了，下七天七夜，上雨水，那年我 17（岁）了。上几回记不很准，上好几次河水了。上河水时没人扒河口，都直接淹。民国 32 年逃荒，差不离都逃了。霍乱转筋都是小孩姥爷死那年得的，下七天七夜雨，得霍乱转筋。那时还没小孩的大哥（大哥属狗，63 或 64 岁），前院大娘，阎子堌俺的姨家的闺女得霍乱转筋，得病后快。我也没见，光听说死得快，球球一块。

那年上河水了，俺堂姐妹死了，咱也没见面，咋得的咱也没见。我 20 岁以前，那时还没他大哥。日本人没掘河口子，不在这安钉子，走一趟就过了。日本人穿灰色衣服。

东高尔庄

采访时间：2008 年 8 月 29 日
采访地点：临西县下堡寺镇东高尔庄
采 访 人：高海涛　王　青　靳　鑫
被采访人：高新峰（男　78 岁　属羊）

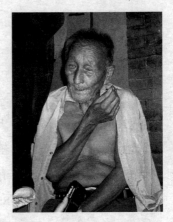

高新峰

　　今年 78（岁）了，属羊的，名字叫高新峰。民国 32 年在学校上小学，那会儿小，那时 10 来岁，那时日本（人）还没来，民国 32 年才来。我在西高念书，他在西高安钉子。俺这原先是老根据地，来回经过俺这里，向南走关头，向北上东北，都从这过，经常看见。年景不好，民国 32 年下雨下得晚。开始先是旱，到下雨时麦子收了很少，旱的。下雨下得不小，下多长时间记不清了，反正下了好几天。下雨后得霍乱转筋，抽筋，眼什么皮肤都凹进去了。

　　以后日本（人）来，顾这头不顾那头。俺这是老根据地，八路军来，就在俺这块。西高住两伙，日本人，后来又来一个二皮癣，一个李二黑，杂牌，也不随八路军，也不随日本，在西高这住的，整天跑跳。来到这他反正得吃什么，他反没带锅。八路军卖力气，在方营正北，西起离俺这 70 多里。

　　民国 32 年霍乱转筋，得病的不少，俺这边，俺这死得少，越往西越厉害，死得多，西边很厉害，头回老婆得病一白天就死了，也就那病，她娘家是张村，西边张村。俺这得的少，俺这是个边，有治好的，治好的不多，扎针，见过扎针，针多长的都有，针短的得有五公分，也有长的，长的得有一扎，要说扎针了不得了，胳膊上腿上，哪有淤血扎哪。村里有医生，病大的在外边，病小的在家里。日本人没来看过病，他闹不清中国怎么回事。

蝗灾有，记不清哪年了。河决口听说过，它自己开的，叫卫御河，通临清。水发得很大，一下就过来了，没多长时间，水来了，等着呗，饿死。霍乱症状闹不清，抽筋，其他闹不清。第一个老婆霍乱的症状迷糊，打散目脚，走路不行，架不住，找医生没扎过来。西高来日本（人），日本人没待多少天，来回过。

出去逃荒也是民国32年，发大水以后，我那跑可远了，跑到黄河南岸，把梁山都过去了，从济宁那边过去了，在那没待多少天，跟老人家做买卖。家里有老奶奶，有母亲，父亲领我下河南，弄点衣服换点粮食吃，我那会儿十几（岁），没安生的时候，不是日本就是老缺。老缺是庄人是土匪，谁不要吃饭？你得叫他吃么，不叫他吃么他不愿意。在西高念书念了三年，西高住日本（人），一住日本（人），念书就撵出来了。

采访时间：2008年8月29日
采访地点：临西县下堡寺镇东高尔庄
采访人：高海涛　王　青　靳　鑫
被采访人：胡广莲（女　83岁　属虎）

今年83（岁）了，属虎的，名字叫胡广莲。下雨下七天七夜，又上河水，光饿着，上河南买着粮食吃。下雨又来河水淹了，年景不好，人都饿着，死那些人，得霍乱病，死人，肚子疼，拉稀，死那些人。解

胡广莲

放后去河南的那些人又回来了。没么吃，光下雨，拉稀，肚子疼，就死了，没个先生治。有扎针的，来不及。这个都是民国32年。七八月时候下雨，都那时候下雨。先下雨又来河水淹了。下雨下来七天，水那么深，吃鱼，有鱼吃。发河水了，朝这边来，淹好些年了。到以后解放了又回来

一些人。农村得霍乱，一家有好几个得病的，我家里没人得病。先生扎扎就过来了，扎不及就死了。病不传染，光拉稀。一家人传染，谁在家谁传染。人下雨不出来，插上门不出来都死了。没好医生，狼村有先生，有人就先治，没人就死。

霍乱时已经下雨发水，吃不好、喝不好，得病。这边刚沾边，西边多，死不少。

民国 32 年有日本（人）了（可能有了，记不很清），日本（人）咋不过来呀，过来人都跑。

蚂蚱有，民国 32 年没记得有。打蚂蚱，拿鞋底打，蚂蚱记不清哪年。

没土匪了，光剩日本（人）来了。

民国 32 年逃荒，卖老婆孩子。逃到河南，换点粮食吃。下雨之前旱了，先旱后淹。这边还收点谷子高粱，西边旱得棒子没收，都旱死了。

采访时间：2008 年 8 月 29 日
采访地点：临西县下堡寺镇东高尔庄
采 访 人：高海涛　王　青　靳　鑫
被采访人：孙孝孙（男　83 岁　属虎）

孙孝孙

我叫孙孝孙，83（岁）了，属虎。

民国 32 年有日本（人）、共产党。民国 32 年灾荒年，旱。七月初五下的雨，死很多。霍乱转筋死的，生活不好，俩月死了 40 来口。症状跑茅子，拉，是急性病。没医院，隔村有医生，医生少，扎不过来，没有药片、没有药水、打针没有，光扎旱针。洪水，河水流过来很大。民国 26 年、28 年发水。民国 32 年灾荒。30 岁以下都逃，老人小孩在家里。俺家里有得病的，没医生，没开药铺的，这村有很多得病的，人都没了，都忘了叫啥名。霍乱八九月得的，发水后得的，七天七夜没住过天。

日本（人）在这住过，没在俺这住过，你不打他他不来，你只要打他他就来，他一来老的小的都得死。有土匪，没有蝗灾。

采访时间：2008年8月29日
采访地点：临西县下堡寺乡东高尔庄
采 访 人：高海涛　王　青　靳　鑫
被采访人：佚　名（女　83岁　属虎）

今年83（岁），属虎的，那谁兴起名呀，俺不懂民国这些。有大贱年，又淹又旱，房倒屋塌都钻床底下，发大水，淹两回。想不清哪年，谁想哪年哪年，俺不懂那些。不懂啥病死的，光知道上河水，说是饿的，也不知道咋死的。

东留善固

采访时间：2006年7月
采访地点：临西县下堡寺镇东留善固
采 访 人：邵贞先　王宏蕾
被采访人：贾俊明（男　78岁　属蛇）

我从小就在这个村里，这村下堡寺镇，民国32年时叫下堡寺区，属山东临清县。那时没上过学，民国32年死了很多人，加上逃荒的，日本人正在这里，有得病死的，有人得水肿病，民国32年有水肿病，民国9年有人得霍乱。得水肿病的面黄肌瘦，没有医生，就吃点草药，扎点针，扎肚子，得水肿病的很快就死。

民国 32 年，下雨下了七八天，大部分的人都在这时候死了。霍乱转筋这个病早。父亲是民国 31 年死的，死于拉痢，我大爷一个闺女是民国 32 年死的。没饭吃面黄肌瘦就死了。村里有两个医生，没西药。只有扎扎针。当时不知道有霍乱这个病，别的村闹不准有没有这个病。

这村里有去逃荒的，有给日本人抓去做劳工的。逃了有五六百人。当时村里有 1300 多人，逃了有一半子。剩下的有闯过来的，死了有二三百人。过了灾荒有一部分回来的。

日本人来这闹，打死人，正是疯狂的时候。民国 26 年，日本进中国，那时候都买不起斗子（棺材），用席子卷卷埋自家地里。

民国 32 年不下雨很旱，8 月 2 号下的雨（阳历），下了七八天，房倒屋塌，净是土房，（房子）倒点剩点就在别处睡。吃糠咽菜，吃树叶子，柳树叶子，用水泡泡放在水里煮煮。喝水也都喝砖井水，那砖井有井沿。民国 32 年把井给淹了，民国 32 年这村里有一腰深的水，都是下雨下的，村洼地高都流到村子里来。

日本人当时住在向北 15 里地，也闹不清有多少日本人，上这来抢东西，日本人也不是常来，第一次没来我们村，第一次去了离这 5 里地。民国 31 年大扫荡，（日本人）丢了罐头村民也有吃的，吃了也没事。民国 32 年常常来日本人，下了雨以后也来，穿着黄军装，有带着盖的帽子，有带着小铁锅的帽子。见过日本飞机，看不清，飞得也不高，没注意过有啥事，也没给小孩东西吃。

日本人也喝井水，皇协军来干坏事，皇协军杀庄稼人。死了四个，宪兵队杀人，都掺和着（指皇协军和宪兵队都杀人），日本最后来这，杀了两个人，他们孬。

民国 9 年有霍乱转筋，都说是日本人来之前，我记不清了，从民国 32 年（民国）以后到 1960 年（公历）还有得这个水肿病的。民国 34 年有过蝗灾，卫河 1963 年开过口子，民国 32 年没开过。（当时）这时八路军的根据地，日本人一来往哪跑的都有，往北三里是敌区，叫郭庄，来村里的日本人跟皇协军，皇协军多，有两个抓去做劳工，下煤窑，他（指日本人）也不讲讲叫干啥干啥，不听就揍，老百姓都喜欢八路军，婶子大娘的叫得挺好，八路军也要粮食，他也该咋要咋要，他也得吃。以后过来灾荒地里就收东西了。

这个地区八路军过来之后，把零碎的土匪给处理了。有土匪当八路的，也有回家的。以后土匪也有跟日本人的，把日本（人）打了以后，中央军就来了，是石友三的人，老百姓也不待见他，在大庄头那边离这五里地，日本人跟八路军经常打。

采访时间：2006 年 7 月 11 日
采访地点：临西县下堡寺镇东留善固
采 访 人：刘京军　赵新燕
被采访人：杨宗芹（男　78 岁　属蛇）

村子一直叫此名，民国 32 年属临西县下堡寺乡。1975 年任生产队十队队长，由于队里搞得好，粮食产量全县第一名，成为 1975 年全国人大代表。不识字，民国 32 年正念小学，因灾荒，没念成书。民国 9 年，听说得霍乱，没粮食，瘦的，饿的，到死时就病了。人死了也没埋了。大部分都是饿的，得啥病的都多。这个村，臭蒿子都长满了，死了人，谁见谁呀，谁也不知道谁死。叔叔，大爷都是那个时候饿死的。六月，七月，八月那时候死得厉害。

下大雨了，下了七天七夜，有亲人还有人埋，没亲人隔好几天也没人埋你哎。下了七天七夜的时候死的最多。吃点药，扎扎针。七月初五才下雨，下了七天七夜。当时有贾宝春、杨九霄，有病扎不好，都是饿死的。这边附近有得那个病的，咱这儿没有。

泻肚，跑茅子，有病都死了。

说霍乱转筋，听说挺好治，谁的病一扎针就好。那时候啥也没有，光吃点菜，泻肚。

靠天等雨，那年七月初五才下的雨，地也种不上，麦子也没有，那还饿不死人喽啊。10 来个月没下雨。那时候兴小土房，这房倒屋塌，净泥的。那时候啥也不顾了，谁也不顾谁了，连树皮，树头叶子都吃了了。洋槐树，榆树，野菜，杜梨树。柳叶吃了肿，榆树吃了好。那时候也种棉花，棉花籽，年年四月里有小麦。小麦，东西都吃了了，饿死怎些人（老多人）。

民国 32 年没开口，没听说。

村洼，一出村都得蹚水走，下雨都跑村子里来。

逃荒，出去一半子，成百口子。那会有 1000 多人，300 来户，过了八九月，剩了 200 来口人。要饭的，逃荒的都走了。

小女孩都领走了，就跟卖人一样啊，给了有饭吃的人家，给点吃的。自个老婆，领着都卖了。有的给点窝窝头就走了。

地主，就是地多点，二顷多。俺村有个地主，他哥俩，他娘待见她二儿，不待见他，他把窝窝头卷袖拖里，偷着吃。那时候人家日本（人）来的时候就有飞机，那年来了。成天来，还杀了几个哩。前面杀仁，咱这个村，一到五里庄，都跟日本人一事，是敌占区。咱这还归共产党，在这，咱这有民兵连长，民兵把他（日本人）粮食卸了，日本（人）急了。是劫粮的都跑了，就都逮咱这个。

净那皇协（军），十个里面，一个日本（人）也不能有。来这，都跑，有牛，就牵牛跑，没有，携个被窝就跑走了，走了，再回来。

咱这村里人，黑了都住地里睡，明了再回来哎。

民国 31 年、32 年，土匪，日本（人），共产党乱哄。土匪抢东西，偷牛占户的。干啥的都有，皇协军也有，当土匪也是饿，只要让吃饭什么都干。光要东西，要钱，逮住你哎。八路军，王连贤，饿的。收粮食了，都回来了。

八路军？那该不好啊，也大爷长，大爷短的，就那一套哎。咱跟八路军一事，粮食，给他，不给日本人。

1943 年，日本人来了一回，就走了，八路军把他赶走了，八路军七一团。

宋子固

采访时间： 2008 年 9 月 3 日
采访地点： 临西县下堡寺镇宋子固
采 访 人： 高海涛　王　青　靳　鑫
被采访人： 高玉琴（女　84 岁　属蛇）

高玉琴

　　我今年 84（岁）了，属蛇的，我叫高玉琴。大贱年我记得，头回那是旱，旱得地里没井。旱了一年，第二年又淹，又招蚂蚱。地里井也没有，旱得寸草不见。淹一年，旱一年，招蚂蚱一年。那几年一点粮食不收。那一年，人饿得面黄肌瘦，饿死了很多。蚂蚱多的一呼啦一捧，使布袋弄家去，烧个干锅，都扑棱扑棱的，人挖挖吃蚂蚱，吃得大手都解不出来。那时真难过。过了一年第三年又淹了。

　　民国 32 年先旱招蚂蚱，也没收，当年没淹，第二年上水，那会儿小没记得这个。人逃荒，饿死的饿死，上河南走，上西北走，大人小孩都逃荒。地里没点么，吃野菜，人都爬都站不起来，连饿带晒饿死在地里。死了的有人埋呗？那时死了都没人埋，都干巴了，老天爷！提起那时没法过呀！第三年下的雨。老天爷人没法过，什么日子我也过过。

　　得霍乱转筋是上河水那年，得霍乱转筋那年没人管，家里没人了，谁管？得那病的筋转筋了，球球的肚子疼，身上浑身疼，筋疼抽筋。上哪治？谁给治？有先生都饿得走不动了，有在家的有不在家的，在家扎扎，有扎过来的。

　　都没吃的，俺姑俺侄都随在河南了，饿得没法走，走多少天，大姑小姑都卖那里了。走到那里没法过，自己找了个婆家。俺爹找去了，到黑虎门病了，得霍乱转筋。俺村郭寨去了两三个，带班去的抬到家。那木门，一合门，没盘缠咋办？推一合门去了，走黑虎门两人都得病了。店里找了个先生扎的，俺爹扎过来了，那个死了。俺爹回来了，还不孬没死那。没点吃的，我那时在郭寨，日本鬼子厉害，我的娘呀，没法过。日本鬼子上尖庄、岗楼那，河头岗楼那，上村里扫荡。日本鬼子势力还不怎么样，二混子了不得，皇协军，家种点，在这折腾，是东西他家来弄，他也年景不好，他一扫荡他清东西，家有吃的他给你弄走了，不叫老百姓过，都没法过，成天这跑那窜的。我 10 来岁，这跑那跑的，谁敢睡呀？睡觉都得有人站岗。他家走跟你要钱，那会儿没法过。看你现在年轻多好呀。逃荒咱村都逃了，我上河南又回来了，都是民国 32 年那年，在黑虎庙那，那时候小，待了四五个月，村里去老些了，走的有一半，有回来的，有在那的，有到以后又回来的。我父亲在黑虎庙的霍乱病扎过来的，是逃荒时得那病，民国 32 年得的病。河南倒没听说得那病，那时候小不知道。

务头村

采访时间： 2008 年 9 月 3 日

采访地点： 临西县下堡寺镇务头村

采 访 人： 张 伟 陈媛媛 王晶晶

被采访人： 刘德春（男 74 岁 属猪）

刘德岭（男 84 岁 属牛）

李绪成（男 72 岁 属牛）

刘德春：我叫刘德春，74（岁）了，属猪。

刘德岭：我叫刘德岭，84（岁）了，属牛。这村里死得没人了，逃荒光埋人。西边割草，吃草籽。都逃荒去了，家里没人了。旱，头先旱，后天淹，栽的红薯苦得不能吃，下雨下的。淹时七月里，粮食还没收。下了七天七夜，地都淹了。都到西边割草吃，草籽、拐拐就吃。村里也有水。

左起：刘德春、刘德岭、李绪成

想不起来不跟 1963 年样，不是那么大雨。1963 年是河水，洪水。

刘德春：连下七天，把老百姓都下毁了。

刘德岭：没庄稼，有庄稼还能挨饿。水退了，拐拐还得吃。现在谁吃，那时不吃不中，不吃就饿死你。那会儿有病，没法治，一天埋过四个人。

李绪成：我叫李绪成，72（岁）了。（灾荒年）记得，逃荒去了，还能不记得，六七岁了，属牛。天旱，寸草不见，俺这个家庭逃了两回荒。父母都饿死了，把我给南边山东了，就这么个过程。春天那时候出去的，（那时候）没雨，从小给人家了。到 1964 年 4 月 30 号回来的，回来都 50 多年了。

刘德岭：我兄弟四个，有我母亲，也出去逃荒了。没人不逃荒的，没人不逃荒的。不逃荒只能饿死。去什么地方我倒没问那个。差不多九月里出去的，到年根回来的。

刘德春：剩俺母亲、父亲，剩俺仁大的，小的都饿死了，出去了我。那时候归寿昌县刘集黄河南。阴历十月出去的，家里光剩下老母亲。也是阴历年根，在外边混不住，要饭要不饱。东西在家，带出去的也卖了，就回家了。那时候农村里净要饭的年代，也没有能雇得起人的，很少很少。

不能说百分之几里，很少很少在那个时候。那时有日本，有八路军。这个村里有日本，也有八路军，两边对打。饿死了不少人，一天最多饿死过四个人。

刘德岭：没有传染病。

李绪成：抬不及了人，下了七天七夜雨，人都搐开筋了，人搐筋。传染病，死了没人埋。为啥没人埋！有人出去，有人饿得东倒西歪，都没劲了，刨坑刨不动。抽筋，就霍乱，没医生没法治。你反正病了就得死。那年有日本，你在那边摸了点东西，就夺了去，还饿唉。

刘德岭：得了霍乱，这里那里的心里难受，喝了凉水，随喝随吐，（拉）少叫霍乱转筋，也抽筋。（得那个病的）不少，净那个病死人。得那个病的多了。俺大爷刘佩云，俺父亲刘佩凯都那年得那个病死的。那个病多了，差不多都那个病，没医生，有钱也没医生。没有（扎针的）。

刘德春：有（扎针的）都出去逃荒了。

刘德岭：得的有快的，有慢的，不一样。快的没多大功夫就死了。慢的停一两天，也有停三四天的、停四五天的。厉害的待不了一晌午。

李绪成：待不了四个钟头。听人说的，老人说的。我没在家，五六十岁我回来的，出去逃荒了。

刘德岭：灾荒年得那个病的多。我大爷多大岁数了闹不清，五六十（岁）吧，我父亲 50 多岁，都灾荒年那年，很厉害。那会儿人们不知道传染不传染，光知道是霍乱转筋。

李绪成：那个意思是传染，为啥都得，有传染性。

刘德岭：（咱周围的村子）都是那个，越往西越厉害，越往东越轻。倪庄这边轻，高尔庄没有了。（一家都得的）不稀罕。那家死了仨。张水为他娘死了，孩子还吃奶呢，待一两天，孩子饿死了。

李绪成：大人死了，小孩子饿死了。

刘德岭：他家六口人，闺女没死，上西边逃荒去了，就留那里了，回来家没人了，都死绝了。张福林（张水为的父亲），水为的父亲母亲都是那个病死的，还有三个闺女，一个小（儿子）张水为，一个闺女逃西边去了。都得那个霍乱转筋，张水为那会儿有 20 多岁，他父亲 60 来岁。张水为排行老三，妹妹饿死的，其他都得霍乱病。

日本人一来就跑，东边童村，西边第十营，数这两边钉子不好，日本人经常来。没发过洪水，就下雨下的。土匪咱这村没有。

刘德春：民国 32 年没有。这里是八路军根据地，连土匪都消灭了。

刘德岭：霍乱病就下雨之后，那会儿少吃没喝的，得那个病就是没活。以后没了，就下雨那几个月。过了年之后没了。

采访时间： 2008 年 9 月 3 日

采访地点： 临西县下堡寺镇务头村

采访人： 张　伟　陈媛媛　王晶晶

被采访人： 刘德兰（男　73 岁　属鼠）

刘德兰

我叫刘德兰，73（岁）了，属鼠的，一直住在这个村，住一辈子了。

灾荒年那年旱灾，两年半没下雨。到立秋，七八月里一下了七八天，下的毛毛雨，雨些细。也没吃的，也没喝的。见天埋人，一天死仨死俩，最少死一个。灾荒前 500 多人，死得还剩 300 多人。没法埋人也饿得没劲。地上净水，踩踩埋进去，埋得很浅。

拆房子烧壶水喝。都逃荒了，占村里 70%，100 人出去 70 多个。有逃天津、北京、河南、烟店（山东那边，烟台，那时叫烟店）。我逃了，就逃烟店。（当时）家里就四口人，父亲饿死了，母亲在烟店那做饭。我在那里也给口吃的。一家人都出去了。出去六月里，出伏了，走着走着路没劲了。有人中暑，把他弄树阴凉里，找个井，弄点水拍拍头，降温。出去的时候还没下雨，下一年就耩上麦子了。灾荒年那年出去的，在外边待了一年半。民国 33 年回来的，回来在地里收了点庄稼。咱这边少，饿死了一半，邱县那边厉害。

没有传染病，没霍乱转筋。光吃菜，（身上）没肉，邪瘦，肚子邪大，水肿。这会儿说肝炎，那也不是肝炎，吃菜吃的。我听老人说，头灾荒以前，有一回喝了六桶水，光发烧，到末了使水泡着。

1963 年发过洪水，民国 32 年没洪水。灾荒年以前，死了三四十人，大约 10 年以前。

日本人来村里我也见过。日本人来了，咱就窜，就跑了，窜东南去。（日本人）问八路军往哪去了，有个人说我不识字。那会儿日本人比画个人，日本人问识字吗？他在地上写"我不识字"。

上过一年级，灾荒年回来以后 10 多岁了。下地劳动了，就散伙了，那时候上学的不多。

西高尔庄

采访时间： 2008 年 8 月 29 日

采访地点： 临西县下堡寺镇西高尔庄

采访人： 高海涛　王　青　靳　鑫

被采访人： 刘明广（男　92 岁　属龙）

刘明广（左）

今年 92（岁），属龙的，叫刘明广。民国 32 年 20 来岁，我在村里。灾荒严重，吃不上，面黄肌瘦的。饿死。得病都说什么得霍乱转筋。用针扎能扎过来，扎过来不少，村里两三个医生。得病很多一家死了了。村里 400 多口，死不少。旱，不下雨，有这么一回事，那一年死很多。先有旱，饿死很多。河水决口，上涨发水，淹是淹，没听说日本人给掘口。共产党管这边。日本人烧、杀、奸、挑人。俺村被日本人挑死不少。

家里人没得病，周围有得病的。见过得病的，就跟肚子疼样，四肢无力，扎不过来就死了，扎过来抢救过来了，一会儿就死了。这村不少得这病的。民国 32 年得病、饿死很多人，无抵抗力。

土匪民国 32 年在这安八大所抢东西。

下雨时麦子收了，六七月了，下雨下七天七夜，一直下，下得不小。1963 年上回水，1956 年上回水，1943 年没上水。下雨是民国 32 年，下雨后很多人就得病，扎过来不少，得病的不少，饿死不少。1943 年有出去逃荒的，妻离子散，出去卖东西换点粮食。上茌博平，是山东。出去人不少，铺嫁妆，换点桌子、椅子，换点粮食。

蚂蚱早，我记不清啥时候，烧蚂蚱、打蚂蚱。下雨前几年，蝗虫厉害，都去打蚂蚱。

西倪庄

采访时间： 2006 年 7 月
采访地点： 临西县下堡寺镇西倪庄
采 访 人： 邵贞先　王宏蕾
被采访人： 葛长河（男　76 岁　属羊）

我上过完小，咱这个村没有得这个病的，听说邱县那边有这个病，那会儿（民国 32 年）跟这会儿（现在）不一样。下雨之前过了麦，没收麦子也没啥吃，就出去逃荒，阴历的五月（出去逃荒）我是第二年二月份回来的。母亲父亲哥哥走了，爷爷没走，在姑姑家住，逃荒的多了。当时村里有 400 多人，跑了 100 多人，饿死在大街上没人管，麦子一个粒也没有，我逃荒到南边 200 多里的范县，那地方就没有得这个病的，有粮食。我们好几户都住在那一个屋里，人家那得朋友给找的房。下雨的时候就不知道有啥了。

当时这里是八路军的根据地,在这弯(这片地方)来回转,穿的衣服一样,都戴着帽,八路军他不降巴(欺负)老百姓,落日的时候就走,八路军一个班12个人就往俺家来过,他们不吃俺的东西,自己带,吃的小米,人家吃东西俺也不凑,当时都在这里喝水,喝井水,还经常有别的八路军来我家住,带着手榴弹、枪,当时俺是小孩也不往跟前凑,见天来见天走,他们都排着队纪律非常好,对百姓也好。

日本人也来村里扫荡,他们来烧抢杀,(日本人)从东边来(百姓)就往西边跑,从西边来就往东边跑。起来(自从来)日本人以后,就往村里来了一回,其他时间都是从后边过,不进来。都是大盖枪带有刺刀,皇协军也来,皇协军穿的衣服跟日本人不一样,来村里的人有百把口子,弄个大院子,闷进去就不出来,光找八路军,看看这人像不像,看你年轻拉过来遛遛,他们说啥是啥,发现不是八路,日本人就说不是八路的。东边有个高村有炮楼,威县北边有个麦谷营,八路军去那打日本人的炮楼,打了一回就跑了。范县有时也扫荡,老缺叫王连贤,范专员把王连贤给收了,王连贤编到他的部队里,最后还是枪毙了。穷人都是挨饿出去的。土匪倒没上俺家来过。

肖子固

采访时间: 2008年9月3日
采访地点: 临西县下堡寺镇刁庄
采 访 人: 高海涛　王　青　靳　鑫
被采访人: 赵淑秀(女　76岁　属鸡)

今年76(岁)了,属鸡,叫赵淑秀(音)。民国32年有旱灾,可厉害了。吃地里薪菜,弄家里切切,炸吃了。那时都挨饿,没过过好日子,可受罪了。民国32年都旱,也下大雨,下不透。那时在娘家,在肖子固,南边那小村。上水是不断地上水，记不清是哪年。

那时日本鬼子在这，俺那时候光跑。你不跑，他来了打死你。弄抢，犯点毛病就攘死你。不管老少，叫他伤害的人可不轻了。皇协处的老毛子，他在这窝窝，他摸到么祸害么，数皇协（军）孬。谁知道日本扒没扒河口子，记不准。扒河口，人死多了，都死一坑，死人多的是侯庄。

那逃荒民国 32 年，差不多都逃光了。光在家没吃的，他也没吃的，他也没收点。收点粮食糠糠菜菜对和着吃。逃荒十家都有八家逃出去。家里没吃的，都饿死了。有得病死的，也不少。得啥病？传染呀、霍乱病，人都死了。民国 32 年有霍乱病，几年不断地有。数霍乱病厉害，脸发黄，都哆嗦。都扎针，有先生扎。那病难治，死得快。好比炕上年轻的来病，一躺就过去了。不记得谁得病。我也得过霍乱，他们扎，扎扎就过来了，扎流点黑血，我喝点水，当时也好不了。我姊妹好几个都躺那，得霍乱的有几个也忘了，反不少。我得霍乱时 10 来岁，是民国 32 年的时候。扎了针后能喝水，也不能吃饭。快的，病死不少，死人抬着向外抬。

日本鬼子来过，日本人穿绿衣裳没穿白衣裳。日本人没给看过病，谁敢让他看？来要鸡蛋逮鸡，有鸡揣怀里掖帽子里。

蚂蚱可是多，老的少的打蚂蚱，那时 10 来岁，蚂蚱一层，抓家里吃。

修子固

采访时间：2008 年 9 月 3 日
采访地点：临西县下堡寺镇修子固
采访人：高海涛　王　青　靳　鑫
被采访人：修东路（男　76 岁　属鸡）

我今年 76（岁）了，属鸡的，叫修东路。我记得民国 32 年的事，灾荒，大灾荒。卖儿卖女多得很，拆房卖东西多得很，光俺村卖多少，卖

修东路

河南去了。那年旱，树叶都吃光了。旱，旱的时候不短，草都死了，有蝗灾，该不严重了？拆房卖屋的、买东西的、卖儿卖女的、卖自己媳妇的，那年灾大了，死多少人。到尖庄，死人没地埋了，离这40多里地。都饿死的，生病的少，饿死的多，是民国32年。

民国32年上水了，上的河水。南边来的水淹了，房都倒了。河是南边卫河，河开口子了，自个开的，上水多淹了，没有日本人掘口。那时候没种麦子，拉沟拉，不能構。

逃荒十家得有九家逃的，老地主不逃荒。都出去了，上河南，有北去的。我出去了，大人都死外边了，饿死外边了。出去一年多，民国32年出去，民国33年回来。要饭要到吃饭时候喊大娘，给你一点就拉倒了。

过灾荒死人多了。霍乱转筋咱这也有，也是民国32年得的，没吃没喝饿的，都那时候得的。咱村厉害都走了。那年死人不少，得霍乱转筋也死人。有能的走了，没能的死家里了。得霍乱转筋没劲，没钱治。那时候没治，医生反也要饭走了。我见过霍乱转筋，没钱治。咱村有得病的，死多了。俺这叫修东和（音）他一家死了。光我这家大人都死了，都饿死了，剩一点东西叫孩子吃了，大人都饿死了。俺家没有得霍乱转筋的，都饿死的。

下雨都是民国32年以后。先旱的又淹的，九月淹的，那树叶都叫人吃了了。

日本那没有穿白大褂的，净穿黄军装。

采访时间：2008年9月3日

采访地点：临西县下堡寺镇修子固

采 访 人： 高海涛　王　青　靳　鑫
被采访人： 修龙奎（男　80岁　属蛇）

修龙奎

　　我今年80（岁）整了，属小龙的，叫修龙奎。民国32年灾荒，老天爷不下雨，旱那时候。那年都旱得寸草不见，不下雨，饿得面黄肌瘦，死了没人埋。有逃荒的，上河南逃。我没出去。俺这有砖井，吃野菜。咱村一百个人里七八十都出去了。上那去拉点破家具，桌子椅子，上那换点粮食。那年没下雨，七天七夜的雨不是民国32年。民国32年没上过水，1956年上过河水。霍乱转筋是民国32年，咱村有得病的，俺村霍乱转筋，上河水淹得吃不住劲了。河口不是日本人扒的。那会儿净是蚂蚱，跟马蜂窝样，庄稼都吃了。蝗灾哪年不知道，民国32年没闹，民国32年以后闹的。

阎子固

采访时间： 2008年9月3日
采访地点： 临西县下堡寺镇阎子固
采 访 人： 高海涛　王　青　靳　鑫
被采访人： 魏书堂（男　77岁　属猴）

魏书堂

　　今年77（岁）了，属猴，叫魏书堂。民国32年灾荒，老天爷不下雨，寸草不生，人饿死不少，饿得面黄肌瘦。不下雨不收，他吃什么？树叶都吃光了，野菜也没有，吃糠咽菜，（大便）找个钥匙刮刮，掏出来以后，人出毛病就死了。一年没下雨，好比有个大户养一地的胡萝卜，那个养活生活。穷人逃荒的逃荒，死的死，还有死了没人埋。这村逃得有百分之七八十，上济宁、梁山，有的人妇女都随那了，给点粮食连要点饭再就随那里出去了。我出去上济宁。那年光旱寸草不生，这村饿死百分之七八十。俺这里好点，北厢那边饿死屋里就死屋里了。那草长一房高，光兔子走这个路，俺都上那逮兔子去，推个小木车，几个人逮一派子，来家煮煮吃。

那年没上水，也没听扒河口子。地里粮食没长，好户地主富农家里有存粮，打个砖井，养点胡萝卜，人那生活维持住了，其他人维持不住，穷人打（得）起井了吗？那时候几百块，那时候不兴一百块，是鲁西票、冀南票。头先是鲁西票，俺上黄河南，那是日本中央票了。推点被子啦、衣裳啦、门啦，上那换点粮食，锄啦、犁啦，那些都卖了换点粮食养活生活。有人的上送点粮食就饿不死了。没人送粮食，家里出不去的老的老，小的小都饿死了，没人埋，抬不动。我那时10来岁抬不动，搁门上。掘块沟埋住身子拉倒，光我埋好几个。

得病，得霍乱转筋，他晃样、没劲、吃不进东西去。他转筋了，抽筋了，他死了，每人给送口水。是急病，说死，半晌一会儿就死。谁知道传不传染？那时候谁给治？治不起。吃的都没有。有扎针的请人来扎针，扎不过来就死了，扎过来的少。那时候我认识的小五他爹叫王什么的，他得病死了，于大六，咱不知道人家名，也是我埋的，我埋七八个。王什么他儿逃荒去东北也死外边了。那年霍乱厉害，饿得吃不住劲了得毛病了。

那年没蚂蚱，地里不收点啥，没下雨，它要下雨不就收了吗？它么也不长，一片白地。那时候没有河开口子，扒口子，过来以后才有的。

我见日本人多了，我上南边去逃荒，上岗楼要饭去，站岗的（皇协军）说走走走，小孩来干吗？我说俺找俺爸爸俺妈妈，俺逃荒的。有好人看小孩怪可怜拿个破碗，给拿两个窝窝，我揣怀里，舍不得吃。日本人挎东洋刀，穿大靴子来了。那罐头，那么高，找刀一旋开开他吃，我够，他从兜里掏出一个，一骨碌，我去拿，他拍手，他高兴得了不得。窝头是皇协军给的。刚给我，揣怀里，日本人就来了。

咱这是根据地，这儿没日本（人），在南五里住日本（人）。没见过穿白大褂的，净穿日本装，戴铁帽子，真日本（人）都挎东洋刀。

赵子固

采访时间：2008 年 8 月 29 日

采访地点：临西县摇鞍镇修老官寨村

采访人：陈东辉　石赛玉　胡　月

被采访人：赵淑兰（女　78 岁　属羊）

赵淑兰

民国 32 年，发生旱灾，老天不收，旱灾还饿死人，就逃荒上河南，一家家地往西边逃荒。到了第二年第三年的时候老天才下雨，咱这好年景了，人又都跑回来了。

民国 32 年没下雨，不是河北省全部的，一家一家的，这里没下雨，和你们说你们也不懂。种园有大井、砖井，因为得过病，我好忘，那年下了七天七夜雨，晴天后，就出筋，霍乱转筋，都是六七月下的雨，下完雨没河水，下了雨得霍乱转筋，抽筋、肚子疼、拉稀、转筋，而且上吐下泻，有的吐得厉害有的吐得不厉害，有的人扎不过就死了，我就亲眼看见过。那些不看医生的，一会儿就抽搐死了，几个钟头后就死了，不记得是哪一年了，大概是民国 32 年吧，那是因灾荒饿死了，民国 32 年后来又闹霍乱转筋。

河水那两年，1956 年淹一回，1963 年淹一回，1956 年和 1963 年水有树那么高。民国没有淹，七天七夜淹了一回，又涨了河水，和七天七夜不是一年，大概是第二年得了，没上河水就得病了，大概是第二年得的霍乱。下雨后晴天，受潮湿的就得了病，头痛脑热算不了，没下雨以前没听说过有得病的。

民国 32 年过了以后，下了七天七夜雨，那得有三四年才下的。收成当时凭天收，老天不下雨就不收，人们当时吃糠吃菜，那年没人逃荒。那会儿，穷人家不好过，都给地主干活。七天七夜的雨过了以后，河水来了，河堤是自己冲开的，谁敢自己把它扒开。当时没有日本人来。

民国 32 年干旱程度，就好比今年一年都没下雨，老天不收了，有本事的在河南开车做买卖，没本事的待在家里。第二年终于下雨了，那些逃荒的人又跑回来了。

我当时小，没去逃荒，见过得霍乱病的，我娘家有兄弟妹妹也得了，都用针扎好了，现在都死了。

我是本地人，一直在这个村，娘家不在这个村，得霍乱时，在娘家，西边的村——赵子固有轻有重，死的人也不少，扎不过来就死了。日本人当时没进村，霍乱以后才进村。

摇 鞍 镇

常白地

采访时间： 2006 年 7 月 11 日

采访地点： 临西县尖冢镇蔡辛庄村

采 访 人： 兰 坤 姜亚芹 李雪雪 张村清 杨兆乐

被采访人： 蔡常氏（女 77 岁 属马）

天下雨，淹了，贺武庄死了老多人。三月十五，铁壁合围。日本（人）围起来了（民国 32 年以前）。

谷子黄了，掐谷穗去。上河水，河水开了，西乡开的，西南来水了。开口子，上河水，也是七月份，没到八月份。下完雨，开南方，从馆陶后的来水。村里都淹了。俺娘，妹妹，俺爹逃荒去，不叫我去，说我大了。拾棒子叶当柴火。

日本经常上那边扫荡去，俺那边（娘家常白地）是八路军地区。有出村的，有不出村的，有待麦地里趴着哩。日本挑死了，挑死了四个（民国 31 年）。村里有得的，小孩都围着看。死人了，没死大些，俺村更小。百十户。不知道死了多少人。家里没得的。那时候喝坑水，井都待水里泡着。做饭都使坑水，都是河水，喝也得喝。都喝水洼里的水。井也看不出来，村也洼，井也洼。

都记得一个霍乱转筋死的，都扎，都扎针。没吃草药的。吃草药的不轻，来得及了呀？一抽筋就很快，小闺女家也不出门，大人也不叫出门，除了纺线，织布，念书也不叫去念。

民国 32 年前、后都没听说过。

我亲自眼见，大前门子老高，年下初二亲家跑去，说日本人来了。还睡觉哩？去换个旧棉裤去。两个大皇协军堵在门口，穿大黄靴子。俺俩在炕上坐着，出不去了。俺爹给日本人开门了。在炕头上坐着，我抓枣扔过去，扔过去也没咋着。跑的跑，也没打我。来不及跑出去，年下初二，我 12（岁）。

民国 33 年过麦挑死好几个人。

吹哨，在屋里烤火，抓鸡，烧鸡。一吹哨就跑了。他说话你听不懂，他生气就拿刀攮你。皇协军都是咱这一弯的人，日本（人）说话咱听不懂，抢，拿马拉着，见衣裳拿衣裳，见粮食拿粮食，都在地底下藏着。

八路军在那里住着，夜下去。黑了敲门，老百姓都叫唤。说给俺个屋子，给腾两个屋子，到第二天白天给挑水，扫院子，人挺好。

村里没炮楼。家家户户住两个八路军，一吹哨就出去，唱歌，老百姓就去看去。

没老缺，西乡没有，八路军多。俩大骡子叫老缺牵走了，我那时候 8 岁。那时候家里可能好点儿。他们牵我们，我还在后边跟着看。户家（主人家）扇我一巴掌，说我"人家把东西牵走了，你还跟着人家"。俺家被卧都撂到骡子上。老缺也坏，黑下也砸去。老缺不比日本（人）强，还架户。出来头发老长，生虱子，饿着你，叫你拿钱赎去。

东郭七寨村

采访时间： 2008 年 8 月 30 日

采访地点： 临西县摇鞍镇东郭七寨村

采访人： 张 伟 陈媛媛 王晶晶

被采访人： 宋好礼（男 80 岁 属蛇）

我叫宋好礼，今年80（岁）了，属小龙的，一直住这个村。当时记得，日本人来过几次，贺伍庄有陵园。1942年4月29日，在这打仗，死了当官的，修了陵园。见过日本人，跟咱这样的人一样，穿黄军装。灾荒年咱这死了不少人，这个村剩了400多人，现在1000多。当时东郭七寨和西郭七寨不是一个村，也俩单个。

宋好礼

当时灾荒年是民国32年，按公元说1943年。得的霍乱转筋，死得很快，在胳膊弯腿弯血管扎针，动脉上，冒出血就好了，冒不出来非死不行，血凝固了，冒不出来就死了，冒出的血是鲜红的。那时没什么医生，医生少，又缺药又缺医，死的人不少。具体多少闹不清。得霍乱转筋的，我也得过，一扎冒出血来死不了。当时吃粮食，没啥吃的。找个有文化的记得准，我不识字。得了那个病，光抽筋，病也传染，我扎的针。有一家好几口都得这个病的，有一家都死了的，大部分上岁数的都得过这个病，过来就过来了，过不来就死了。得这个病的不少，那时候没医生，村里都是土医生，发病很快。天不下雨，没粮食，阴历七月里下雨，阴历八月里种荞麦。从七月一直下到八月底。天明了，不下了。卫河涨水了，叫日本人把水决了。水都流到咱这里来了。开始旱，后来淹，下得村里都淹了。就是决的卫河的水。日本人在南馆陶放的水，如果在这边往北流，俺这里没事。水往这边流，水不多大，刚漫到村里的高地。日本人八月底决的口，阴历九月初一到这里。天明一看都初一了，九月里，村里都是水，这个记得清楚，不差。老百姓能决口吗？卫河叫日本人占着。那时我10来岁。

当时日本鬼子进中国，我在家当老百姓，种地，家里七口人，有我祖母奶奶，两个叔叔，两个婶婶，一个小姑姑，七口人。我没父母了。霍乱转筋下雨之前就有，大约七月里。

日本人来这里很少，抗日战争日本人在中国待了八年。白天日本鬼子来了，鬼子走了，夜晚共产党来了，两边交叉。离这八里地南边有碉堡，莱寨有。卫河决口一直淹到清河，越往北越洼，水往北走。

那时村里多少人不知道，死了不少。有出去逃荒的，村里都没人了，往河南省。（我们家）也出去逃荒了，没下雨出去的，没都出去，出去一部分。我当时出去的，家里剩下叔叔奶奶。那时候回来好几次，没么吃了，把东西卖了。大门都推到河南了，换点东西吃。那里没淹，好过。到河南给人打工，光管吃，不给钱。那时年纪小，打不了工，拾把干柴火，给人弄庄稼，要口饭吃。

霍乱转筋下雨之后也有，但很少，从五六月就开始了，六月最厉害，下雨后就少了，一直没断。有得这个病死到河南的，就是得这个病死的，不知道叫啥，（他）当时20多岁。过了灾荒年闹的蚂蚱。灾荒年头里没有。七八月里闹的，满天都是，给阴天一样。明年（第二年）春天也有，闹了好几年。得霍乱转筋的，抽筋，上吐下泻。我没见过上吐下泻的。血凝固了，不能走，就死了。

穿白大褂的日本人没有，没有外边的医生治，都是土医生。我没上过学。我10来岁，刚念一会儿，日本鬼子就进中国了，八年。

国家派的医生教教，念了几天，也没念好。

采访时间： 2008 年 8 月 30 日

采访地点： 临西县摇鞍镇乡东郭七寨村

采访 人： 张 伟　陈媛媛　王晶晶

被采访人： 孙伟礼（男　80 岁　属蛇）

孙伟礼

我叫孙伟礼（音），今年80（岁）了，属蛇的。一直在这个村住着。

灾荒年头先天旱，什么时候下雨闹不准，河里来过水，水不小。男女老少都弄土挡堤，挡人多高，就是河里来的水，开口子，运河，是水冲开的。那时候人迷信，说有这有那的，拱开的。

俺村里死了十几个，先大旱后又淹。人都是饿的，饿毁了，没么吃。霍乱转筋说不清。当时村里人都出去逃荒，我家五六口人，我也出去了，家里两老人也出去了，往南边，到河南。啥时出去记不清了。

灾荒年没有蚂蚱，从前有，人都打蚂蚱去。

岗楼那边有，咱这边没有日本人，我没见过日本人，咱这里没有。

我没上过学，那时上不起。

东贺伍庄村

采访时间：2008 年 8 月 30 日

采访地点：临西县摇鞍镇东贺伍庄村

采访人：张　伟　陈媛媛　王晶晶

被采访人：王书增（男　80 岁　属蛇）

我叫王书增，今天 80（岁）整了，和西边明洋同岁，属小龙的。从小起我这个村生人，到这时候。

民国 32 年，我头年 14（岁），过年 15（岁），那年麦都没收。旱地，没井，光凭老

王书增

天爷吃饭。一个村就一个井吃水，这个村三个井，吃水的。要是能浇地就好了。那年七八月才下雨，麦子都没收，谷子都旱死了。我记得七八月才下雨，下了雨又从根里长出苗，收了一点，很少，不顶事。雨下大了，后来又淹了。馆陶那边的御河，从咱这边 20 里地，通临清那条，发水，净淹。过了灾荒年，1956、1963 年都发了一次。灾荒年八九月份又淹了。阴天下了七八天雨，后边河水又过来了，堵一堆了，围着村。

我从河南逃荒回来，推小平车回来，后来又淹了。咱这个村都逃荒了。到西边都不屯粮，邱县都没人，都饿死了。逃荒出不去了，都饿怕了。我哥哥从河南推来粮食卖，一路上十八二十里地遇见三四个要吃的，回来就饿死了。摊个煎饼，藏起来吃，有人抢嘴。往西都没人了。往西10里是河北，这里是山东。那边不长粮食，收得少，这边粮食地。家里都没人，老人在家里，我奶奶那年死的，都到河南要饭去了。过了麦，种春高粱，春天种高粱，那时候收一季。灾荒年当年过了麦七月里走的，以后淹的，八九月。人都死了，拉了，埋了。我哥回来了，给人拉耧，耩麦子。收了麦子十五十六斤一斗，收10多斗，卖了。旱地，没有化肥。我给人看场，又看仓库。我们这个村，500多亩地，收不超过13000斤麦子，老百姓都不干。这时候收得多。

我第二年麦口回来的，俺这边饿死的少。没听说有传染病。有霍乱转筋，西边多，没见过。那地多（河北），离这15里地那，一个村都死了。俺弟弟老师过来说，旁寨，头回说，他弟弟死了，他没走。后来他娘又死了，回去了，后来就没回来，他也死了。邱县，就是老河北。咱这里没有得这个病的。

日本（人）经常到这个村里，抢东西，杀人，"四二九"。日本人占着我们村的屋子，就是民国32年那回，那是第二次了。打仗那年是八月十五，村会。那会儿死的八路军埋，有陵园。

民国32年以后那些年有蚂蚱，好几回，满天飞，往南走。

这边有碉堡，尖庄有，东北角莱寨10多里地有钉子，是根据地。

日本人来抓过劳工。刘二红，小名，去日本当劳工。俺哥哥几乎被抓走，又逃回来了。这头没有（被抓的）。

范 庄

采访时间：2008 年 9 月 3 日

采访地点：临西县摇鞍镇范庄

采 访 人：陈东辉　石赛玉　胡　月

被采访人：范心纯（男　76 岁　属鸡）

范心纯

　　（民国 32 年）天气干旱，年后就不干旱了，那个我这老了，迷糊了。（旱的）咋不厉害呀？记不清旱了多久。房子都倒塌了。我那会儿也小，还不及跑，房子倒下了，收成不好过荒灾，上级也照顾。毛主席管。

　　皇协军，日本鬼子也见过，没咱人高，穿黄军装。多少年了过来，多少年走的，算不准。不知道要东西，八路军还有抓日本俘虏。

　　（蝗灾）有，蚂蚱灾有，那是多少年闹了不准，干旱后发的灾，我哪年已经记不得了。

　　1956 年、1963 年上河水不忘。

　　逃荒，冠县那块，东边平远那块。

　　也听过有霍乱，咱村有，上吐下泻抽筋，村里死的人不很多，咱村死了 10 来个，得病的也不少，（没死几个）不记得名字。

　　民国 32 年上河水，是下的水，也有出来的，是（七天七夜），确定（七天七夜），确定是民国 32 年，那会儿水没没村，也有水，但没淹倒房子，地里水多。

　　咱民国 32 年反正八路军管啊。

后大屯

采访时间： 2008 年 8 月 29 日
采访地点： 临西县摇鞍镇后大屯
采访人： 王 瑞 韩 硕 陈庆庆
被采访人： 张银范（男 81 岁 属龙）

张银范

　　我没有上过学，父亲、母亲 1943 年都死了。灾荒年我在外面逃荒，是十五六（岁）走的。过年阴历二月走的，去了高城。当时只是旱，麦子都没收，到了阴历六月底七月初才下的雨，下了七天七夜，那时没出去，过了年二月才出去。

　　下雨那年是灾荒年。1943 年，我二月出去，四月份才回来，咱村只剩下 300 多口人。以前是 500 多口，死了不到 200 口。当时都挨饿，饿死了。那时得个病就死，也没有治疗，灾荒年没钱，吃糠吃菜，天热又没吃的，晕地上了。我们村死了几个，死于霍乱病的，那是八月份以后的事了。下雨前下雨后都有人得病，死得快这种病，跑茅子。记不太清我只有十四五岁。

　　灾荒年没发过大水，有蚂蚱，有老些（许多）来，灾荒年也有。第二年也有，树上都落满了。1943 年有日本人也有八路军。头半年也旱，八月才下雨，但不管事了，种不上庄稼了当年收了一点谷子，吃草籽。

　　日本人见过，1942 年前屯打死很多人，后庄也死了不少人。日本人在前村把人绑在树上烧。张九连当时穿灰色衣服，日本人非说他是八路，烧死了。

后于林

采访时间： 2008 年 8 月 29 日

采访地点： 临西县摇鞍镇后于林

采访人： 王 瑞 韩 硕 陈庆庆

被采访人： 都国连（男 83 岁 属兔）

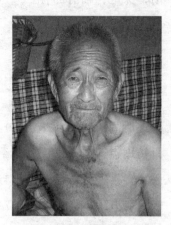

都国连

我上过几天（学），当时是抗日战争，也（可说）没有上过。

灾荒年就是民国 32 年，一开始头年旱，种麦子，没井，第二年一直旱到立秋才下雨，谷子都旱死，当时没日本人，这时是一个老根据地，以前归山东管。

灾荒年没下雨，下雨是到八月里，下了七天七夜，家里没吃的，都逃出去了，死人没人埋，雨下得哗哗的，房山都塌了。这个村当时 200 多口人，地也没人种，人都跑了。当时种的是小麦。

有蚂蚱，是灾荒第二年，头年麦子没有麦头，有了麦头它才啃。蚂蚱可多了，都没有高粱了，咬高粱，有一点点（约 4 厘米）飞满天了。有吃蚂蚱的。

咱这边没有霍乱转筋，外面有，本地这片没有。不下雨没水喝，就转筋的，有的走着走着就转筋了。抽筋的不多，天旱不下雨热的，天一下雨都没有了。当时没有见过的。村东有一个山东夏金的一个老妈子逃荒的，抽筋了。村里好心人把她抬到村口，没人照顾就死了，都臭了，就埋在村口了。咱们这个村没有霍乱转筋的，当时那老妈妈也没有人照顾，旱得也没喝的，也有人照顾。

八月份下雨没头，下雨之后没有发过大水，是运粮河。发大水可厉害了，离这里 70 多里路，都淹了，过了灾荒年，过了麦收年才发大水。八路军这里有一个县委，点名招呼人，才顿住了，要不然顿不住。

俺村有逃荒的，在灾荒年开始的时候。四崩五散的，山东聊城，河南，保定，临清都有。

李颇庙

采访时间：2008 年 8 月 29 日
采访地点：临西县摇鞍镇李颇庙
采访人：孟 静 刘 勇 杨彩梅
被采访人：张金山（男 74 岁 属猪）

张金山

那年我 8 岁，到茌平那里要饭，没人救济。民国 32 年，共产党、八路军也有。遭虫子蚂蚱，蚂蚱遮住天，黑压压的。那虫子一过去，什么都没有了。那是旱，该不旱啊。河水也淹。那（时候我）很小，不记得。下那时没有大水，1963 年下河水淹了，不记得（1943 年有大水）。那年（1943 年）下雨水，我的一个爷爷，淹了以后房倒屋塌，没人管，得霍乱死了，我见的。那时人都得霍乱，也没有人消毒，那是听大人也说。抽筋，好好的就死了。什么也没有。整条褥子，拉到田里，西边人都死光了，孩子抱不动就丢了。我这都喝白菜咕噜。一听尖庄的日本人来了，连白菜咕噜也得放下，赶快跑。

那种病治不起，那时没人管，两边都杂了。日本人都在这儿抢东西，日本人都扫荡。吃什么的都有。村里百十口人，得病的多了。三分之一得病死了，没有活过来的，都死了。老人的名字都记不得了。妇女都是从其他村娶来的，都不记得这个村里的情况。

那时都没小孩了，也死了，也抽筋死了。我一家人死了俩，那时兵荒马乱的，没见过父亲。爷爷姑姑没么吃的，都得霍乱死了。霍乱传人，都传染。咋不接近？得管啊，传染也得管。也不见得照顾的每个人都得病。那时候归临清管。

日本人抢东西，争地面，杀烧抢。这边河堤没开。在南馆陶开过，这边不大开。土匪多的是，那边土匪头叫王连贤，后来逮着了枪毙了。日本人和电视里拍的很像，一样一样的。日本人不管村子里得什么病。

日本人离这儿12里地，主要骑马。日本人没给发粮食。得病病都一样，一块得的病。得病多长时间不记得了。逃荒逃了两年，到荏平。这是八区解放区，这边是八路军解放区。九区是敌占区。

水过去以后发的病，没有放细菌。得病也发疟子。人人都说这个病叫发疟子。人都发寒，忽冷忽热的。喝点茅草根，熬点水喝。

蚂蚱都遮天。整天吃白菜咕噜，喝井水。人都饿得吃蚂蚱，一落这儿什么都没了，成光杆儿了。向东北飞。那都遮阳天。

水来了，房子都倒了。倒房倒穷了。小麦不够吃，就收了那么点。靠天吃饭，没白面吃。

罗庄村

采访时间： 2008 年 9 月 3 日

采访地点： 临西县摇鞍镇罗庄村

采 访 人： 陈东辉　石赛玉　胡　月

被采访人： 王记孔（男　79 岁　属马）

王记孔

民国 32 年闹灾荒，旱到七月初二来下的雨。从头年一直旱到第二年七月，寸草不生，下了七天雨后河水来了，一米多深没人挡，小摊在王庙来了，以后又来了好几回：

灾荒前也淹过两回，不记得具体时间，但都是卫河，卫河当时没人管，自己开自己扒。先旱后淹，民国 32 年没什么收入，寸草不收，树叶都吃了，都逃荒，济宁。年轻人到东北当苦劳力挖土工。那时都在里面饿死了。

村子那会儿没人管，黑夜共产党，白天时皇协（军），皇协（军）听日本（人）的，民国 32 年灾荒都是霍乱，得的多，俺村当时 100 多人，一天死三四个，河水一起，堤水一兴，毛病都走，土都没得吃，俺家当时有老人得的，也不光见霍乱，俺家也许没人得的。

老爷爷会扎针，扎旱针，老爷爷跟俺一家人，死了反正都推倒了，俺这一带救活的反正都是他救活的，病了就赶快上他那去扎针，扎过的都好了。

霍乱闹肚子，肚子疼，抽搐，上吐下泻很厉害，反正传染的多，人家都说，都得那个病，一个村一天抬好几个，没人，老老小小，年轻的都出去了，房倒房塌的，那会儿的土房都下去了。

蝗虫那一年没有，第二年第三年河水过去，1948 年土地改革分土地，1946 年、1957 年蝗虫，共产党组织打蚂蚱。

那时一般吃饭喝热水，如有喝凉水的，老人说喝河凉水，喝凉水不行。有喝河水的，河水上来了都淹了，那井都……喝么呀，河水倒好喝不卫生，家里烧饭都用河水，井水不好喝，井水有盐。

采访时间： 2008 年 9 月 3 日
采访地点： 临西县摇鞍镇罗庄村
采 访 人： 陈东辉　石赛玉　胡　月
被采访人： 王兰池（男　76 岁　属鸡）

天气旱，后来一下子就下雨了，先旱后雨，初二一下雨就下了七天，没砖房全土房，全倒塌了。干旱持续了好几个月，一直春天不下雨，到七月，又下雨又开口子，河都小滩龙王庙。

那时没在家，逃荒去河南了。人都跑了没人管，先下雨，雨水多了，后来河水就来了，那雨下得可不小，七天七夜，反正也不是天天下，也有停停，有小的时候，时不时的，都是土房，都倒下了。

咱村子淹了，那时村子水都不大一米多深。1956年、1963年两米多深，现在有人管了，共产党。

王兰池

那时没法说，吃树叶子吃草吃糠，百分之七八十都逃荒，留下老人孩子，我是六月份去了，上了运城黄河那边，去济宁啦，那路上……已走到大道上，饿死的人一堆堆的，饿的，咱年轻的都上关东了，去煤窑了。

过了民国32年，正好打蚂蚱，1945年那会儿，连着好几年呢，三年吧。

尖庄，高村都有皇协（军），日本人跟咱中国人一样，穿的黄衣服，皮鞋，铁帽子，也喜欢小孩子七八岁八九岁，打起仗来也不认人，发起饼干肉干也发，手掌大饼干那么一扔，他们图喜庆，三公分长两公分厚的饼干、牛肉干一扔一扔的，小孩一抢，他就喜高兴，大人他不发，找你要生鸡蛋喝，抓鸡抓羊宰猪，抓母鸡。

民国32年共产党不敢当面，晚上都保护共产党，皇协军来你村里抢东西。没有白大褂日本人，没有记得来给打针。得霍乱多，霍乱抽搐，肚子疼，上吐下泻，不一会儿就死了，咱村里死了30多口，本村有土医生来打针，死了。

喝凉井水得的，有河南（碉堡楼）来一个9岁，一个11岁在这住了两天打针好了。

这种病传染，一般人都说是传染，上吐下泻。

南杏园

采访时间： 2006 年 7 月
采访地点： 临西县下堡寺镇西倪庄
采 访 人： 邵贞先　王宏蕾
被采访人： 徐孝芝（女　74 岁　属蛇　娘家摇鞍镇南杏园）

　　我上过小学，11 岁得的病，在阴历七月份得的病，（那时候霍乱）转筋都搐死了，埋的地方都找好了，都躺到那里了，脚都用麻绳拴住了，俺母亲摸我心口还热，就没埋，半个钟头就自己过来了，也没医生给看，过灾荒，人都死了，妹妹都饿死了，父亲也饿死了，他们俩都没搐筋，家里只有我自己得病，我父亲在西边村里搂杏叶，俺家有两个妹妹一个哥哥，父母，一共六个人。八九月份出去逃荒，去了高唐，待了一年就回来了。

　　当时也不知道传不传染，老人反正都说是霍乱搐筋，都说好不了，邻居都说："大亲家得的病是霍乱，好不了。"也没钱治也没医生，谁也不顾谁，得病的人都没走，不得病的人都走了，村里都剩了几个人了，上河南东边跑的人多。过了民国 32 年到第二年有吃的时候，就没得这病。俺这村挺小，现在都三四百人，以前也就 200 多人，也不知道有多少人死了。

　　当时在家纺花，也没劲出去，玩着玩着就得这病了，全身不能动，也看得到，说不出来话，能听见能感觉到俺妈哭。

　　当时不知道喝烧的水，就喝生水，吃点野菜，只要是能吃的就吃，椿树不吃，臭，吃了就肿脸。棉籽也吃，磨成面蒸成窝窝。

　　那时候日本人在北馆陶住着，不知道有多少人，经常上俺村来摆坏（收拾，方言）你。待见小孩，给小孩吃的，我就吃过他们给的罐头，肉的，好吃，吃了也没事。日本人吃鸡，他们精着啦，抓鸡煮煮就吃，都穿着黄军装，锋亮的老长的军刀，戴的是小黑锅。家里人都在地里睡，这是八路军的根据地，日本人看你不顺眼就杀你，他们（日本人）怀疑他们（年轻的中国人）是八路军，看着年轻穿得好就不行，看手没有茧子就说："八路的，八路的。"（然后）日本人把那人顺在井里，再提上来，打个滚再顺进去。

那时跟日本人打仗也打不赢。

民国32年七月十二下的雨，下了七天七夜的大雨，房倒屋塌，人都没东西吃，（说到这就难过）不下雨后得的病，下雨的水老深，有一脚面深，地上全是水。日本人抓人主要抓年轻的，有回来的不知道抓去干啥了。

采访时间： 2008年9月3日
采访地点： 临西县摇鞍镇南杏园
采访人： 孟静 刘勇 杨彩梅
被采访人： 张洪友（男 81岁 属龙）

张洪友

那时我见过日本人，民国32年我去逃荒了。八路军挖路，都挖两米深，日本人在这儿时，杨司令死了。灾荒就是当时旱，那是刚一年没下雨。咱村还没啥，剩百十口，从三一五铁壁合围（1941年）那年，刚到灾荒边，都藏里头。有虫子蚂蚱，都在墙上落满了，人没东西吃，都逮住，一布袋一布袋的，吃它，那时不知从哪来的，那是麦子没收的时候，日本人还在扫荡，这里是八路军根据地，八路军在这儿，不让给日本人粮食，（日本人）合围把村都围起来了，枪打得跟刮风似的。

第二年没下雨，我逃到山东齐河那边，就是高唐东。我走的时候没下过，下七天七夜雨的时候我没在家，但听说过。没听说霍乱转筋，那还早，在民国9年，那还不记得，抽筋都抽死了，也没见过霍乱，倒是在 1949 年出过疥，出疹子浑身痒。没听过霍乱，光听说浑身抽筋，没闹过洪水，也没下雨，也没瘟疫。逃荒都往南阳谷，寿张，高唐，再往南没有，不能随便走，日本人还在中国呢，土匪也多，占地劫道，拿钱赎。我一个叔叔在外当工，被土匪弄走了有 100 天，后来中午 12 点都不敢去割草了，这一带土匪头不冒面，国民党这片没有。

采访时间： 2008 年 9 月 3 日

采访地点： 临西县摇鞍镇南杏园

采 访 人： 孟 静 刘 勇 杨彩梅

被采访人： 张生良（男 80 岁 属蛇）

张生良

这边是老根据地，有八路。日本鬼子进中国时我 9 岁，见过日本鬼子扫荡，铁壁合围。这儿是济南四分区。

民国 32 年灾荒年，从民国 31 年麦子就没种上，天旱，有庄稼到第二年也没井浇。逃荒到齐河去了。地里旱，稍微下了一点雨。到过麦时，一亩地也就收十来斤，人都饿毁了。蚂蚱多，枕头大的布袋一摸一麻袋，有些高粱谷子，虫子吃了还剩下一些。后来吃蚂蚱，把锅烧开，也不放水，直接把布袋往里倒，烙一烙吃那个。

到八月下雨了，这一片，下得大，下了有七八天，房子倒了一部分，卫河来水了，下雨下得河开口子了，没人扒，口子在北馆陶，徐村南馆陶也开了。八月份淹的，下了七八天，得病，闹肚子，跑茅子，拉稀巴巴，就是肚里寒，死了一大部分，俺村里也死了不少，倒没抽筋，拉稀，是一种传染病，不断死人。间三歇五，得好几天死，不是一天，没霍乱转筋，都拉稀死。那会儿也没法治，扎旱针，有扎好的。我也拉了，倒是不吐，一宿不知跑几回。扎几回扎好了。没抽筋，多数是老的死了，年轻的都过来了，抵抗力大。

咱这往哪里逃荒的都有，向齐河，上关外也有，很少。我上齐河回来了，逃荒往南，郓城，梁山，阳谷，北往赵县。

日本人来扫荡抢东西，说你是八路，拿住了，对妇女他发孬，那时土匪离这儿有三里地，日本（人）不扫荡土匪来，皇协（军）都跟着日本鬼子来，在郓城那边都叫日本鬼子，闹灾荒的时候日本人也在这儿。

前大屯

采访时间： 2008 年 8 月 29 日

采访地点： 临西县摇鞍镇前大屯

采访人： 王　瑞　韩　硕　陈庆庆

被采访人： 冯建全（男　74 岁　属猪）

冯建全

74 岁，属猪，上过高小，（灾荒年）下了七天七夜雨，过去七月，谷子熟了。八月份了，雨滴答答，饿死很多人。到前村要转，不转过不去。村里房子塌了，塌了 50% 以上，发过大水，九月从漳河过来，涨过水。饿死不少人，很多人逃荒，不出去就饿死了。很多人得病，抽筋，没见过，不知道症状。

没医生，用针扎，用针灸，徐安邦（男）会扎针。这叫霍乱，他们都说是霍乱。有旱，地都种不上。后来下雨。认得得霍乱的人，这边叫……小名叫六儿。叫冯子 ×，当时没救过来，死了，是男的，死时 30 多岁。在自己家得的，没逃出去。在家死了，从得病到死半个月，说死就死了。没看过，我不敢看人，发过大水之后得病。下大雨之后发大水，得病。

我家整天住兵，三天两头来，有霍乱菌。都是中国人。

有炮楼，在尖冢，离摇鞍镇30里地，这边没有炮楼，日本人来给小孩罐头吃。没得病。村里人没得病没来日本人，在村里不抓人。村里当时没土匪，都过去了。

有蚂蚱，满天满地。八月份吃那个，用鞋底砸。逮住蚂蚱往锅底烧，吃那个。不知道为什么会得病。得病在下雨前。紧挨着，都是在下雨前，小六得病时候。那时候治不好，都没得治。

逃荒往河南，我出去晚，过年出去的。民国32年二月出去，过霍乱出去的。

日本人整天见，不高，不是苏联人，带刀枪。不吃我们饭，吃罐头。他们领皇（协）军来，皇（协）军拿，日本人不抢。

采访时间：2008年8月29日
采访地点：临西县摇鞍镇前大屯
采访人：王　瑞　韩　硕　陈庆庆
被采访人：王风皋（男　77岁　属猴）

王风皋

我上过几天学，高小肄业。

天很旱，从正月一直到九月没下雨，村里一个井也没有。到九月份才下雨，庄稼都旱了，都没了。阳历9月，阴历八月，下了七天七夜，村里99.9%的屋都漏了。七天七夜一直下，外面不下了，里边还下。没发过水，下雨之前就有霍乱了，上吐下泻，跑茅子。霍乱菌就是上吐下泻，两天就死了，吐得像泥一样，我知道是霍乱转筋，我是医生呀。

当时有蝗灾，灾荒年第二年了，飞满天了，吃得连草都没有了，头是绿的，往西南飞了，盖天了。当年直不起，水也吃不起。

当时日本鬼子在这，穿大褂没穿，他们看手上没茧的就是八路，有茧的就是干活的。

当时有扎针的，霍乱是急性病，当时传染性最强了，不敢挑，人家不给你扎，扎了传染。喝点水就活，天旱就得霍乱转筋也发烧，两三天就死了，不敢看，怕传染。吐得像喷池似的，需要多少水？都死了，灾荒年最少也得50%以上，大部分都是饿死的。逃荒到阳谷寿张，北边到石家庄，保定，东北，吉林黑龙江等。我也逃了逃荒到河北保定那一块儿。我走的时候十月多了。

村里树叶都吃掉了，树叶滋味我也知道了。草籽饼算好的了。

日本人烧杀，杀八路军。抢东西，俺村死了好多人，有打死的，有烧死的，攘死的。我见过绑在树上烧死，捉住了打得流血，灌盐水。有个叫吴华柳，抓去日本了，当时有十七八（岁）了，没有这个人了。日本投降之后自己从日本回来了。

日本（人）住馆陶，邱县。有炮楼他们住里面，到村里抢砸，那种事多极了。发洪水之前是八路军控制。日本人看见就整你，摇鞍镇有个5岁小孩，他们看见就用枪挑你，扎进屁股眼整死了。

采访时间：2008年8月29日
采访地点：临西县摇鞍镇前大屯
采 访 人：王 瑞 韩 硕 陈庆庆
被采访人：王凤瑞（男 80岁 属蛇）

王凤瑞

我上过小学四天，没毕业，条件不好，家里种地。灾荒啊，我两个哥哥都牺牲外面了，都是七十一团的。都饿跑了，10来口人都饿死了。我逃出去了，在这住了10个月，要饭要不上，逃到河南，黄河南黑虎庙。我六月二十九出去。灾荒那年，跟我爹和兄弟在那住了六七年。在大汶口，跟大娘大爷要，我走了以后要。

在家没下雨，一直旱到六七月，在家待了几天才下雨，七天七夜。我娘给我晒衣服，13 家衣服都被偷了，没穿的。

蚂蚱吃树叶，铺天盖地，满地有，轰沟里去，埋了它，旱的时候都有，普遍群众都撵。十口人死剩了四个，都饿死了，那时没有霍乱，都是饿死的，前一年就没有收成，高粱没结，我十四五（岁）就背得动。八九月就发水了，雨下过之后，我没在家，谷子将黄叶了，就上水淹死了。

民国 32 年，我要饭的时候 15 岁了，我娘和兄弟往南走，到南徐村，别人都去南边了，黄河南，十家有八家走，往东的，四面八方的。四个县都没下雨，都旱到七月，我走了以后下的雨，我在家没下，我待到第二年十月来家的。

前于林

采访时间：2008 年 8 月 29 日
采访地点：临西县摇鞍镇前于林
采访人：王 瑞 韩 硕 陈庆庆
被采访人：李学如（男 73 岁 属鼠）

我上过小学，好几年。

民国 32 年不收东西，没吃的。蝗虫盖严天，雨下不小，有雨，高粱都红了。

村里有死人，都是饿死的。俺的父亲饿

李学如

死了，俺弟弟也饿死了，俺弟弟他们家逃到大明去了。我父亲死时跑茅子，我弟也跑茅子，肚子疼，没有抽筋，是下雨之后死的。

霍乱转筋我母亲得过。村里有人得过，死了很多人，比民国 32 年还早，我太小记不清症状。我母亲得过治好了，为什么会得病记不清。民国 32 年不旱。那时的雨不小，高粱红的时候下过七天七夜，地里水有那么深（一米）。没来过洪水。逃荒到河南，石家庄高城，还有山东的。

见过日本人，过了民国 32 年，几天一个来回，来了杀人。大三宝那年被日本顿了七刺刀顿死了。他们不打小孩，不打妇女。民国 35 年大扫荡，日本人有炮楼，馆陶，童村，威县都有。我民国 32 年冬天去逃荒，在那住了一年多，回来后日本又来人。田里的水都是下雨下的，没发过大水。

采访时间：2008 年 8 月 29 日

采访地点：临西县摇鞍镇前于林

采访人：王 瑞 韩 硕 陈庆庆

被采访人：李占云（男 76 岁 属鸡）

李占云

我上过几天学，上过四五册。俺这个村 400 多人，当时死了四五十人，都是饿死的。胆大的都出去逃荒了，胆子小的都饿死了。

灾荒头一年旱，蚂蚱，天有旱，没收东西。下雨下晚了，头年没下雨光旱，都末了了才下雨，地里都没东西了，连下了七天七夜，下得房塌了，当时没有瓦屋，当时饿死很多。当时得病医生都说得霍乱什么的，民国 9 年得的。反正那年民国 32 年都饿死了，没记得有病，都逃荒了，我也逃荒了。我民国 32 年出去，时间反正六七月份了，也不记得哪年哪天了。

那蚂蚱，有点东西都吃完了。逃荒的不中，去高城了，在那待半年了，在石家东了。我逃到山东齐河、岩城那里，那时候饿不死都出去了，建国之前没发过，1956 年发过大水，水大的都跟大堤平了。

见过皇（协）军，但没见过真正日本人，日本人抢东西，好看的嫚都抢去奸淫，穿着黄衣服。日本人没见着，那时候还小，下大雨之前还在家，土屋都下漏了。雨不大是小雨，绵连阴天一直下，没有发大水。

任颇庙

采访时间：2008 年 8 月 29 日
采访地点：临西县摇鞍镇任颇庙
采 访 人：孟　静　刘　勇　杨彩梅
被采访人：夏登兰（女　85 岁　属虎）

日本人来那时逃荒到河南了，逃荒那年旱。那时 18（岁）。16 岁那年嫁过来的。六月二十六日走的逃荒，河水淹过来，逃到河南。九月回来的，在那边待了一年。走的时候旱，没发水。回来后听说发水，听说刚走不久就发大水了，当时大闺女才三天，又走了 300 里地。在人家当街睡，没办法。当时在那里做买卖，倒腾衣服。

万　庄

采访时间：2008 年 8 月 29 日
采访地点：临西县摇鞍镇万庄
采 访 人：陈东辉　石赛玉　胡　月
被采访人：万金城（男　75 岁　属狗）

民国 32 年发生过大灾害，九月上河水，我那时 9 岁，父亲是九月得霍乱转筋死的，霍乱转筋时上吐下泻，人脱水了输点液就好了。

那年皇协军过来扫荡，抢东西走人，上半年旱，后来下了一场大雨，那时河没事，后来决口了，县志上说明了是谁掘口。村里没进水地里进水了。

万金城

这有蝗虫、有铁蚂蚱，我一直生活在这个村里，没有出去逃荒。父亲早上生病第二天直接吐血而死。霍乱都传染，霍县那个村，一百多人死了六七十，邻居叔叔也是一天时间去世的，东边一个奶奶也死了，我不记得是否被传染，父亲安葬离附近没多远的陵地，1942年上半年旱，逃荒的多了，有逃到河南的，有逃到山东茌平的，当时吃糠种、棉花籽，有条件的喝热水，没条件的喝凉水，这里没有白大褂日本人，没有分过粮食，（日本人）扫荡的时候来过，当时霍乱的治疗方法是扎针放血，上下抽，看到血管就呼呼地流出来，流出的血是黑色的，没有什么西药，扎针的一般都请不到，得病的50多岁的老年人多，小孩不得那病。村里没有人当皇协军，逃荒的上北京、东北打工去了。

治好的人多了，扎好的，本村有无治愈弄不清。但是一家一户都是草房土房，下雨就漏，一般过去一年就没大事了。

采访时间：2008年8月29日
采访地点：临西县摇鞍镇万庄
采 访 人：陈东辉　石赛玉　胡　月
被采访人：张显达（男　77岁　属猴）

阴历九月初二，下雨七天七夜发洪水，河水漫上来。1943年，都是炸开扒的，这一片全淹，那时水不深，原来有河槽啊，河槽一满它就扒开了，也淹到了万庄两面，咱这地方水上来以后慢慢地向东北流，都流到了北京。那时没人挡，上水以后将麦子用犁犁了，过了半个月水就下去了。

张显达

1943 年没有吃的，得霍乱的人很多，那些得霍乱的没人治，光找人扎旱针，村里一个老头是中医，那时候人饿都没人管。一天死三两个人，抬不动拉出去埋了。拉肚子，抽筋，抽得转筋，那病那时候叫霍乱转筋，没人吃药，又没人扎针，病重的都死了，死了那么多人。在这个地方还好点，到邱县那死的人更多了，而且死的人都埋不了。那时候的地都没人种，都荒了，人能逃的都南逃了，逃不出去的都在家饿死了。九月初二又上河水了，人也没吃的，还有日本人在这闹哄，炸开了坝。

没有（穿白褂的日本人），没有（日本飞机）。日本人来得不多，他们都害怕得病不敢来，当时地瓜秧没死，咱吃地瓜，人家还能吃地瓜？人家带着饭盒、长盒、大米饭。地瓜也吃不上了，开始吃地瓜秧了，我们在地里吃干叶和野菜。

有给日本人带路的中国人童村尖庄，尖庄是皇协区长孙田元的，村里现在是村支书，那时是村长，村里没有干伪军的，那时多是老年人得霍乱，那些干伪军的大都很年轻，没得霍乱。

有埋死人的地方但不集中，各家有各家的地方，垃圾也是随处放。（那几年）麦子一般收七八十斤，好的收一百多斤。日本人控制这个村，要向他交，不交就来人抢你的。你要是多给他那点呢，他再来就少抢点你的。坏事主要是皇协军干的，皇协军是咱本地人，村里没当皇协军的，4个日本人和皇协军一个院，管一个村 200 多人，他们没得病，给他们点东西就来得少点，不给东西就来抢，有时一个月两次，皇协军看谁有东西，堵住嘴要钱。那时村里 400 人逃荒 200 人，土匪倒没有，主要是皇协军。

先旱后来连续下七天七夜雨，庄稼种不上，地里收点，有蝗虫是以后了，1943 年、1944 年有时有蝗虫，蝗虫将麦子都吃了，人也有吃蝗虫的，上河水后种上麦子。小铁蚂蚱光吃麦子。

下雨时，大家都披着包袱喝凉水，没柴火没煤，没吃的。万金正的父亲万福得没逃荒。有的逃到运城、黑龙江、哈尔滨那里给日本人打工。我没逃荒，要饭。

王颇庙

采访时间： 2008 年 8 月 29 日

采访地点： 临西县摇鞍镇王颇庙

采 访 人： 孟 静 刘 勇 杨彩梅

被采访人： 王晶臣（男 74 岁 属猪）

王晶臣

发过水，当时在村里，下雨的时候也小，有 10 岁了，25（岁）结的婚。18（岁）当的兵，当时在村里。下雨下了七天七夜，房屋倒塌。饥荒时都逃荒走了，饿走了，没法吃，没法活，都走了。发水后，水下积，地受潮，都叫霍乱。浑身没劲，腿抽搐，当时不知道。

县里派来医生，中国的。给点药片。不要钱，穿白大褂，是共产党。药管事，是绿色的。没有扎旱针的。不传人，都受潮。得病的以前没得过。有没得病的，我没得。家里没人得，家里有的吃。喝河里的水，不干净。烧开水，条件不一样，劈椅子烧水。得病死的不少。条件好的就没事了。没吃没喝。王大陈没钱治，得病没几天就死了。各个村都死。吃药吃好了，家家户户都给。吃药得病的少了。得病不能动，迷糊，有吐的有泻的，抽筋，叫霍乱。见过的，得病的都这样。死了得有二三十个。死了拉出去，埋了就算了。埋在村边上，自家埋自家的，发大水不知道从哪儿来的。

当时旱，饿死人。地里有蝗虫，多，眼一睁都是。先旱后下雨。发洪水，是河里来的水。老河自己开的口子。是卫运河，洪水不低，一人高，很厉害。粮食没收就来水。跟没收一样。不清楚是不是日本人挖的。没有土匪，共产党管这儿。国民党一来就跑了。日本人来过村，在村里烧杀抢。共产党放粮，我知道放粮。发病的时候日本人没来，在馆陶，日本人穿军装，黄色的，马靴。

采访时间：2008 年 8 月 29 日

采访地点：临西县摇鞍镇王颇庙

采访人：孟 静 刘 勇 杨彩梅

被采访人：王信臣（男 85 岁 属鼠）

王信臣

我十八九岁参军，日本人来时这里是战场，这儿当时是战争地区。日本人管这儿，叫他们日本鬼子。这儿的大水很厉害，日本鬼子在这儿，我在这个地方。发水前旱得很厉害。河水淹过来的不是下雨的。房子都倒了，淹过梁了。这里虫子吃庄稼，蚂蚱都没吃的了。

日本人在这儿时发过水，还很年轻已经结婚没孩子的妇女都逃到河南订婚了。瘟疫抽筋，都死了。地潮地湿，得病的人可是不少。一扎出黑血就好了。不是日本人看的，当地人看的，有好的，也有没好的。三两天扎不过来就完了。

吐不吐不清楚，谁家都有，俺家也有一个得的，我当时年轻没事，发过水以后得的。也下雨，河水也滥。吃河水，没水，直接喝生水。得病的都没了，救过来的现在也没了。

得病的时候日本人在这儿，粮食运不进来。没吃的。没有见过穿白大裢的日本人来，也没医生。人都逃光了，没人。亲眼见的得病的。这就是霍乱，当时都知道。不知道传人不传人。当时村里 100 多人。

没吃没喝，光下雨就得病。发水以前没这个病，三天两头下，一下六七天。河离这儿 20 来里。没药吃，没人管。人都饿跑了。没病的也都逃荒，都饿死在路上了，有病的走不了。都说民国 32 年发生的。发病时人有的还带着辫子。也吐也泻，抽筋。死了的都扔坟地里，送的人也有得病的。不记得埋人的地方了，乱套了。得病的时候我已参军了，参的八路军。哪儿来的水记不清了。

天上没飞机。日本人抢砸。汉奸帮日本人打中国人。土匪可多了，土匪不给日本人干，自己干，自己抢。日本没发过东西吃，不几天就来，打打枪，不留什么东西。戴钢盔，灰色衣服，伪军汉奸黄的，穿大皮鞋。

饿了吃树叶、树皮，棉花种子。虫子多了去了，一窝窝，是蚂蚱。

不知道是日本人挖的水，发洪水前村里 100 户，死了差不多一半。七八十都是饿死的，逃荒走了，半路死了。发水前，家里没狗，人还没吃的。当时三四口人，一家死两三个。差不多都这样。发大水时，在县大队。县（临清县）里也有得病的，县城没淹，没进水。

日本人打枪，都是那种人。发水前（日本人）没来，闹不清。一开始闹开水，日本（人）才进。河水一淹，日本鬼子才来。我十七八（岁）。日本人没来前地动（地震）。日本（人）进中国了，地动以后，上河水。日本人进中国，中央军在，军队是蒋介石的，二十九军。蒋介石就退，一退退到枣庄那里去了。八路军打游击，一开始的情况，八路军力量小。整天跑，打不了溜走你。国民党力量大，一个军都在这儿，打日本。后来八路军和国民党合作打鬼子。

发水时穿单衣，几月份不清楚。粮食也不熟，遍地土匪，头儿叫王连贤，东寨是司令部，打头抢啥，咱也跟着干，后来逮住枪毙了。

在军队上入党了。不大（没怎么）念，念高小。

西郭七寨村

采访时间: 2008 年 8 月 30 日

采访地点: 临西县摇鞍镇西郭七寨村

采访人: 张 伟 陈媛媛 王晶晶

被采访人: 谭玉成(男 84 岁 属牛)

谭玉成

　　我叫谭玉成,今年 84(岁)了,属牛的。见过日本人,日本人跟咱这些人差不离,就是个矮点,胖墩的,穿黄衣裳铁帽子,跟电视上一样。日本人扫荡,把共产党赶到这里打了一仗。

　　民国 32 年,灾荒年,闹水灾旱灾,先旱后淹,到阴历七月里下雨,第一场雨。靠天吃饭,没井,那雨下得不大,下透了。有洪水,是河水开口,不是掘的,自个儿开的,下雨下的。水也淹到这里,一直到北京,一直淹到屋地平,房没淹。是漳河的水。这都是民国 32 年的事。运河就是漳河,也是卫河,都是通的。是南边开的口,地里都淹了,没啥吃的,饿死不少人。有出去逃荒的,我也出去了,到河南那里。

　　当时家里有七八口人,有奶奶爷爷,爹娘,妹妹,剩下两人看家。村里出去的多,人死了都没人抬。没下雨就逃荒了,下了雨又只收了点谷子。我灾荒年那年冬天出去的,耩上麦子走的,等麦子熟了回来的。

　　那年有得霍乱转筋,抽筋,饿的,死得些快,就两天,还上吐下泻,开始是这样,后来就抽筋,得这个病不是很多,也传染,先生说的,但村里没多少人可以传。村里先生扎针,东郭那边有,没别的医生,往身上扎针,往哪扎也不知道。也扎不好,得病都死了,没治好的。得这个病都是老人,年轻的都出去了,老人看家。没有一家都得的。这条街死了七八人。

日本人不常来这个村，打仗出发的时候经过这里，这个村小，没大地方。

霍乱转筋是下雨之后有的，下完雨之后有洪水，病也是洪水之后，有病的时候水都下去了，往外抬人，就耩麦子的时候，八九月的。

灾荒年那年闹过蚂蚱，在洪水过了后。

小时候上了两天学，灾荒年时就在家种地。

西贺伍庄村

采访时间： 2008 年 8 月 30 日
采访地点： 临西县摇鞍镇西贺伍庄村
采访人： 张　伟　陈媛媛　王晶晶
被采访人： 车明春（男　92 岁　属蛇）

车明春

我叫车明春，今年 92（岁）了，属小龙的。一直住这个村，我老干部了。日本人打咱这边，受伤，都死南头了。解放前这是一个村，三大带。那时我 20 多岁，见过日本人，被日本人逮到过。和俩年轻俩老的，一块儿遇到一次。

民国 32 年，灾荒年，没收东西，人没吃的。平地连青菜都没有，树叶都吃了，饿死老些人。那年先旱后淹，没么吃，饿死的人不少。下雨的时候已经晚了，天冷了。下雨是七月里，下得不小。河里来水，下雨分不清是河水还是雨水，下了雨后开口。开口时日本人扒的，就南边那个御河，不是漳河，靠着馆陶那条河。在那边是日本人掌握着这个水。水不是很大，还能开口吗？光听说（是日本人开口）。各个村都开口，这个村没开口，挡住了，挡上堰了。

没东西吃，都逃荒了，都往外走了，我也出去了，家里没点吃，都要饭了出去。那时兄弟四个，还有妹妹，父母，姐姐在南边，不在家里住。全家都出去了，去河南郓城。什么时候出去的？那时候冷了，十一月十几出去的，冬天。过年头麦回来，耩地，三月里回家耩上地又走了，暖和了又回来了。

没说传染病，有饿死。霍乱转筋是在先，灾荒年以前，灾荒年那年没说，没有。过来灾荒年也是没多少吃的，（逃荒逃得村里）剩了三四家人。一般都去河南郓城那一块逃荒。

日本人不住乡村，光住城市。咱这边是八路军根据地，日本人没上这里来，陵园那一片有死的。

上过学，小学毕业，是老干部，1944 年参加工作，1944 年六月入党，偷偷地入党，谁敢说是党员啊！

虫子吃，蚂蚱咬，连连三年。蚂蚱多得脚一踩就一堆。蚂蚱也能过河，滚成个球就过河。村南边就净蚂蚱。这也是灾荒年那一年，不管雨前雨后，逮蚂蚱吃。蚂蚱过去苗就了（没有）了。

采访时间： 2008 年 8 月 30 日
采访地点： 临西县摇鞍镇西贺伍庄村
采访人： 张　伟　陈媛媛　王晶晶
被采访人： 车明洋（男　80 岁　属蛇）

车明洋

我叫车明洋，今年 80（岁）了，属小龙的。灾荒年死了老些户人，死绝的不少。逃出去的就活了，逃不出去的就死了。一年没下雨，旱得树叶都不长，一直旱到第二年耩麦的时候。回来耩上麦子又走了，到割麦子的时候回来的。这时候有井，那时候没井。过来灾荒又大水，洪水，黄河里流过来的。哪一年记不清了。那时候没人管，水老大，围着村，矮房，麦秸房都倒了。逃就活了，没逃就死家了。回来之后村里就剩了几十口人。一家人一家人地都死了。一家人都去逃荒了。我逃到了河南郓城县，就是郏县，就要饭，那时能要饭。

那会儿病死的多了，不是饿死的，就是病死。饿的就生病了。生活不好，得霍乱转筋，一会儿就死，浑身抽抽，就是灾荒那一年。逃荒回来的时候有霍乱转筋，没先生，没土医生，得啥病，就死了。对了，还有上吐下泻。那个病死得快。传染不传染那会儿摸不清。

灾荒回来后上了几天学校。见过日本人，这边是解放军八路军，那边是日本人，都是平房，打仗，死老多人，往南跑。日本人进村就点房，八路军就跑。灾荒年那年没听说。

采访时间： 2008 年 8 月 30 日
采访地点： 临西县摇鞍镇西贺伍庄村
采访人： 张　伟　陈媛媛　王晶晶
被采访人： 车玉早（男　83 岁　属虎）

我叫车玉早，今年 83（岁）了，属虎的，一直住这个村，我没上过学。

日本人来的事记得。日本人铁帽子，帽子是铜的。说的话也不懂，端着枪，拿着刺刀，说别走，搜身，跟车明春他父亲他弟弟，摸摸身上没么就让走。"老头小孩的干活，别动。"

民国 32 年，1943 年，天旱，后来下雨，淹。谷子秀穗的时候下的雨。我在地里薅谷穗，地里水都到腰了。雨下了七天七夜，水是下雨下的。到九月初一，日本人又放的水，水小，没来到咱这里。下雨的时候，出门都蹚水，炕上席揭下来在屋里盖个窝棚。村里水流不出去，用桶往外刮。日本人放的御河的水，就是馆陶那边的。我那时在黄河南那边要饭，八月十五出去了。村里的另一个人去得晚的出去碰到了，说村里又淹了，日本人放的水。

死老多人。有老人，饿死，就死床上，烂床上。埋，没人埋，在屋里都些味了，粘床上了，然后就别管怎么着埋了。头几天还给我要了俩窝窝，说待两天再还给你，后来就死了。

出去逃荒的 70% 都出去了。黄河梁山那，哪里都有。我也出去了。家里只剩下两个老人，能逃的都逃出去了。那时家里有爷爷奶奶爹娘，就俺爷爷奶奶在家。第二年快割小麦的时候回来的，芒种。

家里也有病死的，死了河南。村里有得霍乱转筋，有一次一天埋了俩。得了病身上转筋，身上没油水，没东西。得了那个病没劲，上吐下泻。那会儿不如现在有医生，有也治不起。靠（熬）死拉倒。那个病也传染。没饭吃了就闹那个病。下雨以前就有，小孩得的多，不担事，奶也没有，吃的也没有。

死的有个叫车云申，另一个是俺家里的奶奶，晌午埋一个，天西埋一个，都差不多 70 多岁。

西曲庄

采访时间：2008 年 8 月 30 日

采访地点：临西县摇鞍镇西曲庄

采访人：王 瑞 韩 硕 陈庆庆

被采访人：曲才祥（男 75 岁 属狗）

我没上过学，是没文化。灾荒年记得，地里不收东西，没吃的，这一片乱得很，皇协军，老杂很多。那时靠老天爷，地里没井，有雨，大水淹，民国 32 年上过一次水，耩不上庄稼，下过一次雨，又上水了。东边运河上水，又淹了。村里死了不少人，光我们家死了五口，出去逃荒没爬出去饿死了，当时村里有 300 来人。

没病就是饿的，肚子没饭，霍乱也不少，治不了。医生没现在这么好，那时没有这个医生。我见过，都是饿死，叫霍乱转筋。我是亲自见的，在天井里转几个圈，扎在那里就死了，死得快。那时候就叫霍乱转筋。肚子没饭，饿死了，不哕，肚子没东西，也有抽筋的，得这病的人不少。我一个哥哥得这病，起先是肚子痛，拉痢，下了七天七夜雨，那时谷子还不是太熟，谷子熟了又上河水了，下了雨，屋子里的水都有这么深了（约 1 米）。他那时死了，得病的时候到这有 80 多（岁）了。下雨的时候正得着，下雨还厉害了，逃不出去了。

民国 32 年，蚂蚱爬满墙了。把孩子都扔了，不要了，大家去河南了，到河南逃荒去了，茌博平，北边冀州都有，我去过河南，茌博平也去过。民国 32 年出去的，下雨前还没出去，下雨后有点瘦，就回来了。灾荒年就回来了。

日本鬼子赶会，铁壁合围，打八路军，在贺伍庄，离着八里路，死了好多八路。日本人在哪住不知道，从村里走过，在村里没干坏事，孬，打八路打人，还不孬？

采访时间： 2008 年 8 月 30 日
采访地点： 临西县摇鞍镇西曲庄
采 访 人： 王 瑞　韩　硕　陈庆庆
被采访人： 曲永安（男　87 岁　属狗）

曲永安

我上过小学，小学毕业。我抗过战，灾荒年我 22（岁）了。民国 32 年，老天不下雨，没雨水，要不然会干旱吗？旱得那谷子叶都干了，下雨收了一点，没下过大雨。村里饿死人不少，都逃荒了。去河南，哪也去，哪光景好去哪。都是饿死的，有得霍乱转筋的。那时没医生，我母亲也是饿死的，俺家七八口人。拔一把草吃了，换点粮食。霍乱转筋那谁知道了？都饿死了。当时日本人进中国八年了，我在村头捡了一颗炮弹，交到了县大队，就把我弄到县大队了。

没发过大水，发过小水，挡住了，就是运河来的水，在村南跟日本人挡住了。

蝗虫有，飞机过来打过蚂蚱，用的粉，一撒呜呜的，是八路军的飞机。灾荒年没蚂蚱，没庄稼哪有蚂蚱？蚂蚱是过了灾荒年的事了。我当时去谷河抗战去了。

村里没有得霍乱转筋的，都饿死了。谁知道是霍乱，都以为是饿死的，后来才知道是霍乱转筋，没医生，有扎针的。我走路摔在那里了，一直摔在那里。回来扎好了。在河南黑虎庙找了老先生给我扎，扎好了。我当时拉车子，到那里起不来了，不拉肚子也不呕。爬都爬不起来，找的医生扎的。没下雨就得了。我推着车子去给八路交公粮，一家 200 多斤。

日本人也有好的，也有孬的，去盖房也叫做休息，说"不会"，就抓起来一把糖说"咪西，咪西"。坏起来，把俺村烧了，烧那些堆成垛，都烧了，我看见了。尖冢，这是民国 32 年九月二十八。打死很多人。我就是民国 32 年得的病，没下雨。皇协军汉奸来村里，抢东西，拉东西，日本人住在这个村子里，民国 32 年来，都住在咱们村，炮楼在咱们村，炮楼在陈庄，这里都跑没人了，陈庄在馆陶县。

西周村

采访时间：2008 年 9 月 3 日

采访地点：临西县摇鞍镇西周村

采访人：陈东辉　石赛玉　胡　月

被采访人：何泽东（男　76 岁　属鸡）

民国 32 年的时候下了七天七夜的雨，以前天旱，上半年旱下半年淹。旱了一年，都凭天收成，那会儿人都不存什么粮食。那时是八月多下雨，民国 31 年上半年旱，下半年种棒子。收成的时候淹了，七月下了七天雨，庄稼没收。但我也没去逃荒，我那会儿地多点，收点粮食，坚持下来了。反正都上了河南白王庙，有去关东的，都死在那里了，还有的给日本人挖煤窑。

何泽东

那是民国 31 年淹的，民国 32 年也淹了。都是卫河淹的。河水小，村子也小，五六十公分。庄稼都淹没了。

民国 32 年过去之后有蝗虫。民国 33 年、34 年也遭蝗虫，但没有前些年厉害。

有霍乱，开始拉肚子转抽筋，上吐下泻，一会儿就死。咱村死了两个，十来岁，八九十来岁，张七死的，看医生给扎针，医生治不及，就死了。邻居家没有得病的。还有一个八九岁的孩子也死了。有救过来的，但当时记不清。

当时没人管这个村，八路军的情报站就在我家住着，报社也在附近的一家。皇协没来俺村抢过，过去俺村老是被抢，俺村当时给日本人联系得好，有这个原因，八路军情报站也常常给他纳粮。陈子浩和他联系得好，俺村村长当时是俺爸，和皇协的区长联系得好，保证日本（人）供给，皇协不来抢。

得病的不是很多，村里有 180 多人，知道是传染的，都是下雨后得的。喝些水，也有喝凉水的，当时都是喝凉水。得病就是民国 32 年那一年，忘了是民国 31 年还是民国 32 年，反正都是（那）二三年，得病以后连饭都不能吃。

采访时间： 2008 年 9 月 3 日

采访地点： 林西县摇鞍镇西周庄

采 访 人： 陈东辉　石赛玉　胡　月

被采访人： 李金魁（男　81 岁　属龙）

李金魁

　　民国 32 年，天气那会儿也弄不清，先旱后淹，民国 32 年年景最不好，到第二三年不旱了，下雨要么下一整天，要不下一下下七天，猛地一说，记不清什么时候下的，下七天雨不是一回，干旱也不是一回，那会儿都说是日本（人）扒的，扒的河都说他淹八路军的，扒的南边的御河，见是没见过，听说是小滩龙王庙。咱村有水，村子也净水，挡着坝子，不进很多，有一尺深的水，尽管用土挡，家院子里没有水。

　　民国 32 年收成不好，吃糠窝窝，饿了还不吃，吃饭哪能吃饱，有逃荒的，不是很多，逃出几家子，我没有。有上南边的，有上东边的，有上梁山的（南），东边有去茌博平，东北没有，我没有出去，在家不怕吃苦吃孬的。

　　得病的不能说没有，反正也有，霍乱听说过，哪一年记不清了，迷迷糊糊的，得的大村多，小村的少，咱村有四五百人，有得的但不多，得病死了两个，10 来岁的有得病死的，老的倒是没有，这村里有扎针的，得病的一个叫安上李（音），他家里老人都没了，有年轻人侄子孙子的，也有救活的，救的（人）记不住了，也有其他人救活的……安上李那家伙（见过他得病）记不清，症状也不大记得，不抽搐不抽筋，可能也上吐下泻……就过世了。霍乱下雨后得的，和这下雨反正时间离不多远。

　　但是可不是很稳定，有共产党领导下的干部，皇协（军）也有，他们不经常来，日本人也很少来，记不住时间。没有穿白大褂的日本人。日本人不看病，在这没抢过东西。

　　虫灾那几年不断，民国 32 年那倒没有。蝗虫多，那时毛主席放飞机打，解放后，在乡里团结人打。

修老官寨村

采访时间: 2008 年 8 月 29 日

采访地点: 临西县摇鞍镇修老官寨村

采 访 人: 陈东辉　石赛玉　胡　月

被采访人: 王泽远（男　79 岁　属马）

王泽远

　　民国 32 年日本鬼子在的时候，烧杀抢粮，没有发生过旱天雨水。日本人个子不高，长得比较粗，穿黄色军装。没见过日本医生。

　　民国 32 年是大贱年，下了七天七夜的大雨，河水决堤，河水进了村没到胸部。1943 年河决堤，自己涨开的。当时挨饿，河水来了喝河水，河水没来喝井水，七月底八月初下大雨，霍乱转筋也都是那一年，得霍乱并没什么症状，听别人说谁得了就转筋。下雨前后都有，饿死的人也多。当时村里七八百口人中得霍乱的人不多，后街死了五六个吧。出去逃荒的也不少，有人去了运城，我没有去逃荒，家人都在家，没有人得霍乱，下了七天七夜雨后发过点水，后来又上河水，河水决堤前大规模的霍乱。头一年种麦子没种好，过了年又旱，旱到七月下了场大雨，水到九月才来。

　　16 岁那年蝗虫比较多，日本鬼子在这的时候就有蚂蚱，日本鬼子走后一两年蚂蚱多。

　　高村和兴庄都有日本人，八路军也来，但主要被日本人控制，没有什么会团。日本人在高村有据点，一年来个十趟八趟的，一来就是一群人，不抢东西，来占地，杀八路军，皇协军帮助日本人，本村人没有皇协军。

修枣科

采访时间： 2008 年 8 月 29 日

采访地点： 摇鞍镇修枣科

采 访 人： 陈东辉　石赛玉　胡　月

被采访人： 修兴存（男　75 岁　属狗）

修兴存

　　不好过，上了两次河水，淹了两回。原来河里的水离这 10 来里地，现在很多人遭灾。后来日本人扒开大堤，在庄稼熟的时候扒开的。

　　当时种的有谷子、高粱、棒子吧。差不多也是这个季节，又不下雨，人们就逃荒去了。1942 年（1942 年是不是逃荒那年？记不很准了）逃荒的人挺多，跑到河南东北一些地方。俺出去了，逃到哈尔滨那边，俺家里人也都出去了，一个没剩。那时天气和现在不一样，春天不下雨，它种不上庄稼，有时这就是灾荒。庄稼全都凭天收，下雨种，不下雨不能种。现在浇水，不下雨也能种，那会儿没水，都犁犁就那样的，所以都逃荒。

　　民国 32 年开始旱，不下雨，阳历八月二十八开始下雨，七天七夜，老也不住，水哗哗地响，房子都倒了。那一年灾荒不少。搁现在那不算是灾荒，可那时候凭天收，灾荒可不小。卖儿卖女的很多，卖给河南的多，那边日子好过。怎么记得是八月二十八日？听唱的歌，那净哭着唱"民国 32 年，灾荒真可怜，提起那时候就非常艰难，爹娘快饿死，夫妻要失散，男女老少个个也都吃不饱饭。八月二十八，老天阴了脸，接接连连昼夜不停下了七八天，睡觉受潮湿，人人得霍乱。"下雨以后就得霍乱了，就是 1942 年那一年，得病、下雨、发水都是那一年，春天没下雨。（民国 32 年下雨后）村子里得了霍乱，有一部分人得了，那时候能扎的扎，不吃药。俺村里就死了一个。其他的没死也病了，反正得的人不少。那会儿都得湿气病，急病，死了，得了离死很快。三四十岁的人得的多，那个好得病。那时下雨，下得地潮，得风潮病，一下子就不动弹了。俺村那个在树下乘凉，就死那儿了。得这病死得特别快。受潮挨饿，人都走不动了，风一刮就倒了，饿得都爬不动了。俺一家到北京逃荒，就饿死两口子。

民国33、34年的时候蚂蚱生得可多喽，比谷子、芝麻都多，天上都遮得看不到。人都去打蚂蚱去，绑上鞋底，用根棍一个挨一个地来，一个挨一个地轰，轰到头上有道沟。蚂蚱不能吃，有蚂蚱瘟。在地里站着就跟牛羊似的，那咬的。你听着，吃庄稼了。蚂蚱比蝗虫小，特别多。

（伪政府）离这里15里有个大院，那时候日本（人）倒不很管，都是中国人，自个管自个，自个毁自个。这也有两个当皇协军的，去保护区长。一个月来过三回，腊月里初八、十八、二十八的。（为什么记得?）这样的好记。

河水到过我村，这地面高，水那么深（约一掌），在村东又被挡回去了。很难过，都是喝生水，没吃的，都是吃糠，吃野菜。日本人扒了两次堤，淹了两次，那个河现在是卫河，但霍乱跟决堤没有关系，后来老百姓自己堵上了，那时没西药，就吃草药、扎针。八路军少不敢露面。村民有当土匪的，和日本人打仗。

灾很多的那一年是民国32年、33年，下雨在头里，河水在后边，得霍乱是下雨后。

杨黄营

采访时间： 2008 年 9 月 3 日
采访地点： 馆陶县路桥乡敬老院
采访人： 刘文月　孟祥周　朱洪文
被采访人： 冯金玉（男　76 岁　属鸡　原籍临西县摇鞍镇杨黄营）

我叫冯金玉。民国 32 年以前就开始旱，旱了一年多，那时候种谷子，地里收一点。民国 32 年二月，我逃荒去了。民国 32 年没有下过雨，民国 33 年下一点雨，我的村当时有 400 多口人，饿死不少人，闹不清饿死多少。

冯金玉

逃荒的人很多，我去了河南金县，在河南东南边，也没吃的。还有去河南林县的，也有不少去关外的人。当时村里闹过霍乱抽筋，记不清是几月闹的，是民国 32 年闹得。得霍乱的人不少，除了抽筋也没有其他症状，有治过来的，死得快，能扎好。扎针治过来不少人，我舅舅就会扎针。俺家没人得霍乱。民国 32 年以后很长时间，下过七天七夜大雨。那时候人们喝井水。不知道为什么闹霍乱，不是因为喝水吃坏东西得霍乱。

上过水，不是过贱年那时候。灾荒年的时候闹过蚂蚱，有很多，闹得厉害，夏秋季的时候闹的，闹了有几个月。蚂蚱来的时候种的高粱，蚂蚱从西北方向来的，铺天盖地，人们挖沟葬死蚂蚱。

日本人经常到村里来，他们的炮楼就距离这里 10 里地，他们还找小孩放马。我还放过。这里当时也有八路军的正规军。打过比较大的仗。我村那时是根据地。也有民兵组织。这里离河不远，距卫河 10 里地。

灾荒年卫河没有上过大水。皇协军跟着日本人一块儿到村里来。他们一来，人们就跑，他们到村里抢东西。土匪闹得也很凶，到村里抓小孩绑架向家里人要钱。小孩自己都不敢在家里睡。

我在外边逃荒了八九个月。家乡有收成了，就回来了。我家里没有人饿死。

采访时间：2008 年 8 月 30 日
采访地点：临西县摇鞍镇杨黄营

采 访 人： 王 瑞 韩 硕 陈庆庆
被采访人： 孙百祺（男 83岁 属虎）

孙百祺

我是孙百祺，上过小学，是私塾。

天不旱，都淹毁了，民国32年。这里都倒了，运河在馆陶县的滩上。下雨没？反正都淹毁了，就是雨水，雨也不大，都农历七月那会儿，农历七月份下的雨。先旱的，房屋倒是因为淹了，水不少，村里有水，都倒了。水到腰深，死的人不少，水挡不住，风也大，村里挡不住，谁记得下雨的时间呀，下得不少。死的人不少，都逃荒到河南，也有得病，都是饿得死的人多，都是霍乱病，都抽筋。得这病抽筋，那时中医，搁现在不会死这么多人，下雨之后得的病。不哕就是抽筋，全身痛，那时有老医生，扎针，都是旱针，病的时候有扎过来的，有扎不过来的，灾荒年在家来。

蚂蚱那都晚了，不是那年的事。要过几年，灾荒过去了。咱这霍乱少了，威县的乡城固那边多，什么症状就说不好了。那时候淹水淹的只剩下头，基本没收成，咱这死的不如那边多，乡城固那边多。那年死的人多，人都往南边逃荒了，有郓城县，黑虎庙。我也是逃荒去了黑虎庙。那也是寿张，是山东，不是河南。

日本人来过，在这打仗，我还做过房子呢，被皇协军捉走，在尖冢修炮楼，日本人来村里得迎接他，在这没有干坏事，在白地乡党儿寨杀了不少人。

采访时间： 2008年8月30日
采访地点： 临西县摇鞍镇杨黄营
采 访 人： 王 瑞 韩 硕 陈庆庆
被采访人： 张德民（男 83岁 属虎）

我上过几年学，上过三年两年的小学，灾荒年十七八（岁）了。我那年到黑龙江给人干活了，灾荒年没在家，待了10来个月回来的，那年下雨，九月都淹了，回来到河南逃荒要饭了，下了好几天，连阴天又涨水，东边河涨水了，雨不大，光下雨，没瓦房，都漏了。七月份下雨的，九月又淹了，河水淹的，是水库的水吧，西南有水库，岳城水库，在河南还向西南，下了好几天，河水也是下的雨，还有水库放的水，是东边的

张德民

河，叫卫河。死了不少人，有饿死的，饿死不少，得病也能，得霍乱病，霍乱转筋。人家都说叫霍乱转筋，那会儿受潮湿，人又饿，得病几天就死了。得这个病就得死，跑茅子，那会儿治不起，俺村里死了一个男人，小村子，被饿的，俺后面这家得过霍乱转筋，饿的，一着水，叫张德喜，没有一家人得，就他一个人得，死时50多岁。西边这俺自己家的都死光了，来俺家回不去了，没有盘缠，都饿死了。申县离这100多里，都死了，被饿死，时候长了就得病，村子里不少人得霍乱病，那时没钱，没好医生，也治不起，总而言之，都饿死，都逃到南边去了。家里没吃的，一般去黄河以南了，黄河那年没水了，300多里地，走远了500多里地，要饭也要不饱，孩子都送人了，土地都卖了，宅子都卖了，二三斤谷子就可以换一个宅子，俺大爷三间房，三斤谷子就连房子东西全卖了。那会儿发水不太大，高粱还收点那会儿，被潮湿，淌水到地里，下雨以后商河水淹了，地里进水，坑里都满了，庄稼都淹死了。南边有个人掉坑里，又没劲，就溺死了。

头年我去关外了，不知道天旱不旱，过灾荒那年我回来，有蚂蚱，用飞机打蚂蚱，从后庄来打蚂蚱，俺东北有地都插着小红旗，蚂蚱多的啊，我十一月一二回来的，灾荒年可能是1944年、1945年，灾荒年回来的。麦头都吃掉了，赶沟里埋了，张翅都飞了，朝南飞了。用石头磨的磙，打场，石头滚过去都躲过去，后来张翅都飞到南边去了。

日本鬼子见过，不断往这里来，这边是县城，来的时候，我向南边跑了，躲人家了，当时真吓傻了，给老百姓开会，有翻译官，哪有不坏的日本人啊，祸害了多少中国人！有尖庄、临清的来，来没干什么来，没有杀害咱这村人，你不砸他，他不砸你。皇（协）军先来，日本人再来，皇（协）军都是我们中国人，皇（协）军来先审人，问有钱没，尖庄来这，馆陶也来这，日本人个不高，像我们中国人，也穿黄军装，也穿着老皮鞋，皇（协）军也穿黄的，给人家服务，各地都有皇（协）军，各村都有，也有老杂，抢了人家东西。二十九军张学良的军也在这住着（指向村北），对老百姓也不咋的，石军团也在这村来过，石友三，头一天来我们村了，第二天八路军就撵了他了，当时也是各霸一方，谁也不管谁。当时八路军尽是住村里，八路对老百姓那时还赖？住邻家，那时也吃不好，受艰苦，连窝头也没有。

杨颇庙

采访时间：2008 年 8 月 29 日

采访地点：临西县摇鞍镇杨颇庙

采访人：孟 静 刘 勇 杨彩梅

被采访人：高金田（男 74 岁 属鼠）

高金田

1943 年，人逃荒逃掉了，200 来人剩下90 来人。人都饿死了，没吃的。得霍乱的不少，腿上抽筋。他（儿子）五大爷得过。我小，没去逃荒。那年大旱，发疟子，说冷冷说热热。大部分都去逃荒去了。有儿卖儿，有女卖女，连媳妇都卖到南边去了。那年没发过大水，旱后下大雨，七天七夜。后来，漳河的水涨，谷子都淹坏了。发水后来的霍乱，水没没过门，很小，到腰，连庄稼都淹不了，连淹带泡。树叶全部吃光。喝井里的水，在地里的水就捧起来喝，不烧开。家家没柴烧，没锅，土房子都漏了。家家户户都漏。

只记得脚抽筋，上吐下泻这个记不准，不清楚传染不传染。没地儿治。大家都逃命去了，没人管。不清楚有没有活过来的，得病的人都差不多，死时小孩不敢看得病的什么样子。得病没有过 10 天的，很快得病，又饿，没几天就死了。没人管，没人给这边发粮食的。

1956 年入党。

采访时间：2008 年 8 月 29 日
采访地点：临西县摇鞍镇杨颊庙
采 访 人：孟　静　杨彩梅　刘　勇　陈媛媛
被采访人：李秀英（女　80 岁　属鼠）

我没逃荒，一直在村里。知不道。发大水那一年。十几岁，发过大水，记不大清了。

采访时间：2008 年 8 月 29 日
采访地点：临西县摇鞍镇杨颊庙
采 访 人：孟　静　刘　勇　杨彩梅
被采访人：杨夕早（男　87 岁　属狗）

我一直住在村里，没出去。日本人来时在这儿住。记得卫河发大水。天旱四五个月。没吃的，逃荒。生活顾不住，老人思想不行。没发过水。

杨夕早

闹过饥荒，大片人都饿死了。有洪水，洪水不大。出现抽筋。我们不叫瘟疫，叫抽筋，其他症状闹不清。日本人进中国，刮洪风，扫荡，人都跑了。当时仅汉奸头孙朋远，不是王连贤。二十九军退去，老蒋不抗日。日本鬼子抓苦力去日本挖煤。那时我小，没去过。日本鬼子穿有点绿的军装，戴铁帽子。皇协军不发衣裳，穿黄衣裳。

那时归八路军管，这儿是解放区。杨延年抽筋死了。他爹给他扎几针，没治好。病老些人得，不知传不传染，感觉传染。当时村里200来人，得病死了几十口子，五六十个。

饥荒年有逃荒，我逃到郓城。六月逃荒，第二年过麦时回来。我走了之后发的洪水，不知道了。

杨 庄

采访时间： 2008 年 9 月 1 日

采访地点： 临西县老官寨乡小李庄村

采 访 人： 张　萌　张利然　吕元军

被采访人： 蔺桂英（女　75 岁　属狗）

蔺桂英

当时（灾荒年）在杨庄娘家。

七八月里来了河水了。俺爹往地里捞高粱，得了扎病，没钱给看。哪条河也不记事，也不知道哪里来的。那时高粱刚发红。当时记不清下没下过雨。

水挺深，到腰了。房子倒了，俺娘带着俺仨去要饭。俺爹得病，吐，拉。不记得吐拉啥样。腿抽筋，哆嗦。"哎哟，我腿抽筋！"看不起，有几个月，老拉，扛来扛去就死了。一得病就拉肚子，七月里。

记得是河水，不是雨水。来这个村里之后（河）开了两回（不是民国

32年）。（民国32年那年）记得听说是从济南黄河那儿来的水。

挨饿，地里收不着粮食。小，也不知道为什么。俺娘拉着俺仁上瑞山谷（音）要饭。到瓜屋里（音）。没过河。村里也有出去的，都上瑞山谷（音）去，饿死很多人。爹死了以后去的。

村里也有两个得这扎病的。没钱看么，那会儿没先生，也没听说扎旱针的。

得那病不骗人，不下水就不得这个毛病，被水一扎（冻）就得了。上井打水去，来了河水都在村里，见水就舀，来家镇镇（沉淀）就做饭，也烧，喝凉水更不行。

弄个小鞋底打蚂蚱、棉虫，当时旱，吃谷子，来蚂蚱时也就七八月里吧。谷子刚抽穗，它把叶吃了。那时到禹城去了，12岁以后的事。

不记得哪年。雨下得晚，没浇上粮食，当时俺爹死了。

杨春香

采访时间： 2008年8月29日
采访地点： 临西县摇鞍镇前大屯
采访人： 王　瑞　韩　硕　陈庆庆
被采访人： 杨春香（女　77岁　属猴）

我没念过书，灾荒年我19（岁）来的，娘家是白地乡杨庄。当年旱，来年没收，当年12（岁），俺家逃荒没走，都在这。

1943年七月十二来的河水，房倒屋塌，七月十二下了七天七夜雨，我听说过，从漳河来的水。有得病的，得的是霍乱抽筋，扎好就好，扎不好就死了。有个杨姑娘会扎针，我大娘就是她扎好的。只记得杨姑娘会扎针，扎胳膊冒血。有旱针，没那样的针。那会儿没医生也没医院，得病扎针，扎针冒血就好了，我有个叔伯奶奶就是叔伯婶子，病扎好了，就逃荒走。当时的症状记不清了，胳膊抽筋，全身抽筋，不跑茅子也不哕，就是抽筋，往里缩。杨庄那一天也往外抬人，埋了。都是在家抽的，得病是在发水前不记得了。

那时不老，我 12 岁，打蚂蚱都。八九月了，蚂蚱都上了高粱穗了，把头和肚子都薅了，就炒着吃，黑肚绿头，头是绿的。七月连旱加雨，下了七天七夜的雨。七月十二来的大水，从三月旱到六月。杨颇庙会六月二十八，回来就下了七天七夜雨。俺家没去，反正在家吃糠咽菜没出去，有 25 亩地。

灾荒还没过去，日本人就来了。杨庄那日本鬼子一天挑死三个人，一个叫三宝，一个叫小群，还有一个叔伯哥哥。一天死他们三个。我只知道他来了，我整天看见他，穿着黄军衣，见着人就挑死。

当地的水平地里都这么深（约 80 公分），旱的那年房没倒，上河水之后就逃荒走了。水有桌子那么高，头一年旱，得蚂蚱的时候还没上水。八月上的霍乱。七月十二上的河水。都谢杨姑娘，都找杨姑娘扎，是个老头叫杨姑娘，专门给人扎霍乱病的老头。杨庄饿死的不少，其他不知道，每天都说谁死了，名记不清，饿死不少。都逃荒走了，剩下几十家，大多数人家都逃荒走了。

采访时间： 2008 年 8 月 30 日
采访地点： 临西县摇鞍镇东郭七寨村
采访人： 张　伟　陈媛媛　王晶晶
被采访人： 杨秀芹（女　78 岁　属羊）

我叫杨秀芹，今年 78（岁）了，属羊的。日本人知道，那是民国 32 年以前还是以后。俺娘家是杨庄的，离这六里地。

说老毛子来了，离郭寨近，离俺那三里

杨秀芹

地。说老毛子来了48亩地，我爹娘背着弟弟往东跑，日本人来了。日本人不撵妇女，光撵青壮年，我12（岁）。

灾荒年我13（岁）了，在娘家，头先天旱，明后淹，虫子吃，蚂蚱咬，把蚂蚱用袋子弄了家里烧。后来又去嘉县逃荒。八九月里下的雨，七天七夜，地里都淹了。俺这样的小土房，院里大下，屋里小下；院里不下，屋里还下。运河发水，离咱这15里地，越下雨越发水。不知道什么水，俺村里因为这打仗，北头高，南头洼，往南头淌水，人家院子都满了。河里来水淹了，越淹越下，村里水都一人多深。捞点谷穗，生不生，熟不熟的，就割咪。该不饿死不少！这一片死得都不少，杨庄死得也不少，西南数邱县死得多。那时霍乱转筋多，有个人穷得请不起先生，爬到人家，治好了。人光说，听人说的，那时还是小孩，不懂，也不知道问，那才12（岁）。

出去逃荒，路上扔的净小孩，都管不了。他爹他娘抱着小孩，大人饿得走不动了，小孩就扔了，不扔走不动了。俺爷爷奶奶死了，俺娘家，俺爹俺娘俺兄弟。俺娘有病没去，俺爹，我和俺小姑去黄河南嘉县逃荒，她7岁，我13（岁）。11月里出去的，第二年麦子鼓肚的时候回来的。杨庄死得不少。俺家去逃荒只剩下俺娘和俺兄弟，他还不会走。他们到俺姥娘家去，怕饿死了。

光听说霍乱转筋，不知道得的快不快。日本老毛来了48亩地，俺村70来户，打死了仨，没一个钟头功夫。日本人来大约灾荒年以前以后。

闹蚂蚱八九月里鼓穗的时候，也是那一年。大蚂蚱，在路上挖壕，把蚂蚱埋了。听人说蚂蚱过河，滚成一团，上船，一看下来了，用火烧死。

姚尔庄

采访时间： 2008 年 9 月 3 日
采访地点： 临西县摇鞍镇姚尔庄
采访人： 孟　静　刘　勇　杨彩梅
被采访人： 杜秀义（男　87 岁　属狗）

杜秀义

当时日本人扫荡，杨司令（共产党）都死了，村里死了二三十口，见过日本人，还抓住我了，那时日本人还抓苦力。日本鬼子跟我们一模一样，光死了二十六七个，打死就八个。那时 22 岁。

民国 32 年灾荒村里都没人，要饭的要饭，逃荒的逃荒，有向西北的，有向黄河南的，春天走的多。我跑了，还当了一派游击队，第二年三月里回来的，得种地，就 200 里。

光豇豆蚂蚱不吃，满天飞，跟刮洪风似的，呜呜的，也不下雨，不知蚂蚱从哪里来的，都掘蚂蚱壕，把蚂蚱都遮住了，多得很。

七月里下雨可大了，七月初六，打雷，雨多的，西北来的云彩，有深的，有浅的，倒房子的不少，都是土房，没砖房。民国 32 年没淹，没闹洪水。人得病，得霍乱转筋的没有，那事早了，我那还不记得，上辈的老人经过，村里的栓宝他二姨死了，哭得娘啊娘啊的，埋回来还没歇过来呢就又死了，就是他娘刚死，他又死了，霍乱抽筋，手脚都捽捽，不能吃凉，得赶紧扎，有扎过来的，但不知道有谁。

日本人在那边村里住，咱这边是八路军解放区根据地，日本人打一派儿扫荡一派儿，男女都跑，这边也来，那边也来，有土匪的时候没八路，土匪头叫王连贤，晚上都来抢东西，有钱拿走，叮叮当当的。灾荒年日本人很少。

采访时间： 2008 年 9 月 3 日

采访地点： 临西县摇鞍镇姚尔庄

采访人： 孟　静　刘　勇　杨彩梅

被采访人： 曲长兴（男　79 岁　属狗）

曲长兴

　　见过日本人，来过这个村，住了一段时间，那时村里有 300 多口人。民国 32 年，大灾荒年，500 多口人饿死 200 多口，把孩子卖给人家，剩了 300 来口，地里旱，寸草不生，闹蚂蚱，多得地上一层一层的，人都吃蚂蚱，一赶就是半壕，到七月份才下雨，下了七天，那雨大，下得房倒屋塌，光下，光阴天，哗啦哗啦，房子没冲倒，都漏，来了三回水，1956 和 1963 年。灾荒年那年有洪水，下雨下的，洪水从东南馆陶临清过来的，是河口子开了，是自己开的，没人扒。

　　都逃荒，我也去了，都去河南，往北去的石家庄，往南也有，哪去的都有。那时得病死了就算了，都得霍乱转筋，还旱，俺爷爷给我说的，那时也没有医生，有几个会扎针的，没见过得的。见过日本鬼子，个都不高，穿黄衣服，戴铁帽子，那时我还小，他不打小孩，还给罐头，大米饭吃，日本人孬，年轻的都打死，打八路军。那时没有土匪。

　　那时逃荒在外面住了有一年，过秋的时候回来的。国民党没在这几天，有过皇协军。

采访时间： 2008 年 9 月 3 日

采访地点： 临西县摇鞍镇姚尔庄

采访人： 孟　静　刘　勇　杨彩梅

被采访人： 屈国顺（男　71 岁　属虎）

那时候整天挨饿，天旱不下雨，地不收，旱了几天没数，就是旱。

闹蝗虫，蚂蚱多，盖天，人都吃蚂蚱，逮着吃，纷纷扬扬地飞，跟阴天似的。

那年没下雨，没听说过七天七夜雨。没闹过洪水。

逃过荒，到高唐，那年过秋去的，待了好几年回来的。

不记得瘟疫，之前闹过瘟疫，灾荒前得

屈国顺

霍乱，那时我还没生呢，上吐下泻，还抽筋，严重的抽筋，死得快，没几天就死了，扎旱针放血，扎腿，病传染，都是听说的，10 年前有霍乱。小，没见过日本鬼子，不认得。

张黄地

采访时间： 2008 年 8 月 30 日
采访地点： 临西县摇鞍镇张黄地
采 访 人： 王 瑞 韩 硕 陈庆庆
被采访人： 张兰之（男 82 岁 属兔）

张兰之

我没上过学，啥字也不识。那时地主大资本家才读书，一般老百姓读不起。

民国 32 年大饥荒，饿死人多。俺逃到白乡，离石家庄近，离俺家 100 多里。下了大雨，七天七夜，七八月份下的。（那年）大旱，不收庄稼，那时没井，旱了庄稼长不了。下了七天七夜之后就晴天了，七月快到八月就下雨了，房倒屋塌。俺父亲叫张书香，俺爷爷叫张同存，他们都是得的霍乱。俺父亲得病死了，要说这病，白天还要饭，半夜就得了。光扎针，霍乱转筋，扎早了就好了，扎手腕。上哕下泻，嘴不能说话，一会儿就死掉了，这都是我见过的。我兄弟十几（岁）了也得了霍乱，在家得的，下雨之后得的。

村里有不少人得霍乱，俺们小村有三五七个，西北那些大村就多了。得霍乱的中风不语，不会说话，上吐下泻，哕黏水，哕的都喷出来。那些先生穷人不给扎，看不起穷人。那时不在村里，有病去求人家，光扎针。我父亲死的时候 50（岁）多，俺兄弟当时十几（岁）了，十三四（岁）了。那会儿，俺爷爷老，有 70 多岁了。

要说蚂蚱，那盖天地，要看都——呜呜地飞，当时下七天七夜的雨后没蚂蚱，解放以后才有。

俺村里剩下了十几口，以前有 300 多口，都逃走了，都逃到河南、郓城、冠城。我跟俺娘、俺妹妹三个去了冠城，都是民国 32 年。以后毛主席来了打井，收入高了。

日本鬼子在尖冢，离着十几里路，日本鬼子的炮楼。那会儿有二十九军抗日。当时归老蒋管。唉，你说日本人孬，来还施好，逮个人给东西。后来进村杀、抢、奸淫，房子都烧了，老百姓倒霉了。那时不用枪，那叫顿死你，那时老百姓干活，他们有刺刀就顿死你。看你不顺眼了，就"坏坏的，攘死你"，就顿死你。俺姑三儿都被日本人杀了，他哥仨，一个叫大老周，一个叫二老周，一个叫小六。

张 堂

采访时间：2008 年 9 月 3 日

采访地点：临西县摇鞍镇张堂

采 访 人：陈东辉　石赛玉　胡 月

被采访人：任书堂（男　84 岁　属牛）

天不下雨，旱，旱得厉害，旱了多少年了，忘了。若天下雨就不旱了，有下得大的时候，有小的时候。七天七夜（记得），夏天（下的），不知道几月份，哪年？更说不清了。

任书堂

蝗虫该不记得？打蚂蚱，谁知道是哪一年啊？飞机打蚂蚱，那还没解放。收成哪里有，都逃难去了，（吃的）是树上树叶，上西北打蚂蚱去了，那时没得吃，那时是一个队。

雨水大涨那个水白草，在水里来的时候捋那个籽，磨磨吃。

逃荒多，上黄河南，黄河北的，不知道是什么省，那会也有去关东的。

那会儿还不死人多！有霍乱，那可得不少，咱村人不多，还不死几个，不记得死的具体情况，也有看好的，扎针，我咋没见过？吃不好，喝不好，地势潮又下雨，没吃没喝的人就得了。下雨的时候得的，那病叫霍乱，转筋，抽筋不抽筋不知道。跑茅子也有，前面的柳今生那也有得，他妹妹（得病）不大，才几岁，都是十一二岁吧，也有死的也有活的。

这里共产党管，皇协军来过，离这儿不远，得霍乱时皇协军没来，日本人没来，日本人不高，矮子，穿着黄军装，戴帽子，不给孩子发糖，发吃的，来就是抢东西吃。

旱得谷子都只收一点点，旱了一季呢，说不清哪一年了，好多年了，（时候）和七天七夜差不多。

赵白地村

采访时间： 2008 年 8 月 29 日

采访地点： 临西县摇鞍镇赵白地村

采 访 人： 陈东辉　石赛玉　胡　月

被采访人： 赵清波（男　87 岁　属狗）

赵清波

　　民国 32 年，区里干部和我都在，人得霍乱，有一次下了七天七夜的雨，都是在七八月那会儿，河水来得不大，来到村西地里面，没进村，上半年旱。

　　那会儿人肚子疼，腿肚子转筋，霍乱病都叫霍乱转筋，那会儿都是土医生，医生说快扎，找人扎。死的人不少，那时村里都是有一百零几个人，村里死了不少了，有十来个，还有几个活过来的。医生说传染，扎针放血。扎的紧，治了一些。治好了多少也没人计较了。

　　那时生活也不好，吃糠吃菜的。粮食也吃不来，青黄不接。我那会儿 20（岁）多吧，家里没人得。霍乱病是在河水以后，是民国 26 年头一年河水淹，河堤不行，没有挡住，房子都塌了。村里挺乱的，民国 32 年大旱，记不得是哪一年，下了七天七夜雨以后，河堤决了口。1963 年又一回，下雨都是在七月。下雨了庄稼还能弄好啊？弄个半收。河水没来地里来到村口，说是河堤流出来的。那口子没人管。那掘的口子上没人放水。那会儿正混乱，临庄村老缺王连贤，南面榆林打着他们的旗号抢东西，日本人那时刚进中国。

　　民国 32 年灾荒，日本人没给发过食物，妻子离散卖老婆，卖老婆都上河南卖。河水，蚂蚱，虫子我都赶上了。喝砖井里的水，没有喝河水，河水离这有 18 里地，下雨的时候因为井都淹了才喝河水。

人都出去了，到哪的都有，河南，赵州。

那会儿没家没国，光有人打蚂蚱的，蝗灾是以后，霍乱在前面，肚子疼得不能动弹。拉肚子，不治的话一天多就死了。扎针出血放黑血。拉肚子都拉到裤子里，都迷糊了。

那会儿八路军刚过来，带来不少医生。扎针灸的是修寨的，叫修春早。针有铁针，旱针，铜旱针。

王得英那会儿40来岁。没有孩子，她那没菜吃，过来几个月就得病了。

其　他

采访时间：2007 年 5 月 6 日

采访地点：邱县邱城镇盂街

采访人：齐　飞　刘晓燕　付尚民

被采访人：任书元（女　73 岁　属猪）

任书元

　　1962 年下放来到这里，我 18 岁结的婚，娘家在下堡寺，是临西县的，是个大村。10 岁在下堡寺念书，到 17 岁，到邯郸，石家庄考，考纺花厂，没考上，就回村下地劳动。

　　那时候看到小日本就跑，都剩下老娘们。日本人往锅盆里拉屎。那时我 4 岁。9 岁时我跟姐跑到交趾（音）去。我见过日本人，日本人都穿棉布，戴着帽子，没见过穿白衣服的。日本人把我的二哥拉到井里，活埋，那时我 12 岁，在下堡寺，活埋的都是老百姓，都是年轻人，都 20 岁，十八九岁。

　　我 5 岁的时候哕吐。想不起是哪一年了。

采访时间：2008 年 1 月 24 日

采访地点：威县贺营乡北台吉村

采 访 人：齐一放　苏国龙　蒋丹红
被采访人：王贵芳（女　84岁　属牛）

王贵芳

　　那我该知道啊。灾荒年，把房子拆了。天不下雨。我那年 19（岁），去逃荒了。吃树叶子，树叶子也没有，跑 18 里地来槐树叶。灾荒年后，二三年后才收，过了饥荒年也吃不好。

　　我还得了霍乱啊。我 16（岁）得的霍乱转筋，抽抽，俺父亲会扎旱针，那时没医生，我父亲会看腿。那病不疼，光抽。晒荞麦的时候，大概五六月份时候得的。

　　下雨也没很透。19 岁时，下过大雨，高粱快熟了，反正糟上地了。16 岁时，10 个人有 8 个人得病，10 个人得死 5 个，把人往地里一扔，没人埋。连饿带瘦，身上光皮了，是人家都有，旁人我不知道，在药铺里面买了一个像刺猬一样的东西放在瓮里面，家里就没有人得了，没闹肚子。那后来，到药铺里人很熟，人家拿手一看，说是霍乱转筋，看以前的书研究的。我打头，后来家家得了。后娘不让我和我奶奶吃，我娘家是临西县下堡寺镇。

　　19 岁时下过雨，没淹死人，门口都一尺多深。坑里水没满，没洪水。我父亲整天跑着睡，18 里地都是炮楼，下边是个镇。饥荒年在那住了三四个月，六月回来的。日本人抓走，问百姓要钱。抓走八路军就杀。

1943年临西县雨、洪水、霍乱调查结果

临西县乡镇总数：9个；调查乡镇总数：9个
村庄总数：299个；调查村庄总数：144个

乡　镇	雨				洪水				霍乱				采访村庄总数
	有	无	记不清	未提及	有	无	记不清	未提及	有	无	记不清	未提及	
大刘庄乡	11	2	0	0	3	10	0	0	12	0	1	0	13
东枣园乡	9	3	0	0	8	3	0	1	5	4	1	2	12
河西镇	15	0	1	2	11	5	1	1	6	9	2	1	18
尖冢镇	13	1	0	0	13	1	0	0	13	1	0	0	14
老官寨乡	21	4	0	1	17	7	0	2	22	3	1	0	26
临西镇	7	0	0	0	2	3	1	1	6	0	0	1	7
吕寨乡	15	0	0	0	6	7	0	2	15	0	0	0	15
下堡寺镇	10	1	0	1	5	4	0	3	11	1	0	0	12
摇鞍镇	25	1	1	0	20	4	1	2	23	3	0	1	27
合　计	126	12	2	4	85	44	3	12	113	21	5	5	144

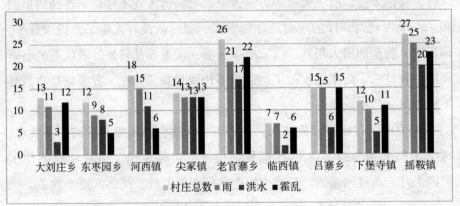

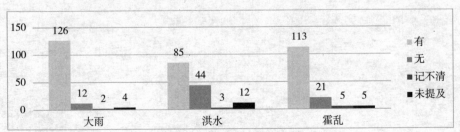

308

河北省临西县 1943 年霍乱流行示意图

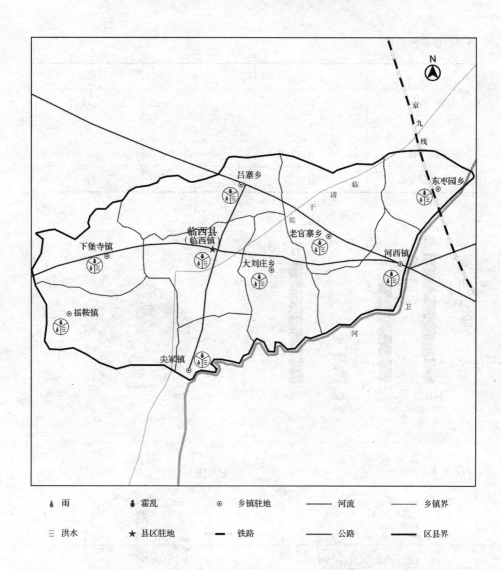

♠ 雨	♣ 霍乱	⊙ 乡镇驻地	—— 河流	—— 乡镇界
☰ 洪水	★ 县区驻地	▆ 铁路	—— 公路	—— 区县界

山东大学鲁西细菌战历史真相调查会制

调查时间：2006.7.11—2006.7.15

2008.8.31—2008.9.4

1943年临西县大刘庄乡雨、洪水、霍乱调查结果

调查村庄总数：13

	雨	洪水	霍乱
有	11	3	12
无	2	10	0
记不清	0	0	1
未提及	0	0	0

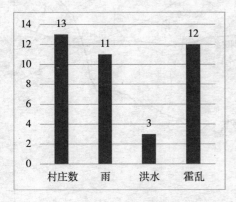

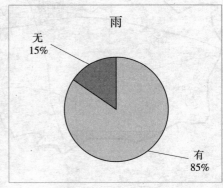

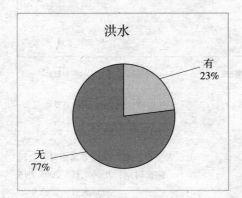

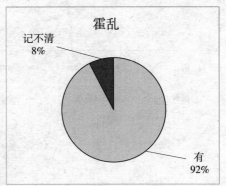

1943 年临西县东枣园乡雨、洪水、霍乱调查结果

调查村庄总数：12

	雨	洪水	霍乱
有	9	8	5
无	3	3	4
记不清	0	0	1
未提及	0	1	2

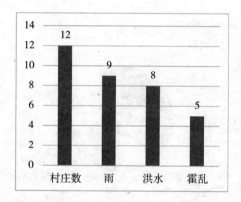

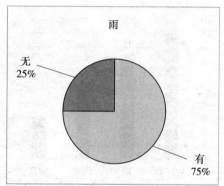

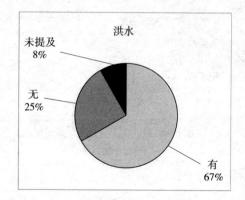

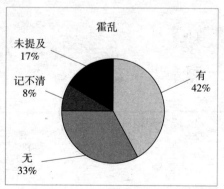

1943 年临西县河西镇雨、洪水、霍乱调查结果

调查村庄总数：18

	雨	洪水	霍乱
有	15	11	6
无	0	5	9
记不清	1	1	2
未提及	2	1	1

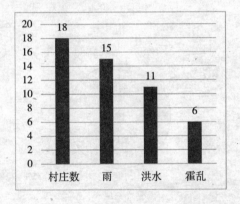

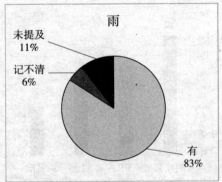

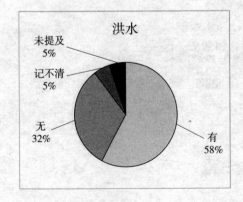

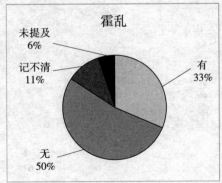

1943年临西县尖冢镇雨、洪水、霍乱调查结果

调查村庄总数：14

	雨	洪水	霍乱
有	13	13	13
无	1	1	1
记不清	0	0	0
未提及	0	0	0

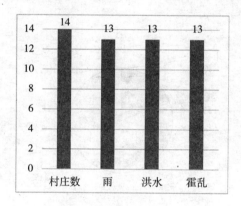

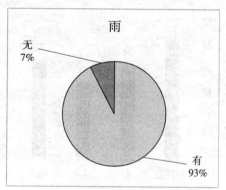

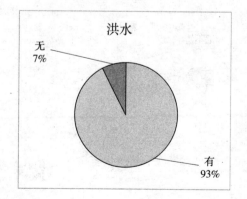

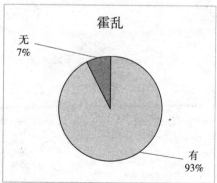

1943年临西县老官寨乡雨、洪水、霍乱调查结果

调查村庄总数：26

	雨	洪水	霍乱
有	21	17	22
无	4	7	3
记不清	0	0	1
未提及	1	2	0

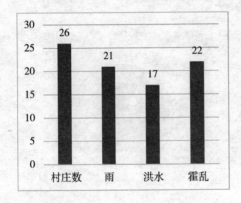

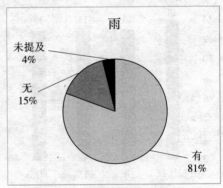

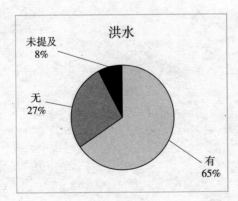

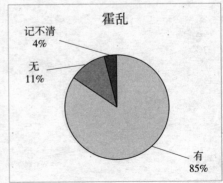

1943 年临西县临西镇雨、洪水、霍乱调查结果

调查村庄总数：7

	雨	洪水	霍乱
有	7	2	6
无	0	3	0
记不清	0	1	0
未提及	0	1	1

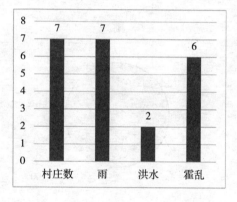

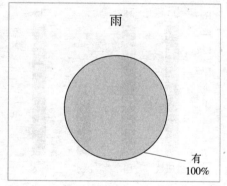

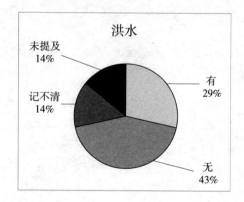

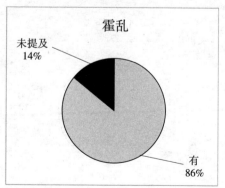

1943年临西县吕寨乡雨、洪水、霍乱调查结果

调查村庄总数：15

	雨	洪水	霍乱
有	15	6	15
无	0	7	0
记不清	0	0	0
未提及	0	2	0

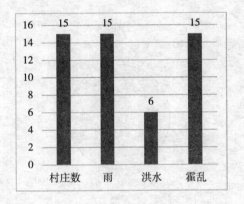

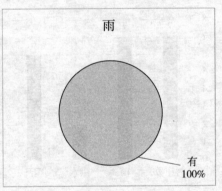

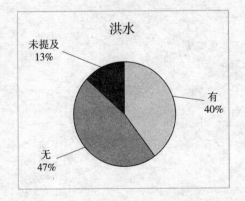

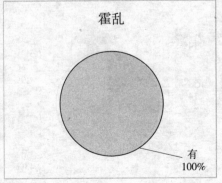

1943 年临西县下堡寺镇雨、洪水、霍乱调查结果

调查村庄总数：12

	雨	洪水	霍乱
有	10	5	11
无	1	4	1
记不清	0	0	0
未提及	1	3	0

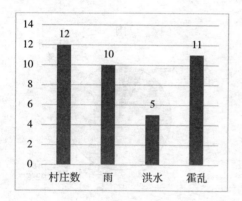

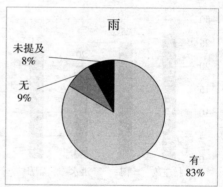

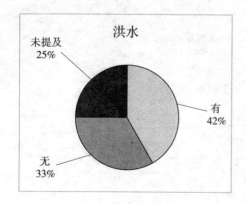

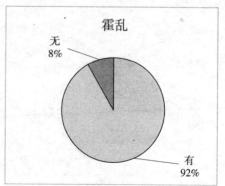

1943 年临西县摇鞍镇雨、洪水、霍乱调查结果

调查村庄总数：27

	雨	洪水	霍乱
有	25	20	23
无	1	4	3
记不清	1	1	0
未提及	0	2	1

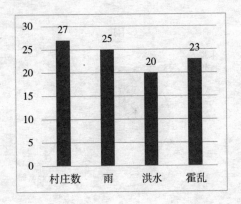

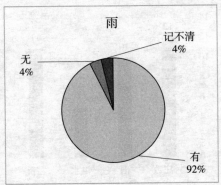

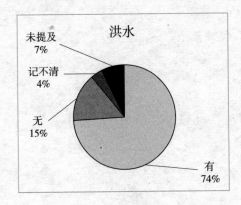

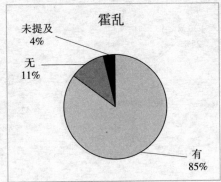